Diagrammatik-Reader

Herausgegeben von
Birgit Schneider, Christoph Ernst, Jan Wöpking

Diagrammatik-Reader

Grundlegende Texte aus Theorie und Geschichte

De Gruyter

Mit freundlicher Unterstützung von Gerhard Dirmoser und der Fritz Thyssen Stiftung für Wissenschaftsförderung.

Fritz Thyssen Stiftung
für Wissenschaftsförderung

ISBN 978-3-05-005799-6
e-ISBN (PDF) 978-3-05-009383-3
e-ISBN (EPUB) 978-3-11-038030-9

Library of Congress Cataloging-in-Publication Data
A CIP catalog record for this book has been applied for at the Library of Congress.

Bibliografische Information der Deutschen Nationalbibliothek
Die Deutsche Nationalbibliothek verzeichnet diese Publikation in der Deutschen Nationalbibliografie; detaillierte bibliografische Daten sind im Internet über http://dnb.dnb.de abrufbar.

Einbandabbildung: Plan für Gefängnisse des britischen Philosophen und Sozialreformers Jeremy Bentham, ca. 1790. University College London, Special Collections
Satz: Satzbild GbR, Sabine Taube, Kieve
Druck und Bindung: Beltz Bad Langensalza GmbH, Bad Langensalza

♾ Gedruckt auf säurefreiem Papier
Printed in Germany

www.degruyter.com

Inhaltsverzeichnis

Lektüren und Sichtweisen der Diagrammatik

Christoph Ernst/Birgit Schneider/Jan Wöpking

In den letzten Jahren hat das wissenschaftliche Interesse an Diagrammen und Diagrammatik rasant zugenommen. Fragen wie ›Was ist ein Diagramm?‹, ›Was tut man mit Diagrammen, welche Funktionen üben sie aus?‹, ›Welche Rolle spielen Diagramme in Kunst, Wissenschaft und Kultur?‹, ›Was für eine Geschichte besitzt das Nachdenken über Diagramme?‹ und ›Was hat es mit diagrammatischem Denken auf sich?‹ werden in und zwischen unterschiedlichen Disziplinen intensiv diskutiert.[1]

Dabei durchzieht ein roter Faden die verschiedenen Diskussionskontexte in Medien-, Kunst- und Kulturwissenschaft, in Wissenschaftsgeschichte und Philosophie. Ihnen allen ist die Faszination für das epistemische und praktische Potenzial diagrammatischer Bild- und Denkformen eigen. Sie alle untersuchen ein Denken und Handeln, das sich in Formen, Graphen und Figuren begründet und ereignet und das weder als eine sprachliche, verbale, linguistische noch als eine künstlerische, ästhetische Aktivität allein angemessen verstanden werden kann. In Zeiten der Datenvisualisierung und Infografik sucht eine ›Diagrammatik‹ daher Methoden, Ansätze, Theorien und Fallgeschichten, mit denen sich ein ›diagrammatischer‹ Erkenntnisgewinn beschreiben und analysieren lässt.

Dies ist keine leichte Aufgabe. Das nötige Methodenrepertoire existiert noch nicht und ist auch nicht leicht zu entwickeln. Diagramme hatten (und haben) keinen eigentlichen Ort im akademischen Diskurs. Sie stehen zwischen Fächergrenzen und fallen daher gerne durch das Raster der disziplinären Traditionen. Dies gilt in noch stärkerem Maß für die kaum bekannte Theorie- und Ideengeschichte der Diagramme. Zwar hat sich die akademische Diskussion den Diagrammen inzwischen angenommen, doch finden die Debatten oftmals isoliert und ohne wechselseitige Kenntnis voneinander statt. Zu großen Teilen ist dies eine Folge davon, dass es keine gemeinsame Textbasis, keine Auswahl akzeptierter Grundlagentexte gibt, welche die Diskussionen bündeln und den verschiedenen Perspektiven und Fächern eine Zone des Austauschs anbieten könnte – ein bedauerlicher Umstand, da die Diagrammatik selbst ein explizit interdisziplinäres Objekt ist, dem nur durch einen koordinierten Multiperspektivismus zu begegnen ist.

Der vorliegende Reader schlägt eine derartige Textauswahl erstmals vor. Gebündelt werden historische Grundlagentexte verschiedener Disziplinen und Forschungskontexte des

1 Davon zeugen die zahlreichen Aufsätze und die zunehmende Zahl an Monographien. Siehe die Literaturliste am Ende des Buches.

okzidentalen Kulturraums von der Antike bis zum Ende des 20. Jahrhunderts. Mit ›Diagrammen‹ sind dabei materielle Artefakte und konventionalisierte Zeichen gemeint – die Graphen, Koordinatensysteme, Raster, Figuren, Tabellen und abstrakten Strukturen, welche man oft, aber längst nicht immer, auch im Alltag als ›Diagramme‹ adressieren würde. ›Diagrammatik‹ meint zunächst das Nachdenken über Diagramme: ihre Geschichte und ihre Funktion in Erkenntnisprozessen – bezieht sich darüber hinaus aber auch auf Theorien, die behaupten, dass Erkenntnis selbst ›diagrammatische‹ Anteile besitze. Der Anspruch des Readers ist es, wichtige, möglicherweise sogar unabdingbare Texte, die als Bezugspunkte der gegenwärtigen Debatte dienen, zusammenzuführen und nebeneinanderzustellen, um dadurch Korrespondenz- oder Irritationseffekte, Übereinstimmungen, Widersprüche, gemeinsame Motive und kritische Fragen hervorzurufen. Ziel ist es, Ankerpunkte für die Diskussion anzubieten und diese durch neue, ebenso interessante und maßgebliche Quellpunkte zu vertiefen und zu erweitern.

Relevanz der Diagrammatik

Man kann keinen überragenden Grund angeben, warum sich die Debatte um Diagramme in den letzten Jahren intensiviert hat, wohl aber auf verschiedene wichtige Entstehungskontexte, wissenschaftsintern wie -extern, hinweisen, deren Zusammenwirken das Entstehen einer interdisziplinären Diagrammatik-Forschung stark befeuert haben.

Diagrammatik liegt zunächst am Schnittpunkt zweier wirkmächtiger ›Turns‹ im Wissenschaftsbetrieb. Zum einen ist sie stark von der intensiven bild- und medienwissenschaftlichen Forschung der letzten Jahre, gerade im deutschsprachigen Raum, beeinflusst.[2] Zum anderen hat das fachübergreifende Interesse für Raumtheorie erheblich zum Aufkommen der Diagrammatik beigetragen, befragt es doch mit der Verbindung von Epistemologie und Raum einen für die Diagrammatik grundlegenden Zusammenhang.[3]

Der innerakademisch ausgerufene ›diagrammatic turn‹[4] hat zugleich außerakademische Ursachen: die explosionsartige Zunahme von Datenvisualisierungen, Interfaces und Infografiken, die zur »normalisierten Kurvenlandschaft« (Jürgen Link) der ›Informationsgesellschaft‹ geführt hat und alle Bereiche des Alltags durchzieht. Ausgehend von der tech-

2 Die Prominenz des Themas in der deutschsprachigen Forschung steht im Kontext einer lebendigen, aber disparaten englischsprachigen Diskussion. Besonders ist auf die semiotisch geprägte Debatte im skandinavischen Raum und die mit logischen Fragen befasste Forschung im angloamerikanischen Raum hinzuweisen.

3 Vgl. Dünne, Jörg/Günzel, Stephan/Doetsch, Hermann (Hg.): *Raumtheorie. Grundlagentexte aus Philosophie und Kulturwissenschaften.* Frankfurt a. M. (Suhrkamp) 2006.

4 Vgl. Bogen, Steffen/Thürlemann, Felix: »Jenseits der Opposition von Text und Bild. Überlegungen zur Theorie des Diagramms und des Diagrammatischen.« In: Patschovsky, Alexander (Hg.): *Die Bilderwelt der Diagramme Joachims von Fiore. Zur Medialität religiös-politischer Programme im Mittelalter*. Ostfildern (Thorbeke) 2003, S. 1–22, hier S. 2; Schmidt-Burkhardt, Astrit: »Wissen als Bild. Zur diagrammatischen Kunstgeschichte.« In: Heßler, Martina/Mersch, Dieter (Hg.): *Logik des Bildlichen. Zur Kritik der ikonischen Vernunft*. Bielefeld (transcript) 2009, S. 163–187, hier S. 163.

nisch-empirischen Vermessung der sozialen Realität im 19. Jahrhundert sind Diagramme zur dominanten Form der Informationsvisualisierung geworden: von der Bevölkerungskurve bis zur Health-App auf dem iPhone. Dabei haben sich auch Infografiken mit der Zeit verändert, sind dynamisch und interaktiv geworden, etwa auf den Bildschirmflächen mobiler Medien. Heute sind Datenbilder allgegenwärtig, bleiben jedoch meist – was ihre Geschichte, ihre Konstruktionsweisen, ihre Funktionen und ihre Rhetorik angeht – unhinterfragt.

Die Zunahme von Informationsgrafiken und -bildern wiederum lässt sich als Reaktion auf die allgemeine ›Beschleunigung‹ kultureller Kommunikationsformen begreifen. Die gestiegenen Anforderungen an die Geschwindigkeit und Menge von Informationsrezeption, wesentlich geschaffen durch den rasanten technologischen Wandel, finden ihre Lösung in der Herstellung visueller ›Prägnanz‹ und ›Übersichtlichkeit‹ von Informationen. Das unablässige Suchen nach Möglichkeiten, ›Übersichten‹ herzustellen, hat zwangsläufig die soziale und kulturelle Bedeutung des Diagramms in den Vordergrund treten lassen.[5]

Dabei sollte man sich allerdings von der Rhetorik des ›Neuen‹ nicht blenden lassen. Je aktueller und gegenwartsbezogener ein Phänomen erscheint, umso wertvoller ist seine Historisierung. So sind die Hybridformen, die derzeit an der Schnittstelle von Karten, Tabellen, Graphen und Diagrammen in mobilen Medien entstehen, in einem weit in die Vergangenheit reichenden Bogen als ›diagrammatische‹ Darstellungs- und Denkformen anzusprechen. Das Diagramm wird bereits seit der Antike als Idealform visueller Evidenz und Anschaulichkeit begriffen – und zugleich hinterfragt. Dieses kritische Potenzial gilt es aufzuarbeiten, etwa indem geklärt wird, was überhaupt die Kriterien einer prägnanten Darstellung sind oder auch, indem man nach den *blind spots* von Übersichtlichkeit sucht, nach dem, was bei einer Übersicht übersehen wird oder gar übersehen werden muss. Dies ist der Ansatzpunkt einer historisch informierten und fundierten Diagrammatik.

Was ist ein Diagramm?

Zunächst sind Diagramme etwas Gegenständliches: Ein Schaubild, ein Tortendiagramm, eine euklidische Beweisfigur; Minkowski-Diagramme zeigen die Relativität der Geschwindigkeit, jeder Volkswirt lernt die ISLM-Kurvendiagrammsysteme; Gantt-Diagramme takten Fließbänder und Projekte, unsere Schränke bauen wir nach Anleitungen eines schwedischen Möbelhauses. Was haben diese Formen gemeinsam? Es sind sechs gemeinsame Aspekte – Graphik, Struktur, Erkenntnis, Handeln, Codierung und Vielheit – die den LeserInnen dieses Readers immer wieder begegnen werden. *Erstens* sind Diagramme graphische Darstellungen: weder reiner Text noch reines Bild, obwohl sie sowohl textuelle als auch bildliche Anteile aufweisen können. *Zweitens* sind sie räumlich strukturiert: Sie sind in Bereiche, Regionen, Teile, Verhältnisse usw. formatiert. *Drittens* spielen sie in praktischen und/oder erkenntnisgetriebenen Zusammenhängen eine Rolle. Dieser Punkt verdient besondere Beachtung: Diagramme

5 Vgl. Lischeid, Thomas: *Diagrammatik und Mediensymbolik. Multimodale Darstellungsformen am Beispiel der Infografik*. Duisburg (Universitätsverlag Rhein Ruhr) 2012.

werden benutzt, nicht betrachtet. Man hängt sie nicht an die Wand – und wenn man es doch tut, dann verwandelt sich ihr Charakter. Aus einem Gebrauchsbild wird ein Kunstbild.[6] Man betrachtet Diagramme, weil man aus ihnen Wissen darstellen, extrahieren und generieren kann. Und weil man, *viertens*, mit Ihnen Dinge tun kann, das in ihnen enthaltene praktische Wissen zur Anwendung bringen kann. *Fünftens* sind Diagramme oft anspruchsvoll und voraussetzungsreich, wie jeder bestätigen kann, der besagten Schrank aufzubauen versucht hat. Man muss sie lesen, verstehen und anwenden können. Wer keine Ahnung von Physik hat, von den Codes, nach denen Feynman-Diagramme aufgebaut sind, für den sind sie – als Diagramme – witzlos. *Sechstens* zeigt sich die immense Vielfalt und Heterogenität von Diagrammen. Wir verzichten deshalb darauf, *einen* der vielen Diagrammbegriffe zum paradigmatischen zu erheben, *eine* Form des Diagramms als typisch oder wesenshaft für alle anderen Formen zu erklären. Das interdisziplinäre Bemühen um die Klärung der Forschungsperspektiven der Diagrammatik lässt sich beispielsweise nicht auf die logische Debatte um Euler- oder Venn-Diagramme reduzieren.

Doch neben den bislang genannten, eindeutigen Diagrammformen gibt es auch Grenzfälle: Was ist mit den Reaktionsgleichungen der Chemie? Was mit Tabellen, archäologischen Skizzen frühmenschlicher Werkzeuge, was mit den Gleichungssystemen der Mathematik, mit ihren Matrizen? Inwiefern sind Puzzle oder Kreuzworträtsel diagrammatisch? Wohnt nicht bereits Schrift mit ihrer Zweidimensionalität und Logik des Zwischenraums ein diagrammatischer Zug inne? Man würde diese Dinge im Alltag nicht als Diagramme bezeichnen – große Teile der Forschung tun es dennoch und nehmen damit eine produktive Ausweitung der Diagrammkategorie über solch unstrittige Formen hinaus vor, die zu einem grundlegenderen Verständnis von Diagrammatik führt.

Diagrammatik

Diese Fragen leiten über zur Diagrammatik, die mit einem funktional erweiterten Diagrammbegriff arbeitet. Sie startet nicht bei offenkundig diagrammatischen Objekten, aus denen dann Merkmale abgeleitet werden. Sie nimmt ihren Ausgang vielmehr bei bestimmten Funktionen, Operationen und Praktiken, die typischerweise mit Diagrammen verbunden sind: räumliche Strukturierung, Mapping, bestimmte Erkenntnisweisen oder Formen von Codierung. Dann wird geprüft inwiefern andere Strukturen und Systeme diese Funktionen realisieren können und, inwiefern diese, wenn sie dies tun, als diagrammatisch verstanden werden können. Das gilt auch für Objekte, die möglicherweise gar nicht wie Diagramme

6 Vgl. zur Differenz von Gebrauchs- und Kunstbild z. B. Elkins, James: *The Domain of Images*. Ithaca [u. a.] (Cornell Univ. Press) 1999; Majetschak, Stefan: »Sichtvermerke. Über den Unterschied zwischen Kunst- und Gebrauchsbildern.« In: Majetschak, Stefan (Hg.): *Bild-Zeichen. Perspektiven einer Wissenschaft vom Bild.* München (Fink) 2005, S. 97–121. Zudem muss auf die zahlreichen KünstlerInnen verwiesen werden, die sich diagrammatischer Techniken bedienen und diese Frage mit künstlerischen Mitteln bearbeiten wie z. B. Mark Lombardi, Jorinde Voigt oder Julie Mehretu.

aussehen: Photographien und Gemälde, kognitive Vorgänge, literarische Strukturen, soziale Prozesse.[7]

Eine solche Ausdehnung des Diagrammbegriffs verändert auch die Forschungsfragen. Diagrammatik – mitunter auch Diagrammatologie[8] – will etwas anderes sein als eine ›Grammatik der Diagramme‹. Im 20. Jahrhundert hat eine vergleichbare Ausweitung der Basisbegriffe bei Sprache, Text und Bild stattgefunden. Um 1900 etwa wurde Sprache zunehmend in ihrer engen Verwobenheit mit sozialen Lebensformen und Praktiken begriffen. Sie war mehr als bloßes verbales Kommunikationsmedium, die gesamte Sphäre der sozialen Praxis wurde zunehmend als ›sprachförmig‹ aufgefasst, etwa als Menge von Sprachspielen (Ludwig Wittgenstein). In der zweiten Hälfte des 20. Jahrhunderts war es dann der ›Text‹, der nicht mehr bloß schriftliche Wiedergabe mündlicher Rede sein sollte, nach und nach wurden Kohärenz und Kohäsion kultureller Sinnbildung in toto als ›Text‹ begriffen. Ein ›Außerhalb‹ des Textes – und folglich der ›Kultur‹ – war nicht mehr auszumachen. Am Ende des 20. Jahrhunderts waren die Bilder an der Reihe. Die Diskussion zu Bildern war lange Zeit auf die Sphäre der Kunst begrenzt. Mit den drängenden Fragen nach der Bedeutung visueller Bildmedien vervielfachte sich die Menge der relevanten Bildbegriffe in fast unüberschaubarer Weise. Bilder werden seitdem in der gesamten sozialen Realität erforscht – inklusive der Vorstellungswelt in den Köpfen, also der Diskussion um bildliches Denken und mentale Bilder.

Im Rahmen derartiger Ausweitungsversuche muss auch die Diagrammatik verortet werden. Sie figuriert in diesem Sinne als eine Art und Weise der Betrachtung ganz unterschiedlicher sozialer- und kultureller Formbildungsprozesse, nicht aber als abgegrenztes Feld von Gegenständen. Sie operiert auf Grundlage der Annahme, dass von Diagrammen ausgehende epistemologische und ästhetische Fragen auch auf andere Forschungsfelder produktiv und erkenntniserweiternd transferiert werden können. Diagrammatik ist dann beispielsweise eine Theorie von Sprache, Schrift, Wahrnehmung, Bildern, Literatur, Film oder Serie, Architektur, Mathematik und der Geste als diagrammatischen Konfigurationen, ein Diskurs über optimale Visualisierung von Informationen, eine Erörterung der Räumlichkeit als be-

7 Vgl. auch Bauer, Matthias/Ernst, Christoph: *Diagrammatik: Einführung in ein kultur- und medienwissenschaftliches Forschungsfeld.* Bielefeld (transcript) 2010, S. 17–26.

8 Der Begriff Diagrammatologie, der erstmals von William T. Mitchell in einem Artikel verwendet wurde, wird als ›Lehre‹ der Diagrammatik beispielsweise von Frederik Stjernfelt in seinem Buch *Diagrammatology* vorgeschlagen und im deutschsprachigen Raum vor allem von Sybille Krämer weitergeführt. Vgl. Mitchell, William J. T.: »Diagrammatology.« In: *Critical Inquiry,* 7.2, 1981, S. 622–635, Stjernfelt, Frederik: *Diagrammatology. An investigation on the borderlines of phenomenology, ontology, and semiotics.* Dordrecht (Springer) 2007; Krämer, Sybille: »Operative Bildlichkeit. Von der ›Grammatologie‹ zu einer ›Diagrammatologie‹? Reflexionen über erkennendes ›Sehen‹.« In: Heßler, Martina/Mersch, Dieter (Hg.): *Logik des Bildlichen. Zur Kritik der ikonischen Vernunft.* Bielefeld (transcript) 2009, S. 94–117. Wir haben uns entschieden, diesen Begriff hier nicht zu verwenden, da die Diagrammatologie bisher vornehmlich ein rein philosophisches Programm geblieben ist. Der Begriff Diagrammatik scheint uns größere interdisziplinäre Anschlussmöglichkeiten zu bieten.

deutungstragender Größe in der Logik, eine Diskussion von Praktiken der Herrschaft und der Macht.

Im Fall von Sprache, Text und Bild haben sich derartige Expansionen mitunter auf Kosten der begrifflichen Schärfe vollzogen. Wenn alles Text ist, ist nicht mehr klar, was eigentlich unter Text zu verstehen ist. Es drohen leere Begriffe und bestenfalls vage Aussagen. Diese Gefahr droht auch der Diagrammatik. Andererseits bieten solch metaphorische Ausweitungen von selbstverständlichen Begriffen die Möglichkeit, originelle Beziehungen zwischen den jeweiligen heterogenen Phänomenen zu erkennen. Das gilt auch für die Diagrammatik – hier werden Themen aufgeworfen, die auf den ersten Blick mit einer Erörterung ›des Diagramms‹ im engeren Sinne nicht viel zu tun haben. Dennoch provoziert die Bezugnahme auf das Diagramm in allen diesen Diskursen einen Erkenntnismehrwert.

Die Textauswahl

Der Reader soll das Diskutieren von sowie das Sprechen und Nachdenken über Diagramme erweitern und vertiefen. Die Auswahl der Texte erfolgte daher unter folgenden Gesichtspunkten:

- Erstens haben wir Grundlagentexte versammelt, die für die aktuelle Debatte eine wichtige Rolle spielen;
- zweitens wollten wir eher unbekannte, aber theoretisch und historisch wertvolle Texte zugänglich machen;
- drittens wollten wir der disziplinären, inhaltlichen und historischen Vielfalt diagrammatischer Diskussionen gerecht werden, weshalb der Reader bewusst interdisziplinär aufgebaut ist.

Indem der Reader Texte und Bilder zur Diagrammatik aus unterschiedlicher Perspektive zusammenstellt, gibt er Quellen, Begriffe und Methoden an die Hand, die eine breite Diskussion des Gegenstands ermöglichen. Dennoch können und wollen wir mit der Auswahl der Texte kein zwingendes Kurrikulum der ›Diagrammatik‹ behaupten. Dazu ist uns zu deutlich bewusst, dass der Reader einige perspektivische und eine systematische Lücke aufweist. Thematische Lücken bestehen, weil unsere Auswahl nicht alle Aspekte von Diagrammen berücksichtigen kann. So haben wir beispielsweise keine Textbeiträge aufgenommen, die Diagramme und ihre kreative Bedeutung für Architektur, Kunst oder Film explizit in den Blick bringen (Tafel 1). Oftmals haben wir spezifisch-historische Texte zugunsten von begriffsorientierten, allgemeineren Ansätzen ausgeklammert, da viele AutorInnen ihre Thesen so dicht am Material entfalten, dass ein theoretischer Anspruch der Verallgemeinerung dieser Thesen nur schwer dem Ansatz eines Readers gerecht werden kann. Gleichzeitig kommt damit aber auch die Arbeit mit den Begriffen am konkreten Objekt etwas kürzer. Schließlich kommt das praktische Problem hinzu, bei einem Reader auch umfassende Bildteile, wie sie viele Artikel aufweisen, abzudrucken. Dies haben wir nur in Ausnahmefällen tun können.

Die systematische Lücke ist folgende: Wir haben darauf verzichtet, die maßgeblichen Beiträge seit dem Ende des 20. Jahrhunderts aufzunehmen, seien es historische Fallstudien oder eher theoretisch-begriffliche Arbeiten. Diese Entscheidung trafen wir, da wir erstens davon ausgehen, dass diese Beiträge bekannter und leichter verfügbar sind als die jetzt ausgewählten Texte. Zweitens wären sie vom Umfang her einem zweiten Reader gleich gekommen. Der wesentliche Grund besteht jedoch darin, die derzeitige Debatte zu stärken, indem wir diejenigen zentralen Texte versammeln, die entweder bereits Bezugspunkt der aktuellen Debatte sind – oder es aus unserer Sicht sein sollten. Daher haben wir uns dafür entschieden, die aktuellen Beiträge der Diagrammatik-Debatte in Form von Verweisen, durch die Literaturangaben im Tafelteil und innerhalb der ausführlichen Bibliographie am Ende des Buches einzubinden, so dass ein Einstieg in die aktuelle Forschung leicht möglich ist. Gleichzeitig sind wir uns auch hier der Lücken bewusst, da wir nicht alle aktuellen Forschungen gleichwertig berücksichtigen konnten. Einen hervorragenden Überblick über den aktuellen Stand der Forschung zur Diagrammatik findet sich bei Gerhard Dirmoser, der seit über zehn Jahren die Diskussionen rund um Diagramme auf seiner Website bündelt.[9]

Die Entscheidung, aktuelle Texte wegzulassen, führte dazu, dass alle hier versammelten theoretischen und praktischen Beiträge – mit der Ausnahme des mit einer Bildtafel gewürdigten Werks von Florence Nightingale (Tafel 11) – aus Männerhand stammen. Insofern besitzt auch die Diagrammatik ihre historisch gewachsene, eindeutige Genderschieflage aus vielen bekannten Gründen. Ein zweiter Reader mit aktuellen Texten würde jedoch, wie es die Bibliographien in diesem Buch zeigen, ein deutlich anderes Bild zeichnen.

Um die Beschäftigung mit den sehr unterschiedlichen Texten zu erleichtern, haben wir diese in fünf Sektionen gegliedert, denen jeweils ein einleitender Kommentar vorausgeschickt wird. Die Sektionen sind nach thematischen Schwerpunkten wie etwa der Phänomenologie, der Semiotik oder zentralen Gegenstandsbereichen wie Praxis, Struktur und Kognition gebildet. Auf diese Weise möchte der Reader nicht nur erfahrene ForscherInnen ansprechen, sondern auch Studierenden verschiedenster Fachrichtungen und auch PraktikerInnen eine fundierte Beschäftigung mit Diagrammen ermöglichen.

Die Sektionen

Die erste Sektion des Bandes, *Diagrammatische Schlüsselszenen*, steckt auf Grundlage philosophischer Texte wesentliche Eckpunkte eines weit gefassten Verständnisses von Diagrammatik ab. Texte von Platon, Aristoteles und Immanuel Kant führen vor Augen, wie die Diskussion von Diagrammen immer mit erkenntnistheoretischen Fragestellungen verbunden war.

In der zweiten Sektion, *Zeichen und Zeichenhaftigkeit*, wird diese Diskussion fortgeführt. Texte von Charles S. Peirce, Roman Jakobson, Nelson Goodman und Jacques Bertin stellen die Frage nach der Zeichenhaftigkeit diagrammatischer Darstellungssysteme. Sie legen damit

9 Siehe Dirmoser, Gerhard: DIAGRAMMATIK, http://gerhard_dirmoser.public1.linz.at/.

Grundlagen insbesondere für eine medientheoretische Erweiterung erkenntnistheoretischer Diskurse.

Die dritte Sektion, *Erkenntnis und verkörpertes Denken*, baut darauf auf und erweitert die zeichentheoretische Diskussion um wahrnehmungstheoretische und kognitive Fragen. Große Teile der Diagrammatik-Forschung finden in der Kognitionspsychologie statt. Texte von Rudolf Arnheim, Maurice Merleau-Ponty, Mark Johnson und George Lakoff führen in die Vorgeschichte dieser Debatte in der Gestalttheorie, Phänomenologie und kognitiven Semantik ein. Sie zeigen auf, inwiefern die Bedeutung von Diagrammen aus dem ›verleiblichten Denken‹ (*embodiment*) heraus motiviert ist.

Die vierte Sektion, *Strukturen und Ordnungssysteme*, bezieht die Diskussion um Diagramme auf das Feld sozialer Strukturen und thematisiert ihren Einfluss auf die Systematik und kulturelle Evolution von Ordnungssystemen. Mit Michel Foucault, Gilles Deleuze, Jack Goody, Michel Serres und Bruno Latour werden Autoren abgedruckt, die das Diagramm unter anderem als emblematische Materialisierung sozialer Strukturen begreifen.

Die fünfte Sektion des Readers, *Operationalität und Optimieren*, bietet zum Abschluss einen Einblick in wichtige historische Grundlagentexte, die auf die Praxis von Diagrammen abzielen; entsprechend versuchen die Autoren Qualitätskriterien für die Produktion von Informationsvisualisierungen zu entwickeln. Teilweise unbekannte, bislang nicht übersetzte oder selten rezipierte Texte von Nicole Oresme, Gottfried Wilhelm Leibniz, William Playfair, Étienne-Jules Marey, Willard C. Brinton, Otto Neurath und Edward Tufte führen die historische Tiefe dieser Debatte vor Augen. Sie zeigen, dass die Suche nach gelungenen Prinzipien der Informationsvisualisierung mit dem konkreten ›Operieren‹ von Information verbunden ist. Sie machen aber zugleich deutlich, wie viel Positivismus der praktischen Diagrammgeschichte innewohnt, die vom Glauben an ›immer bessere Diagramme‹ angetrieben wird.

Nicht alle Texte konnten wir in ihrer ganzen Länge abdrucken. In Einzelfällen haben wir nicht nur Kürzungen, sondern auch Auslassungen hinsichtlich des Themas vorgenommen. Diese haben wir im Text jeweils gekennzeichnet. Bei der Transkription der Texte haben wir uns um eine Balance zwischen Originaltreue und Vereinheitlichung entschieden. Dies bedeutet, dass wir Kapitälchen und Sperrschriften zum Teil in Kursivierungen übertragen haben, aber auch, dass wir editorische Hinweise, die für diesen Kontext keine Relevanz haben, an manchen Stellen weggelassen haben. Zur zeitlichen Orientierung haben wir jeweils das Erscheinungsjahr des Originals hinter dem Titel eingefügt, wobei die Texte inhaltlich geordnet wurden – außer bei der Sektion *Operationalität und Optimieren*, die die Texte in chronologischer Reihenfolge wiedergibt. Wenn vorhanden, haben wir die Texte in deutscher Übersetzung transkribiert, in zwei Fällen haben wir erstmalige Übersetzungen in Auftrag gegeben.

Der Tafelteil

Gleichermaßen wichtig wie der Textteil ist der ausführlich kommentierte Bildteil. Mit diesem wird Diagrammatik in Form einer Geschichte einflussreicher Bildbeispiele auch visuell präsentiert. Viele der Bilder sind und waren Ankerpunkte der Diskussion, insofern erhalten die LeserInnen dieses Bandes eine Sammlung von Schlüsselbildern, anhand derer wichtige Charakteristika der Diagrammatik erprobt und formuliert wurden, wie zum Beispiel die Festschreibung von Hierarchien in Form ordnender Baumstrukturen bei Kircher oder Darwin, die synoptische Anordnung in den Chronographien der Geschichte William Playfairs, die Rolle der visuellen Rhetorik im »Rose Diagram« von Florence Nightingale oder die Ideale einer tabellarischen Übersicht in den Staatstafeln des 18. Jahrhunderts. Aus diesem Grund sind auch viele der Bilder mit Zitaten oder zusätzlichen Hinweisen auf die AutorInnen verknüpft. Hier waren wir von dem Anspruch des Faksimiles geleitet, der bedeutet, möglichst Reproduktionen von Originalen abzudrucken. Die Bildunterschriften sind deshalb auch länger als üblich – da hier der Ort ist, an dem Beispiele der Diagrammatik im Fokus stehen, an denen sich die Theorie erproben lässt. Die Ordnung der Bilder erfolgt tendenziell in umgekehrter Chronologie.

Genese des Readers und Danksagung

Der erste Gedanke zu dem vorliegenden Buch entstand auf dem Workshop ›Warum Diagrammatik? Was will, kann und soll die neue Disziplin?‹, der bereits am 2. Juli 2010 im Rahmen des DFG-Graduiertenkollegs ›Schriftbildlichkeit‹ an der Freien Universität Berlin stattfand. 2011 schloss hieran im Rahmen des ebenfalls durch die DFG geförderten Projekts ›Diagrammatische Denkbilder – Grundzüge einer medien- und filmwissenschaftlichen Theorie der Diagrammatik im Anschluss an Charles S. Peirce und Gilles Deleuze‹ in Erlangen ein Workshop zum Thema ›Diagramm und Bewegung‹ an, bei dem die Idee weiter reifen und die Textauswahl diskutiert werden konnte. In Berlin fand schließlich im Dezember 2012 ein eintägiger interner Workshop statt, auf dem Jana August, Martin Beck, Christine Hanke und Carsten Heck äußerst produktive Ideen beisteuerten. Dass der Reader erst 2016 fertiggestellt werden konnte, lag an zahlreichen Widrigkeiten, die das aufwendige Vorhaben immer wieder in einem ganz lebenspraktischen Sinne durchkreuzten.

Dieses Buch wäre nicht ohne die Hilfe zahlreicher Personen und Institutionen zustande gekommen, denen allen unser großer Dank gilt. Für ihre beratende Unterstützung möchten wir neben den Workshop-TeilnehmerInnen von 2012 insbesondere Matthias Bauer und Steffen Bogen danken. Als studentische Mitarbeiterinnen und Mitarbeiter haben Konstanze Scheidt, Pia Nawrazala und Simon Hirsbrunner unersetzliche Beiträge zur Recherche und Organisation geleistet. Caroline Mannweiler und Stefan Trzeciok haben uns mit ihren Übersetzungen von Étienne-Jules Marey und Nicole Oresme geholfen. Für Hilfe bei Redaktion und Lektorat danken wir Holger Schneider und Rainer Hörmann. Außerdem danken wir der Geduld der MitarbeiterInnen des Verlags De Gruyter, zunächst Martin Steinbrück sowie später Katja Richter und Verena Bestle. Ein ganz besonderer Dank gilt der Fritz Thyssen Stiftung sowie Gerhard Dirmoser für die großzügige finanzielle Unterstützung durch Druckkostenzuschüsse.

Diagrammatische Schlüsselszenen

Diagrammatische Schlüsselszenen. Einleitung

Christoph Ernst/Jan Wöpking

Diagrammatik ist dem Namen nach eine junge Forschungsrichtung. Sie verhandelt jedoch Themen, die bis in die griechische Antike zurückreichen.[1] Es gibt eine implizite Geschichte der Diagrammatik, die – von der antiken Tradition her gedacht – drei wesentliche Stränge besitzt, welche die Debatte bis heute prägen: 1.) die Frage nach der epistemischen Rolle von Diagrammen in der Geometrie; 2.) die Verräumlichung des genuin Unräumlichen, paradigmatisch von Zeit und Veränderung; und 3.) die Frage nach der epistemologischen Funktion eines ›Schemas‹, das zwischen Anschauung und Begriff vermittelt. Die erste Frage hat ihre *loci classici* in Platons *Menon* und Kants *Kritik der reinen Vernunft*, die zweite wird im vierten Buch der Aristotelischen *Physik* eröffnet, die dritte wiederum findet sich in einer anderen Stelle der *Kritik der reinen Vernunft*, im Schematismuskapitel. Die Schlüsselszenen der Diagrammatik sind also in der Tradition der erkenntnistheoretischen und metaphysischen Diskurse der Philosophie zu finden.

Sowohl in Bezug auf die historische Tiefendimension der Diagrammatik als auch in Bezug auf die Fragen, die für die Diagrammatik relevant sind, bezieht die vorliegende Auswahl von Schlüsselszenen eine klare Position: Die Diagrammatik ist ›mehr‹ als eine Theorie des Diagramms; sie ist von Beginn an verflochten mit Grundsatzfragen der Philosophie, die, wie die Geschichte gezeigt hat, selten auf den Diskurs der Philosophie im engeren Sinne beschränkt bleiben. Sofern es in Diagrammen um Wissen und eine Art und Weise der Entstehung und Verarbeitung des Wissens geht, mithin um Prozesse der Erkenntnis, führt kein Weg an der Philosophie vorbei.

Den theoretischen Blick der Philosophie in dieser Weise als Referenzdiskurs der Diagrammatik zu positionieren, ist nicht alternativlos. Man könnte darauf hinweisen, dass Denken nicht in einem luftleeren Raum stattfindet, sondern immer schon *mit* und *in* technischen Medien, die in soziale Praktiken eingebettet sind. Andere Texte, die in den verschiedenen Sektionen dieses Readers vorgestellt werden, illustrieren diesen Umstand (➛ Strukturen und Ordnungssysteme). Allerdings lösen diese Ansätze weniger das Problem philosophischer Erkenntnis, als dass sie einen anderen Begriff von Erkenntnis in Anschlag bringen. Daher tauchen die alten Fragen der Philosophie auch über die Jahrhunderte immer wieder auf:

1 Bereits 1992 erschien ein Sammelband *Diagrammatik und Philosophie*, der bis heute wichtige Beiträge zur Forschung enthält. Vgl. Gehring, Petra u. a. (Hg.): *Diagrammatik und Philosophie*. Amsterdam (Rodopi) 1992.

prominent und wirkmächtig zuletzt bei Charles S. Peirce, dem *spiritus rector* moderner Diagrammatik (➛ Zeichen und Zeichenhaftigkeit). Das ist kein Zufall: Gerade die Sprache der Philosophie benennt und artikuliert die mit diagrammatischen Praktiken assoziierten theoretischen Probleme.[2]

Man sollte sich allerdings eines blinden Flecks bewusst sein: Die interkulturelle Dimension von Diagrammen wird im Folgenden nicht angemessen wiedergegeben. In der Geschichte der Kulturleistungen der chinesischen Zivilisation findet sich beispielsweise eine reiche Diagramm-Tradition, welche die westlichen Diskurse zur Diagrammatik erst begonnen haben aufzuarbeiten.[3] Es ist etwa eine spannende Frage, inwiefern Diagramme in griechischer und chinesischer Geometrie vergleichbar sind. Mit der Auswahl von klassischen philosophischen Texten als ›Schlüsselszenen der Diagrammatik‹ wird also auf keinen Fall behauptet, dass nur eine Orientierung am westlich-antiken Kanon wertvolle Beiträge zur Diagrammatik liefern könnte. Doch umgekehrt gilt eben auch, dass neben aller historischen und kulturellen Entgrenzung und Vertiefung des Themas und bei allen legitimen Forderungen nach einer Überwindung einer allzu theoretischen und stark europäisch geprägten Debatte, man schlicht nicht übersehen darf, wie wichtig und produktiv die traditionelle europäische Philosophie, von Platon bis Kant, für die zeitgenössische Diagrammatik ist.

Textauswahl

Den Anfang macht Platons Dialog *Menon* (ca. 393–388 v. Chr.). Sokrates stellt in diesem Dialog die These auf, dass alles Lernen »Wiedererinnern« sei. Er argumentiert am Beispiel der Erkenntnis eines geometrischen Satzes. So lässt Sokrates im Gespräch einen Sklaven entdecken, wie man den Flächeninhalt eines gegebenen Quadrates verdoppelt. Dabei werden in den Sand gezeichnete Diagramme verwendet. Obwohl es auf den ersten Blick so aussieht, als würde Sokrates dem Sklaven das richtige Verfahren beibringen, zeigt die ganze Szene für Sokrates gerade das Gegenteil: dass der Sklave das vermeintlich entdeckte Wissen bereits in sich hatte, sich allerdings erst wieder daran erinnern musste. Die Theorie, dass alles Lernen Wiedererinnern sei, ist eine Antwort auf die Frage, warum es möglich ist, mit so grob und schlecht gezeichneten Figuren wie in den Sand gezeichneten Diagrammen wahres geometrisches Wissen zu erlangen. Dies ist möglich, so die These im »Menon«, wenn die

2 Dass die in der Philosophie verhandelten Themen kulturanthropologisch auf mitunter sehr viel ältere Praktiken und Kulturtechniken zurückgehen, dürfte wahrscheinlich sein. Vgl. Serres, Michel: »Gnomon. Die Anfänge der Geometrie in Griechenland.« In: ders. (Hg.): *Elemente einer Geschichte der Wissenschaften*. Frankfurt a.M. (Suhrkamp) 1994, S. 109–175; Bogen, Steffen: »Schattenriss und Sonnenuhr. Überlegungen zu einer kunsthistorischen Diagrammatik.« In: *Zeitschrift für Kunstgeschichte*, 68, H. 2, 2005, S. 153–176; Harliszius-Klück, Ellen: *Weberei als ›episteme‹ und die Genese der deduktiven Mathematik. In vier Umschweifen entwickelt aus Platons Dialog »Politikos«*. Berlin (Ed. Ebersbach) 2004.

3 Vgl. z.B. die Forschungsarbeiten von Michael Lackner, u.a. Lackner, Michael: »Was Millionen Wörter nicht sagen können. Diagramme zur Visualisierung klassischer Texte im China des 13. bis 14. Jahrhunderts.« In: *Zeitschrift für Semiotik*, 22, H. 2, 2000, S. 209–237.

Figuren nicht die Quelle des Wissens sind, sondern nur Instrumente, um sich an die korrekten Einsichten zu erinnern, die in der eigenen Seele bereits enthalten sind. Das Beispiel wird immer wieder so aufgefasst, als hätte Sokrates gezeigt, wie der Gebrauch von Diagrammen zu *neuen* Erkenntnissen führen kann. Doch der Text geht gerade in die entgegengesetzte Richtung: Diagramme helfen nur beim *Entbergen* dessen, was bereits gewusst war. Sie explizieren ein Wissen, das vorher bereits implizit vorhanden war. Dieses Wissen ist unabhängig von der Erfahrung. Es ist apriorisches Wissen. Die Passage ist von eminenter Bedeutung für die zeitgenössische Diagrammatik. Denn hier wird die Gegenthese der heutigen Diagrammatik aufgestellt: Ihr zufolge mögen Diagramme heuristischen und pädagogischen Nutzen haben, aber keinen epistemischen Wert aufweisen. Sie können dabei helfen, Wissen, das durch andere Zusammenhänge und Begründungen legitimiert ist, zu entbergen, nicht aber dabei, dieses Wissen erst herzustellen. Irritierend und daher faszinierend ist, dass dies auf eine Weise dargestellt wird, die eine andere These erwarten ließe.

Kants Bemerkungen zur Geometrie in der *Kritik der reinen Vernunft* (1781/1787) sind von zentraler Relevanz für die Debatte, ob und – wenn ja – welchen Platz Diagramme in der Mathematik legitimierweise haben dürfen. Kants Text prägt die Debatte bis heute. Vor und nach Kant waren sich dabei fast alle Philosophen der europäischen Tradition einig, dass Diagramme und Visualisierungen in der Mathematik bestenfalls pädagogischen Nutzen hätten, schlechtestenfalls hingegen zu falschen Gedanken verführen und ungültige Schlüsse nahelegen würden. In jedem Fall aber wären die Sätze der Mathematik stets und immer allein aufgrund eines Zusammenhangs *außerhalb* des Diagramms gültig, etwa begrifflicher Zusammenhänge. Die Wahrheit ist nicht in der Figur begründet. Kant ist berühmt dafür (oder sogar berüchtigt), dass er diesem Begriffszentrismus im Nachdenken über Mathematik entschieden widerspricht. Kant zufolge kann es nämlich nur dort genuine mathematische Erkenntnis geben, wo man es diesseits der Begriffe mit Anschauungen zu tun hat: Wo der Geometer nicht abstrakt über den Begriff des Dreiecks nachdenkt, sondern ihn in einer Figur realisiert, sei diese im Geist vorgestellt oder mit dem Stift auf das Papier gezeichnet. Denn erst in der einzelnen, singulären Anschauung kommt für Kant etwas Neues ins Spiel, etwas, das nicht bereits im Begriff enthalten ist und das dadurch erst genuines, erkenntniserweiterndes Wissen möglich macht. Kant macht dies an dem klassischen Satz der (euklidischen) Geometrie fest, der besagt, dass die Innenwinkelsumme eines Dreiecks 180° beträgt. Im Begriff des Dreiecks als einer Figur, gebildet aus drei Strecken, deren Endpunkte je paarweise zusammenfallen, ist nicht enthalten, dass die Summe der Innenwinkel einer dreieckigen Figur in jedem Fall 180° beträgt. Diese Erkenntnis kann Kant zufolge allein dadurch gewonnen werden, dass man konkrete, einzelne Dreiecke zeichnet. Allerdings ist dies nur die eine Hälfte von Kants These. Die andere ist, dass die Anschauungen auf eine bestimmte Art und Weise verfasst sein müssen, um die Strenge und Gewissheit mathematischer Urteile zu gewähren. Die Anschauungen müssen mit den Begriffen *korrespondieren*. Diese Korrespondenz zwischen Anschauung und Begriff wird von Kant durch etwas erläutert, was man eine Gebrauchstheorie mathematischer Diagramme nennen könnte. Deren Leitidee ist, dass man die gezeichneten Figuren nicht *empirisch* verwenden darf. Ein geometrischer Beweis ist nicht gültig, weil man an einem Diagramm gemessen hat, dass alle drei Innenwinkel zusammen 180° ergeben (tatsächlich ist das auch gar nicht möglich, weil keine Zeichnung die dafür nötige Exaktheit aufweist). Vielmehr kommt es darauf an, Diagramme *regelgeleitet* zu verwenden. Die Bedeutung von Kants Ausführungen für die Diagrammatik besteht also darin, die Relevanz von Diagrammen für die Mathematik herausgestellt und gegen begriffszentristische Ansätze verteidigt zu haben. Nur dort, wo konkrete, sinnliche Diagramme gebraucht werden, gibt es genuine mathematische Erkenntnis. Zugleich hat Kant eine Theorie *mathematischen Diagrammgebrauchs* geliefert. Beide Punkte sind – so bei Maurice Merleau-Ponty (➤ Erkenntnis und verkörpertes Denken) – in späterer Zeit wiederaufgenommen worden.

Während Platon und Kant die Frage diskutieren, welche Rolle Anschauungen in Form von Diagrammen für unser geometrisches Wissen spielen, erörtert Aristoteles die Möglichkeit der Verräumlichung von dem, was nicht räumlich ist. Obwohl es in dem hier abgedruckten Textausschnitt aus seiner *Physik* (ca. 350 v. Chr.) nicht explizit um Diagramme geht, ist seine Bedeutung für die Diagrammatik doch sehr hoch. Aristoteles formuliert hier die für alle Diagrammatik fundamentale These, Diagramme seien räumliche Strukturdarstellungen anderer, bevorzugt nicht-räumlicher Zusammenhänge. Im vierten Buch der *Physik* behauptet Aristoteles, dass sich die Strukturen der Zeit – genauer das *früher und später* – auf die räumliche Relation des *davor und danach* zurückführen ließen. Vorgebracht wird das Argument, dass es eine strukturelle Entsprechung zwischen zeitlichen und räumlichen Relationen gibt. Nehmen wir beispielsweise an, dass sich ein Zug von Hamburg über Berlin nach München bewegt. Dann entspricht die zeitliche Reihenfolge *Hamburg zeitlich früher als Berlin, Berlin zeitlich früher als München* gerade den räumlichen Relationspaaren (*Hamburg liegt auf der Strecke vor Berlin, Berlin liegt auf der Strecke vor München*). Somit ist bei Aristoteles gleichsam eine natürliche Diagrammatik formuliert und zudem begründet, warum sich nicht-räumliche Dinge durch räumliche Diagramme darstellen lassen: Weil die nichträumlichen Strukturen in ihrem tiefsten Grunde selbst räumlichen Verhältnissen entsprungen sind.[4]

Mit dem Problem des Schemas und des Schematismus findet sich in Kants *Kritik der reinen Vernunft* (1781/1787) schließlich eine weitere einflussreiche philosophische Quelle der Diagrammatik. Die bereits genannte Bedeutung von Kant für die Diagrammtheorie innerhalb der philosophischen Diskussion um Geometrie und Mathematik wird von der Debatte um den Schematismus flankiert. Knüpfen sich an die Geometrie für die Diagrammatik relevante Fragen, so gilt dies in historischer Hinsicht auch für das ›Schema‹. Bereits in der Antike findet sich das Schema als ein Begriff für eine äußere Gestalt, einen Umriss und eine Struktur. Das Schema steht dabei in einer Beziehung zum Diagramm, z. B. einer geometrischen Figur, insofern es nicht das Diagramm ist, sondern die allgemeine Gestalt, die

4 Vgl. weiterführend Wöpking, Jan: *Raum und Wissen: Elemente einer Theorie epistemischen Diagrammgebrauchs*. Berlin (De Gruyter) 2016.

durch unterschiedliche Diagramme bzw. geometrische Figuren evoziert wird.[5] Innerhalb des Aufbaus der Kantischen Philosophie nimmt der Schematismus eine umstrittene und vielfach kommentierte Funktion ein. Verkürzt gesagt, sieht Kant die Aufgabe des Schemas darin, zwischen der Mannigfaltigkeit der sinnlichen Anschauung und der abstrakten kategorialen Ordnung des Begriffs zu vermitteln. Das Schema stellt zwischen Anschauung und Begriff Vergleichbarkeit her. Ebenso wie es die urteilende Subsumtion der Anschauung unter den Begriff ermöglicht, verschafft es einem Begriff eine Anschauung. Das Schema ist eine »vermittelnde Vorstellung«, die zum Umschlagplatz von sinnlich-konkreter Mannigfaltigkeit und abstrakt-kategorialer Begrifflichkeit wird. Das dafür notwendige Verfahren – der epistemologische ›Mechanismus‹, der den Schematismus antreibt – greift unter anderem die aus der Antike tradierte Frage nach der Verräumlichung der Zeit wieder auf. Um das Mannigfaltige auf den Begriff zu bringen, muss die zeitliche Verknüpfung der Menge der Vorstellungen mit Hilfe des Schemas räumlich erfasst werden. Auch die im Problem der Herstellung von Vergleichbarkeit angelegte Frage nach der Strukturähnlichkeit zwischen Anschauung und Begriff wird aufgegriffen. Sofern Erkenntnis gerade darin besteht, die ungleichartigen Dimensionen von sinnlicher Anschauung und Begriff aufeinander zu beziehen, gewinnt die Frage nach den Verfahren, Gleichartigkeiten zu erkennen, an großer Bedeutung. Sie wird in Kants Überlegung fortgeführt, das Schema weniger als ein konkretes mentales Bild zu verstehen, denn als eine Regel.[6] Das an dem Begriff einer entsprechenden Zahl orientierte Vorstellungsbild von ›Tausend‹ wäre in der Menge seiner Einzelelemente nicht überschaubar, würde nicht eine Verallgemeinerung gelingen, welche zwar ihrer visuellen Form nach unterschiedlich ausfallen kann, dennoch aber mit dem Begriff vergleichbar ist. Leichter verständlich ist dieser Zusammenhang am Beispiel des Schematismus der empirischen Begriffe, z. B. des Hundes. Wenn man einen Hund sieht, dann ist der Begriff von ›Hund‹ mit einer Regel verknüpft, die es erlaubt, die, wie es bei Kant heißt, »Gestalt eines vierfüßigen Tieres allgemein [zu] verzeichnen«.[7]

Mit Blick auf die Diagrammatik ist Kants Schematismus-Lehre insbesondere im Hinblick auf die zeichentheoretische Diskussion wie auch für kognitionstheoretische Ansätze von grundlegender Bedeutung. Das Diagramm wird unter anderem in der Semiotik von Charles S. Peirce unter Rückgriff auf die Schematismus-Lehre diskutiert (➤ Zeichen und Zeichenhaftigkeit). Kants Formulierung vom Schematismus als einer »verborgene[n] Kunst in den Tiefen der menschlichen Seele« kann überdies als metaphorische Vorwegnahme der Position

5 Vgl. Stegmaier, Werner: Artikel »Schema, Schematismus.« In: Ritter, Joachim/Gründer, Karlfried (Hg.): *Historisches Wörterbuch der Philosophie*. Bd. 8: *R-Sc*. Darmstadt (Wissenschaftliche Buchgesellschaft) 1992, S. 1246–1263, mit Blick auf Aristoteles und andere antike Autoren hier S. 1246–1247.

6 Stegmaier: *Schema, Schematismus*, hier S. 1253, spricht vom Schematismus bei Kant als dem Prozess der »Vorzeichnung eines Gegenstandes in der Anschauung durch eine Regel des Denkens«.

7 Vgl. für einen ausführlicheren Überblick, der die Bezüge zur Semiotik sichtet, auch die Diskussion des Schematismus-Kapitels bei Eco, Umberto: *Kant und das Schnabeltier*. München (dtv) 2000. Eine einführende Diskussion findet sich auch bei Bauer, Matthias/Ernst, Christoph: *Diagrammatik: Einführung in ein kultur- und medienwissenschaftliches Forschungsfeld.* Bielefeld (transcript) 2010, S. 49–58.

neuerer kognitionswissenschaftlicher Schematheorien gelesen werden, welche das Schema im Rahmen von Theorien des verkörperten Denkens (*embodiment*) verhandeln, etwa bei Mark Johnson (➛ Erkenntnis und verkörpertes Denken).

Platon

Menon (ca. 393–388 v. Chr.)

Sokrates. [...] Da also die Seele unsterblich und oft wiedererstanden ist, und da sie alles hier und im Hades geschaut hat, gibt es nichts, was sie nicht weiß. Deshalb ist es nicht erstaunlich, wenn es um Gutsein und andere Dinge geht, daß sie sich an das zu erinnern vermag, was sie ja vorher gewußt hat. Denn da die ganze Natur verwandt ist [d] und die Seele alles kennengelernt hat, hindert nichts den, der nur an eine Sache erinnert wird – was man (gewöhnlich) Belehrung nennt –, alles andere selbst wiederzufinden, wenn er nur mutig ist und nicht müde wird zu suchen. Das Suchen und das Lernen sind also gänzlich Wiedererinnerung. Man darf also wirklich nicht auf dieses Übertölpelungsargument hören: es könnte uns nämlich träge machen, und nur Schwächlinge hören es gerne. Aber unser (Argument von der Wiedererinnerung) bewirkt, daß wir rege sind und auf der Suche bleiben. [e] Weil ich darauf vertraue, daß es wahr ist, will ich mit dir die Suche darauf richten, was Gutsein ist.
Menon. Ja, einverstanden. Aber wie meinst du das: Wir lernen nicht, sondern das sogenannte Lernen ist Wiedererinnerung? Kannst du mich darüber belehren, daß es sich so verhält?
Sokrates. Gerade habe ich noch gesagt, daß du ganz schön schlau bist. Du fragst mich, ob ich dich belehren könne, [82a] wo ich doch behauptet habe, es gebe keine Belehrung, sondern Wiedererinnerung. Damit soll sich wohl geradewegs zeigen, wie ich mir selbst widerspreche.
Menon. Um Gottes willen, mit dieser Absicht habe ich es nicht gesagt, sondern aus reiner Gewohnheit. Aber wenn du mir irgendwie zeigen kannst, daß es sich so verhält, wie du sagst, dann tu es.
Sokrates. Nun, das ist nicht ganz leicht, aber ich will mich deinetwegen bemühen. Rufe doch irgendeinen deiner vielen Sklaven, [b] damit ich es dir an ihm zeige.
Menon. Ja, gern. Komm einmal her.
Sokrates. Ist er Grieche und spricht Griechisch?
Menon. Ja, sicher, er wohnt ja in meinem Haus.
Sokrates. Paß jetzt auf, ob er sich in deinen Augen erinnert oder von mir lernt.
Menon. Ich passe auf.
Sokrates. Sklave, sag mir, du weißt, daß ein Quadrat solch eine Figur ist?
Sklave. Ja.
Sokrates. Ein Quadrat [c] hat also alle vier Seiten gleich lang.

Sklave. Ja.
Sokrates. Sind es nicht genauso lange Linien wie diese in der Mitte?
Sklave. Ja.
Sokrates. Könnte ein solches Quadrat nicht größer oder kleiner sein?
Sklave. Sicher.
Sokrates. Wenn diese Seite zwei Fuß lang und diese ein Fuß lang wäre, wie groß wäre dann die ganze Fläche? Überleg es so: Wenn diese zwei Fuß, diese aber nur ein Fuß lang wäre, wäre die Fläche insgesamt zwei (Quadrat-)Fuß groß.
Sklave. Ja.
[d] *Sokrates*. Da aber diese auch zwei Fuß lang ist, wird die Fläche doch zweimal zwei (Quadratfuß) groß sein?
Sklave. Das wird sie.
Sokrates. Die Fläche ist also zweimal zwei (Quadrat-)Fuß groß.
Sklave. Ja.
Sokrates. Wieviel ist also der Inhalt von zweimal zwei Füßen? Rechne mal!
Sklave. Vier.
Sokrates. Könnte man nicht auch eine doppelt so große Fläche dieser Art machen, also wie dieses mit gleichlangen Seiten?
Sklave. Ja.
Sokrates. Wie groß wird das dann sein?
Sklave. Acht (Quadrat-)Fuß.
Sokrates. Nun denn, versuch mal zu sagen, wie lang jede Seite des Quadrats sein wird. [e] Die Seite dieses Quadrats hier ist zwei Fuß lang. Wie lang ist die des doppelt so großen?
Sklave. Offensichtlich doppelt so lang.
Sokrates. Siehst du, Menon, daß ich ihn überhaupt nicht belehre, sondern alles frage? Und jetzt meint er zu wissen, wie lang die Seite eines acht Fuß großen Quadrats sein wird. Oder kommt es dir nicht so vor?
Menon. Doch.
Sokrates. Weiß er es dann?
Menon. Gewiß nicht.
Sokrates. Er glaubt also, doppelt so lang.
Menon. Ja.
Sokrates. Schau nun zu, wie er sich schrittweise erinnert, so wie man sich erinnern muß. Sag mir nun, Junge, du meinst also, von der doppelten Seite bekommen wir ein doppelt so großes Quadrat? [83a] Ich meine nicht, daß sie an dieser Seite kurz, an der lang sein soll, sondern überall sollen die Seiten gleich lang sein, wie bei diesem, aber doppelt so groß wie dieses, nämlich acht (Quadrat-)Fuß groß. Nun sieh, ob du immer noch meinst, daß wir es von der doppelten Seite bekommen.
Sklave. Ja
Sokrates. Wird diese Seite nicht doppelt so lang, wenn wir eine genauso lange Strecke von dort an hinzufügen?

Sklave. Genau.

Sokrates. Von dieser also, sagst du, bekommen wir ein acht Fuß großes Quadrat, wenn wir vier solche Seiten haben.

[b] *Sklave.* Ja

Sokrates. Zeichnen wir also vier gleichlange Seiten von dieser Seite aus. Dann müßte das da dein besagtes acht (Quadrat-)Fuß großes Quadrat sein.

Sklave. Genau.

Sokrates. Sind in diesem nicht vier von den Quadraten, von denen jedes genauso groß ist wie das vier (Quadrat-)Fuß große?

Sklave. Ja.

Sokrates. Wie groß ist es dann, nicht viermal so groß?

Sklave. Ja, doch.

Sokrates. Ist doppelt so groß denn soviel wie viermal so groß?

Sklave. Um Gottes willen!

Sokrates. Sondern das Wievielfache?

Sklave. Das Vierfache.

Sokrates. Also von der doppelt so großen Seite, mein Junge, [c] bekommen wir kein doppelt so großes, sondern ein vierfaches Quadrat.

Sklave. Das ist richtig.

Sokrates. Denn viermal vier ist sechzehn, nicht wahr?

Sklave. Ja.

Sokrates. Mit welcher Seite bekommen wir also das acht (Quadrat-)Fuß große? Nicht wahr, von dieser Linie bekommen wir ein Vierfaches?

Sklave. Ja.

Sokrates. Und das vier (Quadrat-)Fuß große von der Hälfte dieser Linie?

Sklave. Ja

Sokrates. Nun, ist das acht (Quadrat-)Fuß große Quadrat nicht doppelt so groß wie dieses, aber nur halb so groß wie dieses?

Sklave. Ja.

Sokrates. Bekommen wir es dann nicht von einer Linie, die größer ist als diese, aber kleiner als diese?

[d] *Sklave.* Das glaube ich doch.

Sokrates. Schön, du sollst ja auch das antworten, was du glaubst. Sag mir also: war nicht diese Linie zwei Fuß lang, die andere vier?

Sklave. Ja.

Sokrates. Die Seite für das acht (Quadrat-)Fuß große Quadrat muß also größer sein als diese zwei Fuß lange, und kleiner als diese vier Fuß lange Linie.

Sklave. Ja, das muß sie.

Sokrates. Dann versuch mir zu sagen, wie lang sie ist!

Sklave. Drei Fuß lang.

Sokrates. Wenn sie denn drei Fuß lang ist (sein soll), werden wir die Hälfte dieser hinzunehmen; ist sie dann nicht drei Fuß lang? Denn diese, sagten wir, war zwei Fuß lang und diese ein Fuß lang, und wir bekommen hier das Quadrat, was du sagst.
Sklave. Ja.
Sokrates. Ist denn nicht, wenn die Seite drei Fuß und die drei Fuß lang ist, das ganze Quadrat dreimal drei (Quadrat-)Fuß groß?
Sklave. Es sieht so aus.
Sokrates. Wie viele (Quadrat-)Füße sind denn dreimal drei?
Sklave. Neun.
Sokrates. Und wie groß sollte das doppelte Quadrat sein?
Sklave. Acht.
Sokrates. Also haben wir das acht (Quadrat-)Fuß große auch nicht von der drei Fuß langen Linie bekommen?
Sklave. Nein, wirklich nicht.
Sokrates. Aber von welcher bekommen wir es dann? Versuch es uns genau zu sagen, und wenn du es nicht in Zahlen sagen willst, dann zeige sie wenigstens.
[84a] *Sklave.* Aber um Gottes willen, das weiß ich einfach nicht.
Sokrates. Merkst du, Menon, welche Fortschritte er schon im Erinnern macht? Zuerst wußte er nicht, welches die Seite eines acht (Quadrat-)Fuß großen Quadrats ist, genausowenig wie er es jetzt weiß. Aber vorher glaubte er, es zu wissen, und antwortete forsch, so als ob er es wüßte, und wähnte sich durchaus nicht in der Lage, nicht mehr weiterzuwissen, jetzt aber schon, [b] d. h. jetzt weiß er es nicht und glaubt auch nicht, es zu wissen.
Menon. Das stimmt.
Sokrates. Hat er nun nicht einen besseren Zugang zu der Sache, die er nicht wußte?
Menon. Auch das stimmt wohl.
Sokrates. Indem wir ihn in die Lage trieben, nicht weiterzuwissen, und ihn wie der Zitterrochen betäubten, haben wir ihm dadurch wohl geschadet?
Menon. Das glaube ich nicht.
Sokrates. Wir haben statt dessen anscheinend etwas gemacht, was ihm zustatten kommt, wenn er herausfinden will, wie es sich wirklich verhält. Denn jetzt möchte er wirklich gerne die Antwort suchen, die er nicht weiß, vorher glaubte er nur sich mit Leichtigkeit vor vielen Leuten und bei vielen Gelegenheiten gut darüber auslassen zu können, [c] daß das doppelt so große Quadrat auch die doppelt so lange Seitenlänge hat.
Menon. Es sieht so aus.
Sokrates. Glaubst du, daß er vorher, bevor er in diese Lage geriet, nämlich sich für nichtwissend hielt und nach Wissen sehnte, daß er sich also vorher bemüht hätte, die Suche darauf zu richten und das zu lernen, was er doch glaubte zu wissen, obwohl er es doch nicht wußte?
Menon. Das glaube ich nicht.
Sokrates. Das Betäubtsein hat ihm also genutzt.
Menon. Ich finde, ja.

Sokrates. Sieh nun, was er aus dieser Lage durch die gemeinsame Suche mit mir finden wird, obwohl ich nichts anderes tue als fragen und nicht belehre. [d] Paß auf, ob du mich dabei erwischst, daß ich ihn belehre und ihm vortrage, anstatt seine Meinungen zu untersuchen.

Sag mir nun, mein Junge, wir haben hier das Quadrat von vier Fuß Inhalt, ja?

Sklave. Ja.

Sokrates. Ein anderes, genauso großes können wir ihm doch hinzufügen.

Sklave. Ja.

Sokrates. Und ein drittes, das genauso groß ist wie jedes von beiden.

Sklave. Ja.

Sokrates. Und in der Ecke können wir dann das auffüllen?

Sklave. Klar.

Sokrates. So haben wir vier gleich große Quadrate bekommen.

[e] *Sklave.* Ja.

Sokrates. Was weiter? Dieses Ganze hier ist das Wievielfache von diesem?

Sklave. Das Vierfache.

Sokrates. Wir wollen aber das doppelte bekommen, oder erinnerst du dich nicht?

Sklave. Doch freilich.

Sokrates. Schneidet nicht diese Linie von Winkel zu Winkel jedes dieser Quadrate genau in Hälften?

[85a] *Sklave.* Ja.

Sokrates. Bekommen wir so nicht diese vier gleichen Linien, die diese Fläche einschließen?

Sklave. Ja, die bekommen wir.

Sokrates. Überleg nun, wie groß ist diese Fläche?

Sklave. Ich verstehe nicht.

Sokrates. Hat nicht bei diesen vier Quadraten jede Linie die Hälfte eines jeden Quadrats innen abgetrennt?

Sklave. Ja.

Sokrates. Wie viele von diesen Hälften sind denn in diesem drin?

Sklave. Vier.

Sokrates. Und wie viele in diesem?

Sklave. Zwei.

Sokrates. Und was ist vier im Verhältnis zu zwei?

Sklave. Das Doppelte.

Sokrates. Also wieviel (Quadrat-)Fuß ist dieses groß?

[b] *Sklave.* Acht.

Sokrates. Von welcher Linie bekommen wir es?

Sklave. Von dieser.

Sokrates. Von der Linie, die sich im Quadrat von Winkel zu Winkel spannt.

Sklave. Ja.

Sokrates. Nennen die Gebildeten diese Linie nicht Diagonale? Wenn der Name dieser Linie also Diagonale ist, bekommen wir von der Diagonalen, wie du sagst, mein Junge, das doppelt so große Quadrat.

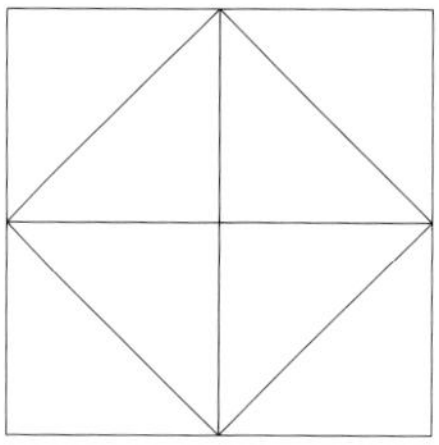

Abb. 1 Schema zur Veranschaulichung der geometrischen Operation zur Verdoppelung eines Quadrats (ergänzt durch die Hrsg.).

Sklave. Ganz genau so ist es, Sokrates.
Sokrates. Findest du, Menon, daß er irgendeine Meinung geäußert hat, die nicht seine eigene ist?
[c] *Menon.* Nein, nur seine eigene.
Sokrates. Und er wußte es nicht, wie wir vorher feststellten.
Menon. Das ist richtig.
Sokrates. Diese Meinungen waren also in ihm, oder etwa nicht?
Menon. Ja.
Sokrates. Also, wer etwas nicht weiß, der hat in sich wahre Meinungen über das, was er nicht weiß.
Menon. Es sieht so aus.
Sokrates. Und jetzt gerade sind diese Meinungen bei ihm wie ein Traum hochgekommen. Und du weißt, wenn ihn jemand häufiger und auf verschiedene Weise über dasselbe befragte, wird er schließlich wie jeder andere [d] über diese Dinge genau Bescheid wissen?
Menon. Wahrscheinlich.
Sokrates. Obwohl er von niemandem belehrt, sondern nur befragt wurde, wird er doch zu Wissen kommen, indem er selbst aus sich das Wissen hervorholt?
Menon. Ja.
Sokrates. Und ›selbst aus sich das Wissen hervorholen‹ heißt das nicht ›sich erinnern‹?
Menon. Ja, sicher.
Sokrates. Hat er demnach nicht das Wissen, das er jetzt hat, entweder vorher bekommen oder immer gehabt?
Menon. Ja.
Sokrates. Und wenn er es schon immer hatte, war er auch schon immer wissend, oder wenn er es vorher bekommen hat, dann wird es nicht in diesem Leben gewesen sein. Oder hat ihm jemand Geometrie beigebracht? [e] Er wird es nämlich auf jedem geometrischen Gebiet genauso machen und bei allem anderen, was man lernen kann. Gibt es denn jemanden, der ihm das beigebracht hat? Du mußt es doch wissen, da er ja in deinem Hause geboren und aufgewachsen ist!

Menon. Ich weiß genau, daß ihn niemand unterrichtet hat.
Sokrates. Hat er nun diese Meinungen oder nicht?
Menon. Ja, das ist doch ganz offensichtlich.
Sokrates. Wenn er sie nicht in diesem Leben angenommen hat, ist dann nicht schon sicher, [86a] daß er sie zu einer anderen Zeit erworben und gelernt hat?
Menon. Sieht so aus.
Sokrates. Wohl in der Zeit, in der er noch nicht als Mensch geboren war?
Menon. Ja.
Sokrates. Wenn er nun in der Zeit, in der er Mensch ist, und in der Zeit, in der er es nicht ist, wahre Meinungen hat, die, durch Fragen aufgerührt, zu Wissen werden, wird seine Seele dann nicht immer schon gelernt haben? Denn es ist doch klar, daß er die ganze Zeit entweder Mensch ist oder nicht.
Menon. Offensichtlich.
[b] *Sokrates.* Und wenn immer schon die Wahrheit über die Wirklichkeit in der Seele ist, ist die Seele unsterblich. Deshalb mußt du Mut haben und dich bemühen, auf das, was du zufällig jetzt nicht weißt – es ist nur etwas, an das du dich nicht erinnerst –, die Suche zu richten und dich zu erinnern.
Menon. Das hast du aber irgendwie schön gesagt.
Sokrates. Das finde ich auch. Zwar will ich das übrige für unsere Rede eigentlich nicht fest vertreten, aber daß wir in dem Glauben, suchen zu müssen, was man nicht weiß, besser werden und mutiger und weniger träge, als wenn wir meinten, daß wir das, was wir nicht wissen, auch gar nicht finden können und dann erst gar nicht zu suchen brauchen, [c] dafür möchte ich allerdings kämpfen, wenn ich könnte, mit Wort und Tat.
Menon. Das hast du auch wieder schön gesagt.
Sokrates. Da wir ja dann einer Meinung sind, daß man das suchen muß, was man nicht weiß, wollen wir uns bemühen, gemeinsam die Suche darauf zu richten, was eigentlich Gutsein ist.

Quelle

Platon: *Menon.* Hg. und übers. von Margarita Kranz. Stuttgart (Reclam) 1994, S. 37–55 (80e–86c).

Immanuel Kant

Die Disziplin der reinen Vernunft im dogmatischen Gebrauche (1781[A]/1787[B])

Die Disziplin der reinen Vernunft im dogmatischen Gebrauche

Die Mathematik gibt das glänzendste Beispiel, einer sich, ohne Beihilfe der Erfahrung, von selbst glücklich erweiternden reinen Vernunft. Beispiele sind ansteckend, vornehmlich für dasselbe Vermögen, welches sich natürlicherweise schmeichelt, eben dasselbe Glück in anderen Fällen zu haben, welches ihm in einem Falle zuteil worden. Daher hofft reine Vernunft im transzendentalen Gebrauche |/ sich eben so glücklich und gründlich erweitern zu können, als es ihr im mathematischen gelungen ist, wenn sie vornehmlich dieselbe Methode dort anwendet, die hier von so augenscheinlichem Nutzen gewesen ist. Es liegt uns also viel daran, zu wissen: ob die Methode, zur apodiktischen Gewißheit zu gelangen, die man in der letzteren Wissenschaft mathematisch nennt, mit derjenigen einerlei sei, womit man eben dieselbe Gewißheit in der Philosophie sucht, und die daselbst dogmatisch genannt werden müßte.

Die philosophische Erkenntnis ist die Vernunfterkenntnis aus Begriffen, die mathematische aus der Konstruktion der Begriffe. Einen Begriff aber konstruieren, heißt: die ihm korrespondierende Anschauung a priori darstellen. Zur Konstruktion eines Begriffs wird also eine nicht empirische Anschauung[1] erfordert, die folglich, als Anschauung, ein einzelnes Objekt ist, aber nichtsdestoweniger, als die Konstruktion eines Begriffs (einer allgemeinen Vorstellung), Allgemeingültigkeit für alle möglichen Anschauungen, die unter denselben Begriff gehören, in der Vorstellung ausdrücken muß. So konstruiere ich einen Triangel, indem ich den diesem Begriffe entsprechenden Gegenstand, entweder durch bloße Einbildung, in der reinen, oder nach derselben auch auf dem Papier, in der empirischen Anschauung, beidemal[2] aber völlig a priori, ohne das Muster dazu aus irgend einer Erfahrung geborgt zu haben, darstelle. Die einzelne hingezeichnete Figur ist |/ empirisch, und dient gleichwohl den Begriff, unbeschadet seiner Allgemeinheit, auszudrücken, weil bei dieser empirischen Anschauung immer nur auf die Handlung der Konstruktion des Begriffs, welchem viele Bestimmungen, z.E. der Größe, der Seiten und der Winkel, ganz gleichgültig sind, gesehen, und also von diesen Verschiedenheiten, die den Begriff des Triangels nicht verändern, abstrahiert wird.

1 B/A: eine nicht empirische III: eine nichtempirische Anschauung (III: nicht empirische)
2 B: beidemal; A: beide male

Die philosophische Erkenntnis betrachtet also das Besondere nur im Allgemeinen, die mathematische das Allgemeine im Besonderen, ja gar im Einzelnen, gleichwohl doch a priori und vermittelst der Vernunft, so daß, wie dieses Einzelne unter gewissen allgemeinen Bedingungen der Konstruktion bestimmt ist, eben so der Gegenstand des Begriffs, dem dieses Einzelne nur als sein Schema korrespondiert, allgemein bestimmt gedacht werden muß.

In dieser Form besteht also der wesentliche Unterschied dieser beiden Arten der Vernunfterkenntnis, und beruht nicht auf dem Unterschied ihrer Materie, oder Gegenstände. Diejenigen, welche Philosophie von Mathematik dadurch zu unterscheiden vermeineten, daß sie von jener sagten, sie habe bloß die Qualität, diese aber nur die Quantität zum Objekt, haben die Wirkung für die Ursache genommen. Die Form der mathematischen Erkenntnis ist die Ursache, daß diese lediglich auf Quanta gehen kann. Denn nur der Begriff von Größen läßt sich konstruieren, d.i. a priori in der Anschauung darlegen, Qua|/litäten aber lassen sich in keiner anderen als empirischen Anschauung darstellen. Daher kann eine Vernunfterkenntnis derselben nur durch Begriffe möglich sein. So kann niemand eine dem Begriff der Realität korrespondierende Anschauung anders woher, als aus der Erfahrung nehmen, niemals aber a priori aus sich selbst und vor dem empirischen Bewußtsein derselben teilhaftig werden. Die konische Gestalt wird man ohne alle empirische Beihilfe, bloß nach dem Begriffe, anschauend machen können, aber die Farbe dieses Kegels wird in einer oder anderer Erfahrung zuvor gegeben sein müssen. Den Begriff einer Ursache überhaupt kann ich auf keine Weise in der Anschauung darstellen, als an einem Beispiele, das mir Erfahrung an die Hand gibt, usw. Übrigens handelt die Philosophie eben sowohl von Größen, als die Mathematik, z.B. von der Totalität, der Unendlichkeit usw. Die Mathematik beschäftiget sich auch mit dem Unterschiede der Linien und Flächen, als Räumen, von verschiedener Qualität, mit der Kontinuität der Ausdehnung, als einer Qualität derselben. Aber, obgleich sie in solchen Fällen einen gemeinschaftlichen Gegenstand haben, so ist die Art, ihn durch die Vernunft zu behandeln, doch ganz anders in der philosophischen, als mathematischen Betrachtung. Jene hält sich bloß an allgemeinen Begriffen, diese kann mit dem bloßen Begriffe nichts ausrichten, sondern eilt sogleich zur Anschauung, in welcher sie den Begriff in concreto betrachtet, aber doch nicht empirisch, sondern bloß in einer |/ solchen, die sie a priori darstellet, d.i. konstruiert hat, und in welcher dasjenige, was aus den allgemeinen Bedingungen der Konstruktion folgt, auch von dem Objekte des konstruierten Begriffs allgemein gelten muß.

Man gebe einem Philosophen den Begriff eines Triangels, und lasse ihn nach seiner Art ausfindig machen, wie sich wohl die Summe seiner Winkel zum rechten verhalten möge. Er hat nun nichts als den Begriff von einer Figur, die in drei geraden Linien eingeschlossen ist, und an ihr den Begriff von ebenso viel Winkeln. Nun mag er diesem Begriffe nachdenken, so lange er will, er wird nichts Neues herausbringen. Er kann den Begriff der geraden Linie, oder eines Winkels, oder der Zahl drei zergliedern und deutlich machen, aber nicht auf andere Eigenschaften kommen, die in diesen Begriffen gar nicht liegen. Allein der Geometer nehme diese Frage vor. Er fängt sofort davon an, einen Triangel zu konstruieren. Weil er weiß, daß zwei rechte Winkel zusammen gerade so viel austragen, als alle berührenden Winkel, die aus einem Punkte auf einer geraden Linie gezogen werden können, zusammen, so verlängert er eine Seite seines Triangels, und bekommt zwei berührende Winkel, die zweien rechten zusammen gleich sind.[3] Nun teilet er den äußeren von diesen Winkeln, indem er eine Linie mit der gegenüberstehenden Seite des Triangels parallel zieht, und sieht, daß hier ein äußerer berührender Winkel entspringe, der einem inneren gleich ist, usw. Er gelangt auf solche Weise durch eine | / Kette von Schlüssen, immer von der Anschauung geleitet, zur völlig einleuchtenden und zugleich allgemeinen Auflösung der Frage.

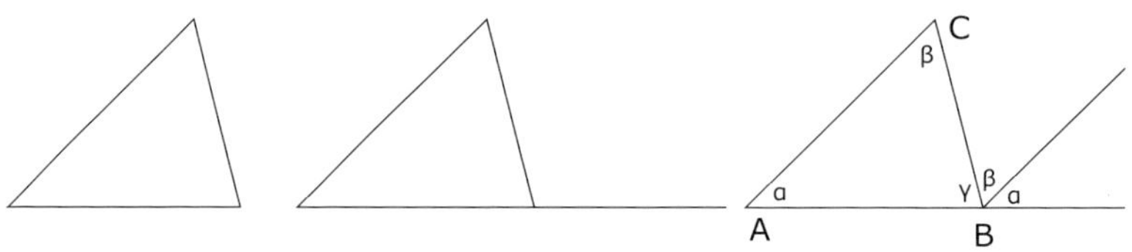

Abb. 1 Schema zur Veranschaulichung des klassischen Satzes der (euklidischen) Geometrie, der besagt, dass die Innenwinkelsumme eines Dreiecks 180° beträgt (ergänzt durch die Hrsg.).

Die Mathematik aber konstruieret nicht bloß Größen (Quanta), wie in der Geometrie, sondern auch die bloße Größe (Quantitatem), wie in der Buchstabenrechnung, wobei sie von der Beschaffenheit des Gegenstandes, der nach einem solchen Größenbegriff gedacht werden soll, gänzlich abstrahiert. Sie wählt sich alsdenn eine gewisse Bezeichnung aller Konstruktionen von Größen überhaupt (Zahlen), als der Addition, Subtraktion usw.[4], Ausziehung der Wurzel, und, nachdem sie den allgemeinen Begriff der Größen nach den verschiedenen Verhältnissen derselben auch bezeichnet hat, so stellet sie alle Behandlung, die durch die Größe erzeugt und verändert wird, nach gewissen allgemeinen Regeln in der Anschauung dar; wo eine Größe durch die andere dividieret werden soll, setzt sie beider ihre Charaktere nach der bezeichnenden Form der Division zusammen usw., und gelangt also vermittelst einer symbolischen Konstruktion eben so gut, wie die Geometrie nach einer ostensiven oder geometrischen (der Gegenstände selbst) dahin, wohin die diskursive Erkenntnis vermittelst bloßer Begriffe niemals gelangen könnte.

Was mag die Ursache dieser so verschiedenen Lage sein, darin sich zwei Vernunftkünstler befinden, deren der eine seinen Weg nach Begriffen, der andere nach Anschauungen nimmt, die er a priori den Begriffen gemäß dar | /stellet. Nach den oben vorgetragenen transzendentalen Grundlehren ist diese Ursache klar. Es kommt hier nicht auf analytische Sätze an, die durch bloße Zergliederung der Begriffe erzeugt werden können,

3 B: sind; A: seyn
4 B/A: (Zahlen … usw.); (Zahlen) … usw.

(hierin würde der Philosoph ohne Zweifel den Vorteil über seinen Nebenbuhler haben,) sondern auf synthetische, und zwar solche, die a priori sollen erkannt werden. Denn ich soll nicht auf dasjenige sehen, was ich in meinem Begriffe vom Triangel wirklich denke, (dieses ist nichts weiter, als die bloße Definition,) vielmehr soll ich über ihn zu Eigenschaften, die in diesem Begriffe nicht liegen, aber doch zu ihm gehören, hinausgehen. Nun ist dieses nicht anders möglich, als daß ich meinen Gegenstand nach den Bedingungen, entweder der empirischen Anschauung, oder der reinen Anschauung bestimme. Das erstere würde nur einen empirischen Satz (durch Messen seiner Winkel), der keine Allgemeinheit, noch weniger Notwendigkeit enthielte, abgeben, und von dergleichen ist gar nicht die Rede. Das zweite Verfahren aber ist die mathematische und zwar hier die geometrische Konstruktion, vermittelst deren ich in einer reinen Anschauung, eben so wie in der empirischen, das Mannigfaltige, was zu dem Schema eines Triangels überhaupt, mithin zu seinem Begriffe gehört, hinzusetze, wodurch allerdings allgemeine synthetische Sätze konstruiert[5] werden müssen.

Ich würde also umsonst über den Triangel philosophieren, d.i. diskursiv nachdenken, ohne dadurch im min|/desten weiter zu kommen, als auf die bloße Definition, von der ich aber billig anfangen müßte. Es gibt zwar eine transzendentale Synthesis aus lauter Begriffen, die wiederum allein dem Philosophen gelingt, die aber niemals mehr als ein Ding überhaupt betrifft, unter welchen Bedingungen dessen Wahrnehmung zur möglichen Erfahrung gehören könne. Aber in den mathematischen Aufgaben ist hiervon und überhaupt von der Existenz gar nicht die Frage, sondern von den Eigenschaften der Gegenstände an sich selbst, lediglich so fern diese mit dem Begriffe derselben verbunden sind.

Wir haben in dem angeführten Beispiele nur deutlich zu machen gesucht, welcher große Unterschied zwischen dem diskursiven Vernunftgebrauch nach Begriffen und dem intuitiven durch die Konstruktion der Begriffe anzutreffen sei. Nun frägts sich natürlicher Weise, was die Ursache sei, die einen solchen zwiefachen Vernunftgebrauch notwendig macht, und an welchen Bedingungen man erkennen könne, ob nur der erste, oder auch der zweite stattfinde.

Alle unsere Erkenntnis bezieht sich doch zuletzt auf mögliche Anschauungen: denn durch diese allein wird ein Gegenstand gegeben. Nun enthält ein Begriff a priori (ein nicht empirischer Begriff) entweder schon eine reine Anschauung in sich, und alsdann kann er konstruiert werden; oder nichts als die Synthesis möglicher Anschauungen, die a priori nicht gegeben sind, und alsdann kann man |/ wohl durch ihn synthetisch und a priori urteilen, aber nur diskursiv, nach Begriffen, und niemals intuitiv[6] durch die Konstruktion des Begriffes.

5 konstruiert: *nicht in A*

6 B: wohl durch ihn … nach Begriffen, und niemals intuitiv; A: wohl zwar durch ihn … nach Begriffen, niemals aber intuitiv

Nun ist von aller Anschauung keine a priori gegeben, als die bloße Form der Erscheinungen, Raum und Zeit, und ein Begriff von diesen, als Quantis, läßt sich entweder zugleich mit der Qualität derselben (ihre Gestalt), oder auch bloß ihre Quantität (die bloße Synthesis des Gleichartigmannigfaltigen) durch Zahl a priori in der Anschauung darstellen, d.i. konstruieren. Die Materie aber der Erscheinungen, wodurch uns Dinge im Raume und der Zeit gegeben werden, kann nur in der Wahrnehmung, mithin a posteriori vorgestellet werden. Der einzige Begriff, der a priori diesen empirischen Gehalt der Erscheinungen vorstellt, ist der Begriff des Dinges überhaupt, und die synthetische Erkenntnis von demselben a priori kann nichts weiter, als die bloße Regel der Synthesis desjenigen, was die Wahrnehmung a posteriori geben mag, niemals aber die Anschauung des realen Gegenstandes a priori liefern, weil diese notwendig empirisch sein muß.

Synthetische Sätze, die auf Dinge überhaupt, deren Anschauung sich a priori gar nicht geben läßt, gehen, sind transzendental. Demnach lassen sich transzendentale Sätze niemals durch Konstruktion der Begriffe, sondern nur nach Begriffen a priori geben. Sie enthalten bloß die Regel, nach der eine gewisse synthetische Einheit desjenigen, was nicht a priori anschaulich vorgestellt wer|/den kann, (der Wahrnehmungen,) empirisch gesucht werden soll. Sie können aber keinen einzigen ihrer Begriffe a priori in irgendeinem Falle darstellen, sondern tun dieses nur a posteriori, vermittelst der Erfahrung, die nach jenen synthetischen Grundsätzen allererst möglich wird.

Wenn man von einem Begriffe synthetisch urteilen soll, so muß man aus diesem Begriffe hinausgehen, und zwar zur Anschauung, in welcher er gegeben ist. Denn, bliebe man bei dem stehen, was im Begriffe enthalten ist, so wäre das Urteil bloß analytisch, und eine Erklärung des Gedanken, nach demjenigen, was wirklich in ihm enthalten ist. Ich kann aber von dem Begriffe zu der ihm korrespondierenden reinen oder empirischen Anschauung gehen, um ihn in derselben in concreto zu erwägen, und, was dem Gegenstande desselben zukommt, a priori oder a posteriori zu erkennen. Das erstere ist die rationale und mathematische Erkenntnis durch die Konstruktion des Begriffs, das zweite die bloße empirische (mechanische) Erkenntnis, die niemals notwendige und apodiktische Sätze geben kann. So könnte ich meinen empirischen Begriff vom Golde zergliedern, ohne dadurch etwas weiter zu gewinnen, als alles, was ich bei diesem Worte wirklich denke, herzählen zu können, wodurch in meinem Erkenntnis zwar eine logische Verbesserung vorgeht, aber keine Vermehrung oder Zusatz erworben wird. Ich nehme aber die Materie, welche unter diesem Namen vorkommt, und stelle mit ihr Wahrnehmungen an, welche mir verschiedene synthe|/tische, aber empirische Sätze an die Hand geben werden. Den mathematischen Begriff eines Triangels würde ich konstruieren, d.i. a priori in der Anschauung geben, und auf diesem Wege eine synthetische, aber rationale Erkenntnis bekommen. Aber, wenn mir der transzendentale Begriff einer Realität, Substanz, Kraft etc. gegeben ist, so bezeichnet er weder eine empirische, noch reine Anschauung, sondern lediglich die Synthesis der empirischen Anschauungen (die also a priori nicht gegeben werden können), und es kann also aus ihm, weil die Synthesis nicht a priori zu der Anschauung, die ihm korrespondiert, hinausgehen kann, auch kein bestimmender synthetischer Satz, sondern nur ein Grundsatz der Synthesis* möglicher empirischer Anschauungen entspringen. Also ist ein transzendentaler Satz ein synthetisches Vernunfterkenntnis nach bloßen Begriffen, und mithin diskursiv, indem dadurch alle synthetische Einheit der empirischen Erkenntnis allererst möglich, keine Anschauung aber dadurch a priori gegeben wird. | /

So gibt es denn einen doppelten Vernunftgebrauch, der, unerachtet der Allgemeinheit der Erkenntnis und ihrer Erzeugung a priori, welche sie gemein haben, dennoch im Fortgange sehr verschieden ist, und zwar darum, weil in der Erscheinung, als wodurch uns alle Gegenstände gegeben werden, zwei Stücke sind: die Form der Anschauung (Raum und Zeit), die völlig a priori erkannt und bestimmt werden kann, und die Materie (das Physische), oder der Gehalt, welcher ein Etwas bedeutet, das im Raume und der Zeit angetroffen wird, mithin ein Dasein enthält und der Empfindung korrespondiert. In Ansehung des letzteren, welches niemals anders auf bestimmte Art, als empirisch gegeben werden kann, können wir nichts a priori haben, als unbestimmte Begriffe der Synthesis möglicher Empfindungen, so fern sie zur Einheit der Apperzeption (in einer möglichen Erfahrung) gehören. In Ansehung der ersteren können wir unsere Begriffe in der Anschauung a priori bestimmen, indem wir uns im Raume und der Zeit die Gegenstände selbst durch gleichförmige Synthesis schaffen, indem wir sie bloß als Quanta betrachten. Jener heißt der Vernunftgebrauch nach Begriffen, indem[7] wir nichts weiter tun können, als Erscheinungen dem realen Inhalte nach unter Begriffe zu bringen, welche darauf nicht anders als empirisch, d.i. a posteriori, (aber jenen Begriffen als Regeln einer empirischen Synthesis gemäß,) können bestimmt werden; dieser ist der Vernunftgebrauch durch Konstruktion der Be | /griffe, indem[8] diese, da sie schon auf eine Anschauung a priori gehen, auch eben darum a priori und ohne alle empirische data in der reinen Anschauung bestimmt gegeben werden können. Alles, was da ist (ein Ding im Raum oder der Zeit), zu erwägen, ob und wie fern es ein Quantum ist oder nicht, daß ein Dasein in demselben oder Mangel vorgestellt werden müsse, wie fern dieses Etwas (welches Raum oder Zeit erfüllt) ein erstes Substratum, oder bloße Bestimmung sei, eine Beziehung seines Daseins auf etwas Anderes, als Ursache oder Wirkung, habe, und endlich isoliert oder in wechselseitiger Abhängigkeit mit anderen in Ansehung des Daseins stehe, die Möglichkeit dieses Daseins, die Wirklichkeit und Notwendigkeit, oder die Gegenteile derselben zu erwägen: dieses alles gehöret zum V e r n u n f t e r k e n n t n i s aus Begriffen, welches p h i l o s o p h i s c h genannt wird. Aber im Raume eine Anschauung a priori zu bestimmen

* Vermittelst des Begriffs der Ursache gehe ich wirklich aus dem empirischen Begriffe von einer Begebenheit (da etwas geschieht) heraus, aber nicht zu der Anschauung, die den Begriff der Ursache in concreto darstellt, sondern zu den Zeitbedingungen überhaupt, die in der Erfahrung dem Begriffe der Ursache gemäß gefunden werden möchten. Ich verfahre also bloß nach Begriffen, und kann nicht durch Konstruktion der Begriffe verfahren, weil der Begriff eine Regel der Synthesis der Wahrnehmungen ist, die keine reine Anschauungen sind, und sich also a priori nicht g e b e n lassen.

7 B/A: indem; III: in dem

8 B/A: indem; III: in dem

(Gestalt), die Zeit zu teilen (Dauer), oder bloß das Allgemeine der Synthesis von einem und demselben in der Zeit und dem Raume, und die daraus entspringende Größe einer Anschauung überhaupt (Zahl) zu erkennen, das ist ein Vernunftgeschäfte durch Konstruktion der Begriffe, und heißt mathematisch.

Quelle

Kant, Immanuel: *Kritik der reinen Vernunft*. Stuttgart (Reclam) 2002 [1966], S. 732–742 (A712/B740–A725/B752).

Aristoteles

Physik (ca. 350 v. Chr.)

[219a] Wir müssen also, da wir ja danach fragen, was die Zeit ist, von dem Punkt anfangen, daß wir die Frage aufnehmen, *was an dem Bewegungsverlauf sie denn ist.* Wir nehmen Bewegung und Zeit ja zugleich wahr. Ja auch, wenn Dunkelheit herrscht und wir über unseren Körper nichts erfahren, wenn jedoch in unserem Bewußtsein irgendein Vorgang abläuft, dann scheint alsbald auch zugleich ein Stück Zeit vergangen zu sein. Indessen, auch (umgekehrt): Wenn eine Zeit vergangen zu sein scheint, scheint gleichzeitig auch eine bestimmte Bewegung vor sich gegangen zu sein. Also: Entweder ist die Zeit gleich Bewegung, oder sie ist etwas an dem Bewegungsverlauf. Da sie nun aber gleich Bewegung eben nicht war, so muß sie etwas an dem Bewegungsverlauf sein.

Da nun ein Bewegtes sich *von etwas fort zu etwas hin* bewegt und da jede (Ausdehnungs-)Größe *zusammenhängend* ist, so folgt (hierin) die Bewegung der Größe: Wegen der Tatsache, daß Größe immer zusammenhängend ist, ist auch *Bewegungsverlauf* etwas Zusammenhängendes, infolge der Bewegung aber auch die *Zeit*: Wie lange die Bewegung verlief, genau so viel Zeit ist anscheinend jeweils darüber vergangen. Die Bestimmungen *davor* und *danach* gelten also ursprünglich im Ortsbereich; da sind es also Unterschiede der Anordnung; indem es nun aber auch bei (Raum-)Größen das »davor« und »danach« gibt, so muß notwendigerweise auch in dem Bewegungsverlauf das »davor« und »danach« begegnen, entsprechend den (Verhältnissen) dort. Aber dann gibt es auch in der Zeit das »davor« und »danach«, auf Grund dessen, daß hier ja der eine Bereich dem anderen unter ihnen nachfolgt[1]. Es ist aber das »davor« und »danach« bei der Bewegung (nichts anderes als), was Bewegung eben ist; allerdings dem begrifflichen Sein nach ist es unterschieden davon und nicht gleich Bewegung. Aber auch die Zeit erfassen wir, indem wir Bewegungsabläufe abgrenzen, und dies tun wir mittels des »davor« und »danach«. Und wir sagen dann, daß Zeit vergangen sei, wenn wir von einem »davor« und einem »danach« bei der Bewegung Wahrnehmung gewinnen. Die Absetzung vollziehen wir dadurch, daß wir sie (die Abschnitte) immer wieder als je andere annehmen und mitten zwischen ihnen ein weiteres, von ihnen Verschiedenes (ansetzen). Wenn wir nämlich die Enden als von der Mitte verschieden begreifen und das Bewußtsein zwei Jetzte anspricht, das eine davor, das

1 Die Herleitung erscheint zunächst übermäßig umständlich, wird jedoch durch die Überlegung verständlicher, daß man bei Raumgrößen das »davor« und »danach« schlicht sieht, während man das zeitliche Analogen nur mit Gedanken fassen kann.

andere danach, dann sprechen wir davon, dies sei Zeit: *Was nämlich begrenzt ist durch ein Jetzt, das ist offenbar Zeit.* Und das soll zugrundegelegt sein[2].

Wenn wir also das Jetzt als ein einziges wahrnehmen und nicht entweder als »davor« und »danach« beim Bewegungsablauf oder als die (eine und) selbe (Grenze) zwischen einem vorherigen und einem nachherigen (Ablauf), dann scheint keinerlei Zeit vergangen zu sein, weil ja auch keine Bewegung (ablief). Wenn dagegen ein »davor« und »danach« (wahrgenommen wird), dann nennen wir es Zeit. Denn eben *das ist Zeit: Die Meßzahl von Bewegung hinsichtlich des »davor« und »danach«.* [219b]

Also: Nicht gleich Bewegung ist die Zeit, sondern insoweit die Bewegung Zahl an sich hat (gehört sie zu ihr). Ein Beleg dafür: Das »mehr« und »weniger« entscheiden wir mittels der Zahl, mehr oder weniger Bewegung mittels der Zeit; *eine Art Zahl ist also die Zeit.*

Da nun die (Bestimmung) »Zahl« in zweifacher Bedeutung vorkommt – wir nennen ja sowohl das *Gezählte* und das *Zählbare* »Zahl«, wie auch das, *womit wir zählen*[3], so fällt also Zeit unter »Gezähltes«, und nicht unter »womit wir zählen«. Womit wir zählen und das Gezählte sind aber verschieden. Und wie der Bewegungsablauf je ein anderer und (wieder) anderer ist, so auch die Zeit – nur jeder gleichzeitig genommene Zeitpunkt ist derselbe; das Jetzt (bleibt) ja dasselbe Was-es-einmal-war, nur sein begriffliches Sein ist unterschieden: das Jetzt setzt Grenzen in die Zeit gemäß »davor« und »danach«. Das Jetzt ist in einem Sinn genommen (immer) dasselbe, in einem anderen (wieder ist es) nicht dasselbe: insofern es immer wieder an anderer (Stelle begegnet), ist es unterschieden – das war doch eben das »Jetzt-sein« an ihm –; (bezogen auf das,) was das Jetzt zu irgendeinem Zeitpunkt eben ist, ist es das Selbe[4]. Es folgt ja nach, wie gesagt wurde, der (Raum-)Größe die Bewegung, und dieser die Zeit, wie wir behaupten. Und ähnlich wie der Punkt (verhält sich) also das Fortbewegte, an dem wir die Bewegung erkennen und das »davor« an ihr und das »danach«: Dieses »Was-es-je-einmal-ist« ist dasselbe – entweder Punkt oder Stein oder etwas anderes derart –, der bestimmenden Erklärung nach (ist es je) ein anderes, so wie ja auch die Wortverdreher annehmen wollen, »Koriskos im Lykeion« bezeichne einen anderen als »Koriskos auf dem Markt«. Auch dies (Fortbewegte) ist also durch sein Immer-woanders-Sein unterschieden. Dem Fortbewegten aber folgt (hierin) das Jetzt, so wie die Zeit der Bewegung: an dem Fortbewegten erkennen wir ja das »davor« und »danach« beim Bewegungsablauf, insofern aber dies »davor« und »danach« abgezählt werden können, besteht das Jetzt. Daher gilt auch in diesem Zusammenhange: Was, irgendwann einmal seiend, ein Jetzt ist, das ist (immer) dasselbe – (nichts anderes als) das »davor« und »danach« an der Bewegung ist es –; im jeweiligen Auftreten dagegen ist es verschieden –

2 Eine erste Näherung; die Definition des Begriffs erfolgt sogleich.

3 Es ist der Unterschied zwischen Anzahl, z.B. sieben Bücher, und Zählzahl, 1, 2, 3, …

4 Man kann ein jetzt auf jeder beliebigen Stelle der Zeitachse ansetzen, ein an anderer Stelle gesetztes ist immer ein anderes: $J1 \neq J2$. Andererseits, an einem bestimmten, konkreten Jetzt, z.B. 1.VIII. 1985, plus Stunden-, Minuten-, Sekunden-Angabe (wenn nötig), laufen unzählig viele Ereignisse gleichzeitig ab, und bezogen auf sie ist es dasselbe Jetzt.

insofern nämlich das »davor« und »danach« abgezählt werden können, besteht ja das Jetzt. Und in besonderem Maße der Erkenntnis zugänglich ist dies (bestimmte Jetzt)[5]; auch Bewegung überhaupt (ist ja nur erkennbar) anhand des Bewegten, und Ortsbewegung anhand eines Sich-fort-Bewegenden; denn ein *Dieses-da* ist der fortbewegte Gegenstand, »Bewegung« selbst ist das nicht. Also: In *einem* Sinn genommen ist das Jetzt immer dasselbe, im *anderen* aber nicht dasselbe; und so (gilt das) ja auch (für) das Fortbewegte.

[220a] Klar ist auch dies: Wenn es einerseits Zeit nicht gäbe, gäbe es auch das Jetzt nicht, wenn es andrerseits das Jetzt nicht gäbe, dann auch die Zeit nicht; denn es bestehen zusammen, wie das Fortbewegte und die Ortsbewegung, so auch die Zählung des Fortbewegten und die der Ortsbewegung. Diese Zählung der Fortbewegung stellt ja (nichts anderes als) die Zeit dar, das Jetzt aber, ebenso wie das Fortbewegte, ist gewissermaßen eine *Einheit* der Zahl. Und die Zeit ist also auf Grund des Jetzt sowohl *zusammenhängend*, wie sie (andrerseits) auch mittels des Jetzt *durch Schnitte eingeteilt* wird. Auch in diesem Punkte folgt sie der Ortsbewegung und ihrem Bewegten: auch Bewegung überhaupt und Fortbewegung sind einheitlich durch das Fortbewegte, weil das nämlich eines ist – und zwar nicht was es jeweils in irgendeinem Zeitpunkt ist – dann könnte es ja aussetzen –, sondern dem Begriffe nach; und es ist auch dieses, was den Bewegungsablauf in Vorheriges und Nachheriges einteilt. Auch es folgt (darin) irgendwie dem Punkt: auch der Punkt hält die Länge sowohl zusammen und trennt sie ebensowohl; ist er doch des einen (Stückes) Anfang, des anderen Ende[6]. Wenn aber einer die Sache so anpacken wollte, daß er den einen (Punkt) als zweie benutzt, dann muß (bei der Bewegung) ein Stillstand eintreten, wenn derselbe Punkt Anfang und Ende sein soll. Das Jetzt ist aber auf Grund der Tatsache, daß das Sich-fort-Bewegende eben bewegt ist, je ein anderes. Es ist also die Zeit eine Anzahl, nicht als die eines und desselben Punktes, weil der Anfang und Ende darstellt, sondern eher so wie die Grenzpunkte einer Geraden[7] – und nicht als deren Teile, erstens aus dem genannten Grund: man müßte (je) den Punkt in der Mitte als zwei (Punkte) gebrauchen, so daß sich ein Stillstand ergäbe; und sodann ist auch offenkundig, daß das Jetzt kein Teil der Zeit ist, und auch die Einteilung des Bewegungsablaufs (durch Schnitte ist das) nicht, wie ja auch der Punkt kein (Teil) der Linie (ist). Die zwei (durch Schnitte entstehenden) Linien sind dagegen Teile der einen (ursprünglichen). Insoweit nun das Jetzt Grenze ist, ist es nicht Zeit, sondern kommt an ihr nur nebenbei vor; insoweit es andererseits die Zählung leistet, (ist es das doch) …[8] Grenzen sind Grenzen dessen allein, dessen Grenzen sie eben sind, die Zahl dagegen (beispielsweise), die dieser Pferde hier – zehn –, die begegnet auch anderswo.

5 Nämlich als fixer Punkt einer Chronologie, einerlei ob man nach Olympiaden zählt, a.u.c., oder p.Chr.n., oder wie auch immer.

6 Hier wird er zu Recht als nur analytische Größe aufgefaßt.

7 Die sind jeweils nur, je nachdem, entweder ein Anfang oder ein Ende.

8 An dieser Stelle scheint die Überlieferung so in Unordnung, daß nur geahnt werden kann, was wohl ursprünglich gemeint war.

Daß also die Zeit Zahlmoment an der Bewegung hinsichtlich des »davor« und »danach«, und daß sie zusammenhängend ist – denn sie ist bezogen auf ein Zusammenhängendes –, ist offenkundig.

Quelle

Aristoteles: *Physik. Vorlesung über die Natur.* Erster Halbband. Übers., mit einer Einleitung und Anmerkungen hg. von Hans Günter Zekl. Hamburg (Meiner) 1987, S. 209–217.

Immanuel Kant

Von dem Schematismus der reinen Verstandesbegriffe (1781[A]/1787[B])

In allen Subsumtionen eines Gegenstandes unter einen Begriff muß die Vorstellung des ersteren mit der letztern g l e i c h a r t i g sein, d. i. der Begriff muß dasjenige enthalten, was in dem darunter zu subsumierenden Gegenstande vorgestellt wird, denn das bedeutet eben der Ausdruck: ein Gegenstand sei unter einem Begriffe enthalten. So hat der empirische Begriff eines T e l l e r s mit dem reinen geometrischen eines Z i r k e l s Gleichartigkeit, indem die Rundung, die in dem ersteren gedacht wird, sich im letzteren anschauen läßt.

Nun sind aber reine Verstandesbegriffe, in Vergleichung mit empirischen (ja überhaupt sinnlichen) Anschauungen, ganz ungleichartig, und können niemals in irgend einer Anschauung angetroffen werden. Wie ist nun die S u b s u m t i o n der letzteren unter die erste, mithin die A n w e n d u n g der Kategorie auf Erscheinungen möglich, da doch niemand sagen wird: diese, z. B. die Kausalität, könne auch durch Sinne an | geschauet werden und sei in der / Erscheinung enthalten? Diese so natürliche und erhebliche Frage ist nun eigentlich die Ursache, welche eine transzendentale Doktrin der Urteilskraft notwendig macht, um nämlich die Möglichkeit zu zeigen, wie r e i n e V e r s t a n d e s - b e g r i f f e auf Erscheinungen überhaupt angewandt werden können. In allen anderen Wissenschaften, wo die Begriffe, durch die der Gegenstand allgemein gedacht wird, von denen, die diesen in concreto vorstellen, wie er gegeben wird, nicht so unterschieden und heterogen sind, ist es unnötig, wegen der Anwendung des ersteren auf den letzten besondere Erörterung zu geben.

Nun ist klar, daß es ein Drittes geben müsse, was einerseits mit der Kategorie, andererseits mit der Erscheinung in Gleichartigkeit stehen muß, und die Anwendung der ersteren auf die letzte möglich macht. Diese vermittelnde Vorstellung muß rein (ohne alles Empirische) und doch einerseits i n t e l l e k t u e l l, andererseits s i n n l i c h sein. Eine solche ist das t r a n s z e n d e n t a l e S c h e m a.

Der Verstandesbegriff enthält reine synthetische Einheit des Mannigfaltigen überhaupt. Die Zeit, als die formale Bedingung des Mannigfaltigen des inneren Sinnes, mithin der Verknüpfung aller Vorstellungen, enthält ein Mannigfaltiges a priori in der reinen Anschauung. Nun ist eine transzendentale Zeitbestimmung mit der K a t e g o r i e (die die Einheit derselben ausmacht) so fern gleichartig, als sie a l l g e m e i n ist und auf einer Re | gel a priori beruht. Sie ist aber andererseits mit der E r s c h e i n u n g so fern / gleichartig, als die Z e i t in jeder empirischen Vorstellung des Mannigfaltigen enthalten ist. Daher wird eine Anwendung der Kategorie auf Erscheinungen möglich sein, vermittelst der transzendentalen Zeitbestimmung, welche, als das Schema der Verstandesbegriffe, die Subsumtion der letzteren unter die erste vermittelt.

Nach demjenigen, was in der Deduktion der Kategorien gezeigt worden, wird hoffentlich niemand im Zweifel stehen, sich über die Frage zu entschließen: ob diese reine Verstandesbegriffe von bloß empirischem oder auch von transzendentalem Gebrauche seien[1], d. i. ob sie lediglich, als Bedingungen einer möglichen Erfahrung, sich a priori auf Erscheinungen beziehen, oder ob sie, als Bedingungen der Möglichkeit der Dinge überhaupt, auf Gegenstände an sich selbst (ohne einige Restriktion auf unsre Sinnlichkeit) erstreckt werden können. Denn da haben wir gesehen, daß Begriffe ganz unmöglich sind[2], noch irgend einige Bedeutung haben können, wo nicht, entweder ihnen selbst, oder wenigstens den Elementen, daraus sie bestehen, ein Gegenstand gegeben ist, mithin auf Dinge an sich (ohne Rücksicht, ob und wie sie uns gegeben werden mögen) gar nicht gehen können; daß ferner die einzige Art, wie uns Gegenstände gegeben werden, die Modifikation unserer Sinnlichkeit sei; endlich, daß reine Begriffe a priori, außer der | Funktion des Verstandes in der Kategorie, noch formale Bedingungen der Sinnlichkeit / (namentlich des innern Sinnes) a priori enthalten müssen, welche die allgemeine Bedingung enthalten, unter der die Kategorie allein auf irgend einen Gegenstand angewandt werden kann. Wir wollen diese formale und reine Bedingung der Sinnlichkeit, auf welche der Verstandesbegriff in seinem Gebrauch restringiert ist, das S c h e m a dieses Verstandesbegriffs, und das Verfahren des Verstandes mit diesen Schematen den S c h e m a t i s m u s des reinen Verstandes nennen.

Das Schema ist an sich selbst jederzeit nur ein Produkt der Einbildungskraft; aber indem die Synthesis der letzteren keine einzelne Anschauung, sondern die Einheit in der Bestimmung der Sinnlichkeit allein zur Absicht hat, so ist das Schema doch vom Bilde zu unterscheiden. So, wenn ich fünf Punkte hinter einander setze, ... ist dieses ein Bild von der Zahl fünf. Dagegen, wenn ich eine Zahl überhaupt nur denke, die nun fünf oder hundert sein kann, so ist dieses Denken mehr die Vorstellung einer Methode, einem gewissen Begriffe gemäß eine Menge (z. E. Tausend) in einem Bilde vorzustellen, als dieses Bild selbst, welches ich im letztern Falle schwerlich würde übersehen und mit dem Begriff vergleichen können. Diese Vorstellung nun von einem allgemeinen Verfahren der Einbildungskraft, einem | Begriff sein Bild zu verschaffen, nenne ich das Schema zu diesem Begriffe.

In der Tat liegen unsern reinen sinnlichen Begriffen nicht Bilder der Gegenstände, sondern Schemate zum / Grunde. Dem Begriffe von einem Triangel überhaupt würde gar kein Bild desselben jemals adäquat sein. Denn es würde die Allgemeinheit des Begriffs nicht erreichen, welche macht, daß dieser für alle, recht- oder schiefwinklige etc.

1 B/A: seyn; III: seien

2 B: daß Begriffe ganz unmöglich sind; A: daß Begriffe ganz unmöglich seyn; H: daß Begriffe für uns ohne Sinn sind

gilt, sondern immer nur auf einen Teil dieser Sphäre eingeschränkt sein. Das Schema des Triangels kann niemals anderswo als in Gedanken existieren, und bedeutet eine Regel der Synthesis der Einbildungskraft, in Ansehung reiner Gestalten im Raume. Noch viel weniger erreicht ein Gegenstand der Erfahrung oder Bild desselben jemals den empirischen Begriff, sondern dieser bezieht sich jederzeit unmittelbar auf das Schema der Einbildungskraft, als eine Regel der Bestimmung unserer Anschauung, gemäß einem gewissen allgemeinen Begriffe. Der Begriff vom Hunde bedeutet eine Regel, nach welcher meine Einbildungskraft die Gestalt eines vierfüßigen Tieres allgemein verzeichnen kann, ohne auf irgend eine einzige besondere Gestalt, die mir die Erfahrung darbietet, oder auch ein jedes mögliche Bild, was ich in concreto darstellen kann, eingeschränkt zu sein. Dieser Schematismus unseres Verstandes, in Ansehung der Erscheinungen und ihrer bloßen Form, ist eine verborgene Kunst in den Tiefen der menschlichen Seele, deren wahre | Handgriffe wir der Natur schwerlich jemals abraten, und sie unverdeckt vor Augen legen werden. So viel können wir nur sagen: das B i l d ist ein Produkt des empirischen Vermögens der produktiven Einbildungskraft, das S c h e m a sinnlicher Begriffe (als der/ Figuren im Raume) ein Produkt und gleichsam ein Monogramm der reinen Einbildungskraft a priori, wodurch und wonach die Bilder allererst möglich werden, die aber mit dem Begriffe nur immer vermittelst des Schema, welches sie bezeichnen, verknüpft werden müssen, und an sich demselben nicht völlig kongruieren. Dagegen ist das Schema eines reinen Verstandesbegriffs etwas, was in gar kein Bild gebracht werden kann, sondern ist nur die reine Synthesis, gemäß einer Regel der Einheit nach Begriffen überhaupt, die die Kategorie ausdrückt, und ist ein transzendentales Produkt der Einbildungskraft, welches die Bestimmung des inneren Sinnes überhaupt, nach Bedingungen ihrer[3] Form, (der Zeit,) in Ansehung aller Vorstellungen, betrifft, so fern diese der Einheit der Apperzeption gemäß a priori in einem Begriff zusammenhängen sollten.

[…]

Quelle

Kant, Immanuel: *Kritik der reinen Vernunft*. Stuttgart (Reclam) 2002 [1966], S. 213–217 (A138/B176–A142/B180).

3 B/A: ihrer; H: seiner; III: *wie H*

Zeichen und Zeichenhaftigkeit

Zeichen und Zeichenhaftigkeit. Einleitung

Christoph Ernst

Die Texte der Sektion *Zeichen und Zeichenhaftigkeit* widmen sich der zeichentheoretischen Debatte um Diagramme, also dem Feld der Semiotik bzw. der Semiologie. Während die Diskussion um die Zeichenhaftigkeit sprachlicher Äußerungen fast so alt ist wie die abendländische Philosophie, hat die allgemeine Semiotik durch die Schriften von Charles S. Peirce (1839–1914) eine Neubegründung erfahren. Peirces Philosophie stand am Anfang der philosophischen Strömung des amerikanischen Pragmatismus.[1] In Europa verlief die Entfaltung der modernen Zeichentheorie auf einem anderen Weg. Maßgeblich waren weniger die Diskurse der Philosophie, sondern Forschungsansätze aus der Linguistik. Unter dem Begriff ›Semiologie‹ wurde die Zeichentheorie durch die *Grundfragen der allgemeinen Sprachwissenschaft* des Linguisten Ferdinand de Saussure (1857–1913) und den darauf aufbauenden Strukturalismus über die Grenzen der Sprachwissenschaft hinaus prominent (➛ Strukturen und Ordnungssysteme).[2] Der strukturalistischen Bewegung sind die Texte der in dieser Sektion vertretenen Autoren Roman Jakobson (1896–1982) und Jacques Bertin (1918–2010) zuzurechnen.[3]

Die Unterschiede zwischen diesen zeichentheoretischen Traditionen betreffen unter anderem das zugrunde gelegte Zeichenmodell. Peirce schlägt ein triadisches Zeichenmodell

1 Vgl. Pape, Helmut: *Der dramatische Reichtum der konkreten Welt. Der Ursprung des Pragmatismus im Denken von Charles S. Peirce und William James*. Weilerswist (Velbrück Wissenschaft) 2002. Peirce scheint die Diagrammatik auf Grundlage seiner eigenen graphischen Praxis mit dem philosophischen Gehalt angereichert zu haben, den er der Diagrammatik insbesondere in seinen späten Schriften zuspricht (Tafel 8). Vgl. Bogen, Steffen: »Die Schlinge der Konstruktion. Zum Bild des Denkens bei Charles S. Peirce.« In: Engel, Franz/Queisner, Moritz/Tullio, Viola (Hg.): *Das bildnerische Denken: Charles S. Peirce*. Berlin (Akademie-Verlag) 2012, S. 235–252, Meyer-Krahmer, Benjamin: »My Brain Is Localized in My Inkstand – Zur graphischen Praxis von Charles Sanders Peirce.« In: Krämer, Sybille/Cancik-Kirschbaum, Eva/Totzke, Rainer (Hg.): Schriftbildlichkeit. Berlin (Akademie) 2012, S. 401–414, Meyer-Krahmer, Benjamin/Halawa, Mark: »Pragmatismus auf dem Papier. Über den Zusammenhang von Peirces graphischer Praxis und pragmatischem Denken.« In: Engel, Franz/Queisner, Moritz/Tullio, Viola (Hg.): *Das bildnerische Denken: Charles S. Peirce*. Berlin (Akademie-Verlag) 2012, S. 273–302.

2 Wir geben hier nur einen Einblick in die Standardsicht der mit dem Namen Saussures assoziierten Lehre. Diese durch Saussures Schüler und die späteren Entwicklungen des Strukturalismus verantworteten Gedanken sind eher eine durch de Saussure inspirierte Theorie denn eine von de Saussure selbst vertretene Lehre. Vgl. für eine differenziertere Betrachtung Jäger, Ludwig: *Ferdinand de Saussure zur Einführung*. Hamburg (Junius) 2010.

3 Einen breiten historischen und systematischen Überblick bietet Nöth, Winfried: *Handbuch der Semiotik*. Stuttgart (Metzler) 2000.

vor. Das Zeichen hat demnach einen ›Zeichenträger‹ (Repräsentamen), ein ›Objekt‹ und einen ›Interpretanten‹. Für die strukturalistische Tradition ist das Zeichen dagegen eine binäre Unterscheidung zwischen einem ›Bezeichnenden‹, dem Signifikant, und einem ›Bezeichneten‹, dem Signifikat. In Bezug auf das Diagramm kommen beide Traditionen darin überein, dass diagrammatische Zeichen nicht auf eine historisch konventionalisierte Form des ›Diagramms‹ eingeschränkt werden können.[4] Skizzen, Karten oder sogar algebraische Formeln können ebenso zur Klasse der diagrammatischen Zeichen gezählt werden wie traditionelle Kreis- oder Kurvendiagramme. Gleichermaßen ist es aus zeichentheoretischer Perspektive möglich, andere Zeichentypen, etwa Bilder oder die Schrift,[5] auf ihre diagrammatischen Anteile hin zu beobachten. Semiotische Ansätze müssen also keineswegs ein ›Diagramm‹ im traditionellen Sinne vorliegen haben, um von ›diagrammatischen Strukturen‹ und ›Diagrammatik‹ zu sprechen. Roman Jakobsons Text, der diagrammatische Strukturen in der Sprache untersucht, ist dafür ein Beispiel. Als Ansätze, die immer schon von Mischverhältnissen zwischen Zeichen ausgehen, richten semiotische Positionen ihr Augenmerk einerseits auf die Vielfalt der Gebrauchspraktiken diagrammatischer Zeichen, andererseits auf die Analyse der Merkmale von Diagrammen als einer spezifischen Zeichenklasse. Der Text von Jacques Bertin, der sich mit dem Aufbau diagrammatischer Darstellungssysteme und ihren Vor- und Nachteilen befasst, bietet einen Einblick in diese Seite der zeichentheoretischen Forschung.

Eine Gemeinsamkeit finden die zeichentheoretischen Positionen in der Annahme, Diagramme als gleichermaßen begrifflich-abstrakte und bildlich-anschauliche Zeichen zu verstehen. Peirce veranlasste diese Stellung von Diagrammen zwischen ›begrifflicher‹ Abstraktion und ›bildlicher‹ Anschaulichkeit dazu, die epistemologische Kraft diagrammatischer Zeichen mit den erkenntnistheoretischen Funktionen des Kantischen Schematismus in Beziehung zu setzen (➤ Diagrammatische Schlüsselszenen). Verschränkt ist diese Diskussion überdies mit der Frage nach den kennzeichnenden Merkmalen von Diagrammen. Peirce diskutiert hierbei das – philosophisch umstrittene – Kriterium der Ähnlichkeit des Zeichens zu einem Objekt. Die Ähnlichkeit zwischen Zeichenträger und Objekt nannte er ›Ikonizität‹, die dazugehörigen Zeichen ›Ikons‹. Im Unterschied zu anderen Zeichen wie Bildern beruhen Diagramme auf einer *strukturellen Ähnlichkeit* zu ihrem Objekt. Strukturelle Ähnlichkeit beschreibt ein Ähnlichkeitsverhältnis, bei dem es nicht darum geht, ob das Objekt phänomenal, physisch oder auf Ebene seiner Eigenschaften dem Zeichen ähnlich ist. ›Ähnlich‹ ist das Zeichen dem

4 Neuere semiotische Ansätze zur Begründung einer ›Diagrammatologie‹, wie sie u.a. von Frederik Stjernfelt vorgelegt wurden, führen den weit gefassten Begriff von ›Diagramm‹ der zeichentheoretischen Diskussion fort. Vgl. Stjernfelt, Frederik: *Diagrammatology. An Investigation on the Borderlines of Phenomenology, Ontology, and Semiotics*. Dordrecht (Springer) 2007.

5 Vgl. Krämer, Sybille: »›Schriftbildlichkeit‹ oder: Über eine (fast) vergessene Dimension der Schrift.« In: dies./Bredekamp, Horst (Hg.): *Bild, Schrift, Zahl*. München (Fink) 2003, S. 157–176; Krämer, Sybille: »›Operationsraum Schrift‹: Über einen Perspektivenwechsel in der Betrachtung der Schrift.« In: Grube, Gernot/Kogge, Werner/dies. (Hg.): *Schrift. Kulturtechnik zwischen Auge, Hand und Maschine*. München (Fink) 2005, S. 23–57.

Objekt hinsichtlich dessen strukturellen Aufbaus. Diagramme können daher als Strukturbilder gelten.

Anknüpfend an diese Grundsatzbestimmungen betrachten semiotische Ansätze die Bedeutung diagrammatischer Zeichen im Rahmen von wissenserweiternden Erkenntnispraktiken.[6] Frederik Stjernfelt hat die Erkenntniskraft von ikonischen Zeichen unter dem Stichwort einer »operationalen Ikonizität« für Peirces Semiotik rekonstruiert.[7] Vereinfacht gesagt, wird mit ikonischen Zeichen etwas Neues über das Objekt, das sie repräsentieren, gelernt. Dabei dienen die Diagramme dem Zweck, die Eigenschaften von Objekten simulierend, experimentierend und modellierend durchzuspielen, etwa so, wie man Diagramme chemischer Formeln als »paper tools« zur Erforschung chemischer Eigenschaften verwenden kann.[8] Dies ist Ausdruck des einfachen und vielfach diskutierten Umstandes, dass ikonische Zeichen die Objekte, die sie vermitteln, im Moment der Vermittlung mit hervorbringen.

Zumindest grundsätzlich teilen auch andere zeichentheoretische Ansätze, die das Kriterium der ›Ähnlichkeit‹ kritischer sehen als Peirce, diese Einschätzungen zur Erkenntniskraft von Diagrammen. Eine einflussreiche Sichtweise auf Diagramme hat der US-amerikanische Philosoph Nelson Goodman (1906–1998) im Rahmen seiner Symboltheorie formuliert. Goodmans Philosophie liegt mit Peirces epistemologischen Prämissen in vielerlei Hinsicht über Kreuz, bietet aber dennoch eine Reihe vergleichbarer und anschlussfähiger Überlegungen. In Goodmans Augen weisen Diagramme ›analoge‹ und ›digitale‹ Anteile auf; Diagramme stehen zwischen dem Bild und der Schrift und übernehmen wichtige Orientierungs- und Modellierungsfunktionen in der Kunst und der Wissenschaft – zwei Bereiche der Kultur, die nach Goodman nicht voneinander zu trennen sind.

Vor diesem Hintergrund stellt die Sektion *Zeichen und Zeichenhaftigkeit* Positionen vor, in denen die Beobachtung von Diagrammen unter einer integrativen Perspektive stattfindet. Zeichentheoretische Forschungsansätze schärfen das Bewusstsein dafür, dass es unterschiedliche Praktiken des Diagrammgebrauchs und der Diagrammatisierung gibt, die quer durch verschiedene gesellschaftliche und kulturelle Bereiche wie Wissenschaft oder Kunst verfolgt werden können. Auf zeichentheoretischer Grundlage ist es des Weiteren möglich, die strukturellen Eigenschaften diagrammatischer Zeichen in Darstellungssystemen zu analysieren. Dank dieser doppelten Perspektive hat das zeichentheoretische Verständnis der Diagrammatik in den vielfältigsten wissenschaftlichen Kontexten Anschluss gefunden.[9]

6 Vgl. zum Denken des ›Neuen‹ mit Diagrammen insb. Hoffmann, Michael H.G.: *Erkenntnisentwicklung. Ein semiotisch-pragmatischer Ansatz*. Frankfurt a. M. (Klostermann) 2005.

7 Vgl. Stjernfelt: *Diagrammatology*, S. 89–96. Vgl. im größeren Kontext auch die Beiträge in Heßler, Martina/Mersch, Dieter (Hg.): *Logik des Bildlichen. Zur Kritik der ikonischen Vernunft*. Bielefeld (transcript) 2009.

8 Klein, Ursula: *Experiments, Models, Paper Tools. Cultures of Organic Chemistry in the Nineteenth Century*. Stanford, Calif. (Stanford Univ. Press) 2003.

9 Vgl. Posner, Roland (Hg.): *Diagrammatische Zeichen*. Zeitschrift für Semiotik, 31, H. 3–4, hg. von ders./ Debus, Stephan. Tübingen (Stauffenburg) 2009.

Textauswahl

Die ersten beiden Texte von Charles S. Peirce geben einen Einblick in die Bandbreite der semiotischen Diskussion. *Ikon, Index und Symbol* (1903) ist ein Auszug aus dem Text *Syllabus of Certain Topics of Logic*.[10] Peirce diskutiert hier seine viel zitierte Unterscheidung des Objektbezugs des Zeichens in die drei Unterkategorien Ikon, Index und Symbol. Vorausgesetzt sind in diesem Textauszug die Kategorienlehre von Peirce sowie die dreistellige Anlage des Zeichenbegriffs, die zu Beginn des Textes noch einmal referiert wird. Peirce zufolge lässt sich das Ikon, also der Objektbezug des Zeichens, der auf Ähnlichkeit beruht, in »Bilder«, »Diagramme« und »Beispiele« – an anderer Stelle heißt es »Metaphern«[11] – unterteilen. Seinen Ansatz präzisierend, versteht Peirce die Ikonizität der Diagramme als »in Bezug auf die dyadischen Relationen ihrer Teile zueinander« stehend, also als durch das Merkmal struktureller Ähnlichkeit differenzierte Zeichen. Gleichermaßen wichtig ist es aber auch, die anderen Teile der Objektrelation des Zeichens zu beachten. Diagramme enthalten in der Regel auch andere Zeichentypen, beispielsweise symbolische Anteile.

Der zweite Text von Peirce, *Prolegomena für eine Apologie des Pragmatizismus* (1906), ist ein Schlüsseltext der Diagrammatik in Peirces Spätwerk.[12] Peirce vertritt hier einen weit gefassten Diagrammatik-Begriff, indem er die Zeichenklasse des Diagramms in Beziehung zum menschlichen Denken setzt. Das Denken gewinnt durch die Verwendung von Diagrammen eine räumlich-visuelle Form, die einen eigenen Evidenzwert hat. Diagramme »zeigen«; sie machen eine Schlussfolgerung wahrnehmbar. Peirce beschreibt dies als eine explizierende Leistung des schlussfolgernden Denkens, die von der Anwendung einer (symbolischen) »Faustregel« abzugrenzen sei. Das Diagramm wird zu einem Mittel der Klärung des Denkens. Diagramme lösen, so Peirce, einen »Zustand der Aktivität« aus und bieten die Möglichkeit zur einer experimentellen Praxis der Rekonfiguration der repräsentierten Relationen und Elemente, wobei als eine der Besonderheiten der Diagramme hervortritt, dass sie stets im Hinblick auf in ihnen enthaltene virtuelle Alternativkonfigurationen gelesen und geprüft werden. In den darauffolgenden Ausführungen formuliert Peirce zudem eine Analogie zwischen seinem diagrammatischen System, den »existenziellen Graphen«, und der Darstellung von Valenzrelationen, wie sie aus der Chemie bekannt sind. Die Diagrammatik wird dabei philosophisch in Beziehung zum Projekt einer umfassenden Phänomenologie gesetzt. Mit

10 Der Text wurde auf Deutsch unter dem Titel *Phänomen und Logik der Zeichen* von Helmut Pape herausgegeben.

11 Vgl. Peirce, Charles: *The Essential Peirce. Selected Philosophical Writings*. Bd. 2. Hg. von The Peirce Edition Project. Bloomington (Indiana Univ. Press) 1998, S. 274: »Hypoicons may roughly /be/ divided according to the mode of Firstness which they partake. Those which partake the simple qualities, or First Firstness, are *images*; those which represent the relations, mainly dyadic, or so regarded, of the parts of one thing by analogous relations in their own parts, are *diagrams*; those which represent the representative character of a representamen by representing a parallelism in something else, are *metaphors.*«

12 Darauf hat zuletzt Frederik Stjernfelt aufmerksam gemacht. Vgl. Stjernfelt: *Diagrammatology*, S. 89–105.

dem Hinweis auf die Valenzrelationen verweist Peirce überdies auf ein in anderen Wissenschaften, beispielsweise der Syntaxtheorie der Linguistik, häufig genutztes diagrammatisches Darstellungsprinzip.

Eine Adaption und Weiterentwicklung der Gedanken von Peirce bietet der Text *Suche nach dem Wesen der Sprache* (1965) von Roman Jakobson, aus dem hier Ausschnitte präsentiert werden. Jakobson war einer der führenden Vertreter des Strukturalismus. In den ausgewählten Passagen reflektiert er die Überlegung, auch in der Sprache sei eine diagrammatische Komponente enthalten. Wegweisend für Jakobsons Diskussion ist Peirces Untergliederung des ikonischen Objektbezugs in Bilder und Diagramme. Anhand von syntaktischen und morphologischen Sprachstrukturen versucht Jakobson in der Sprache eine Form diagrammatischer Ikonizität nachzuweisen. Dabei deutet er auch die These an, dass syntaktische Relationen zwischen grammatikalischen Funktionen wie etwa dem Subjekt (Agens) und dem Prädikat (Patiens) als diagrammatische Beziehungen zu begreifen seien. Jakobson verknüpft dies mit dem Gedanken, dass die Sprache nicht vorbehaltlos als ›arbiträr‹ bezeichnet werden kann. Damit stellt er eine wichtige Annahme der strukturalistischen Zeichentheorie in Frage. Jakobsons Text ist somit das Dokument einer noch nicht abgeschlossenen Debatte um die Bedeutung der Diagrammatik für die Erforschung der Sprache.[13]

Während bei Jakobson das Verhältnis der Diagrammatik zur Sprache im Mittelpunkt steht, findet bei Nelson Goodman die Beziehung zwischen Bild und Diagramm eine stärkere Berücksichtigung. Der vierte und fünfte Text sind aus Goodmans Buch *Sprachen der Kunst* (1968). Goodman vertritt keinen derart weit gefassten Diagrammbegriff wie Peirce. Für Goodman sind Diagramme paradigmatische Mischformen zwischen zwei Typen von Zeichensystemen: den ›analogen‹ und den ›digitalen‹. In *Diagramme, Karten und Modelle* formuliert Goodman die für die Diagrammatik generell interessante Idee, Modelle aller Art als Diagramme zu betrachten. Modelle – seien es zweidimensionale Zeichnungen, dreidimensionale Artefakte oder dynamische Animationen – werden in höchst unterschiedlichen Kontexten verwendet, um ein Objekt herzustellen oder ein Szenario durchzuspielen. Wenn Modelle aber ein spezifischer Fall von Diagrammen sind, so Goodmans potenziell weitreichende These, dann wird die Diagrammatik zu einer für alle diese Verwendungskontexte relevanten Theorie.

Hinweise, inwiefern das der Fall sein könnte, gibt Goodmans Diskussion der formalstrukturellen Eigenarten der Diagramme, wie sie im zweiten hier ausgewählten Text, dem Abschnitt *Bilder und Passagen* zur Sprache kommen. In der Auseinandersetzung mit der Frage, welchen Unterschied die graphischen Merkmale von Diagrammen gegenüber Bildern machen, beobachtet Goodman, dass im Fall von Bildern, die er als einen Fall »pikturaler Repräsentation« ansieht, bereits geringfügige Variationen der Dicke einer Linie einen distinktiven Unterschied für die Bedeutung eines Bildes machen können. Graphische Repräsentationen wie Diagramme reagieren nicht in gleichem Maße auf solche Variationen

13 Vgl. auch Bauer, Matthias/Ernst, Christoph: *Diagrammatik. Einführung in ein kultur- und medienwissenschaftliches Forschungsfeld*. Bielefeld (transcript) 2010, S. 122–129.

ihrer Eigenschaften. Goodman spricht ihnen vielmehr die Eigenschaft zu, einige der »konstitutiven« Aspekte eines Bezugssystems, auf das sich ein Diagramm bezieht, also z. B. eines Gemäldes, als »kontingent aus[zu]schließen«, andere aber zu repräsentieren. Modelle und Diagramme machen strukturelle Eigenschaften in exemplarischer Form anschaulich, auf die sich dann weiterführende Überlegungen beziehen können.

Der sechste und letzte Text der Sektion widmet sich den Vorzügen des Diagramms als Darstellungsform. Als eine Theorie der Eigenschaften der verschiedenen semiotischen Darstellungssysteme hat die Semiotik auch in der Debatte um Operationalität und Optimierung von visuellen Informationen Einfluss (➤ Operationalität und Optimieren). Ein Klassiker dieser Debatte ist das Buch *Graphische Semiologie* des Kartographen Jacques Bertin, aus dem hier Ausschnitte aus den Anfangspassagen zu finden sind. Bertin subsumiert das Diagramm in die Klasse der ›graphischen‹ Zeichensysteme. Orientiert entlang des Begriffs der »Information« fließen in diese Überlegungen Ideen zu denjenigen Prinzipien ein, die für graphisch-diagrammatische Repräsentationen kennzeichnend sind. So weist Bertin auf die Unterschiede in der »Wahrnehmungs-Struktur« graphischer und numerisch-mathematischer Darstellungssysteme hin. Als Eigenschaft der graphischen Systeme treten ihre ›Raumgebundenheit‹ und die Eigenschaft der ›zeitlichen Invarianz‹ hervor. Graphische Formen wie das Diagramm erlauben eine simultane Wahrnehmung verschiedener Variablen und können auf diese Weise einen hohen Informationsgehalt vermitteln. Bertin begreift diese »Prägnanz« der graphischen Formen als zeitliche Ökonomie. Unabhängig davon, ob man von »Prägnanz« oder, wie Peirce, von »Evidenz« spricht, wird damit unter anderen Vorzeichen erneut hervorgehoben, dass diagrammatische Zeichen besonders erfolgreich sind, wenn sie innerhalb komplexer semiotischer Konfigurationen abstrakte Verhältnisse, räumliche Beziehungen und logische Relationen auf einen Blick anschaulich zeigen und so zur Erweiterung unseres Wissens beitragen.

Charles Sanders Peirce

Ikon, Index und Symbol (1903)

[...]

Ein *Zeichen* oder *Repräsentamen* ist alles, was in einer solchen Beziehung zu einem Zweiten steht, das sein *Objekt* genannt wird, daß es fähig ist ein Drittes, das sein *Interpretant* genannt wird, dahingehend zu bestimmen, in derselben triadischen Relation zu jener Relation auf das Objekt zu stehen, in der es selbst steht. Dies bedeutet, daß der Interpretant selbst ein Zeichen ist, der ein Zeichen desselben Objekts bestimmt und so fort ohne Ende.

I. Ikon, Index und Symbol

Zeichen unterteilen sich in zwei Trichotomien. Zuerst einmal ist jedes Zeichen entweder ein *Ikon,* ein *Index* oder ein *Symbol.* Kein Zeichen fungiert nämlich als ein Zeichen, bevor es einen tatsächlichen Interpretanten hat, doch wirkt jedes Zeichen als ein Zeichen aufgrund einer *zeichenkonstitutiven Beschaffenheit* (significant character), die nicht notwendig davon abhängt, daß es einen Interpretanten besitzt und also ein Zeichen ist, nicht einmal davon, daß es ein Objekt hat und also ein reagierendes Ding, oder existiert. Ein *Ikon* ist ein Zeichen, dessen zeichenkonstitutive Beschaffenheit eine Erstheit ist, das heißt, daß es unabhängig davon ist, ob es in einer existentiellen Beziehung zu seinem Objekt steht, das durchaus nicht existieren kann. Ein reines Ikon kann nur in der Phantasie existieren, wenn es streng genommen überhaupt je existiert. Das Bild (image)[1] eines Dreiecks im Geist eines Denkenden ist eine Repräsentation[2] von allem, was ihm auch immer ähneln mag und zwar ausschließlich deswegen, weil es die Qualität der Dreieckigkeit besitzt. Jedes materielle Bild, wie z.B. ein Gemälde, repräsentiert sein Objekt hauptsächlich auf konventionelle Art und Weise. Außerdem ist ihm meistens eine Legende oder ein Namensschild beigefügt, was ihm eine indexikalische Eigenschaft verleiht. Ikons lassen sich, wenn auch nur grob, unterteilen in jene, die Ikons aufgrund einer Empfindungsqualität, also *Bilder* sind, in jene, die Ikons in Bezug auf die dyadischen Relationen ihrer Teile zu-

1 Es sei an dieser Stelle daran erinnert, daß im Mittelalter *imago* eine fast ebenso allgemeine Bedeutung hatte wie der Begriff des Zeichens selbst.

2 Im folgenden Text wird »representation« sowohl mit »Repräsentation« als auch mit »Darstellung« übersetzt, meistens jedoch mit letzteren Ausdruck.

einander, also *Diagramme* oder dyadische Analogien sind, und in jene, die Ikons in Bezug auf ihre intellektuellen Eigenschaften, also Beispiele, sind.

Ein *Index* ist ein Zeichen, dessen zeichenkonstitutive Beschaffenheit in einer Zweitheit oder einer existentiellen Relation zu seinem Objekt liegt. Ein Index erfordert deshalb, daß sein Objekt und er selbst individuelle Existenz besitzen müssen. Er wird zu einem Zeichen aufgrund des Zufalls, daß er so aufgefaßt wird, ein Umstand, der die Eigenschaft, die ihn erst zu einem Zeichen macht, nicht berührt. Ein Ausruf wie »He!«, »Sag bloß!« oder »Hallo!« ist ein Index. Ein deutender Finger ist ein Index. Ein Krankheitssymptom ist ein Index. Das indizierte Objekt muß tatsächlich vorhanden sein: dies macht den Unterschied zwischen einem Index und einem Ikon aus. Doch sind beide insofern gleich, als die zeichenkonstitutive Beschaffenheit gänzlich unabhängig davon ist, ob sie tatsächlich jemals als Zeichen wirken, indem sie als solche verstanden werden. Die Indices kann man natürlich je nach den Eigenschaften der existentiellen Relationen zu ihren Objekten unterscheiden. Wichtiger ist jedoch, daß Indices unterteilt sind in jene, die als Zeichen nur auf eine Weise wirken und jene, die als Zeichen desselben Objekts in zwei Weisen wirken. Aus der letzteren Gruppe sind besonders jene Indices wichtig, mit denen Ikons verbunden sind. So ist ein Foto ein Index, weil die physikalische Wirkung des Lichts beim Belichten eine existentielle eins-zu-eins-Korrespondenz zwischen den Teilen des Fotos und den Teilen des Objekts herstellt, und genau dies ist es, was an Fotographien oft am meisten geschätzt wird. Doch darüberhinaus liefert ein Foto ein *Ikon* des Objekts, indem genau die Relation der Teile es zu einem Bild des Objekts macht. So ist ein Wetterhahn nicht nur ein Zeichen des Windes, weil der Wind tatsächlich auf ihn wirkt, sondern er ist außerdem dem Wind ähnlich in Bezug auf die Richtung, die dieser nimmt.

Ein *Symbol* ist ein Zeichen, dessen zeichenkonstitutive Beschaffenheit ausschließlich in der Tatsache besteht, daß es so interpretiert werden wird. Nehmen wir z.B. das Wort »Eule«. Es läßt sich vermuten, daß es, als es zuerst in seiner ursprünglichen Form verwendet wurde, für fähig befunden wurde, die Vorstellung des Vogels hervorzurufen, weil es ähnlich klang wie der Schrei des Vogels oder wie das Wort *Heulen*. Wenn dem so ist, dann war es in seiner anfänglichen Verwendung ein Ikon. Der Dichter wird sich dieser Ähnlichkeit weiterhin bewußt sein, so daß dieses Wort in der Poesie bis auf den heutigen Tag ein Rudiment seines ikonischen Ursprungs bewahrt hat. Was aber den täglichen Gebrauch betrifft, ist der einzige Grund dafür, daß das Wort die Idee zu vermitteln in der Lage ist, der, daß sich der Sprecher *gewiß ist, daß es so interpretiert werden wird*. Dies gilt in der gleichen Weise für jedes Wort und jeden Satz der Sprache. Nun ist eine *Gewißheit, daß etwas so und so sein wird*, von der Art dessen, was wir in der Physik ein *Gesetz* nennen. Es kann nur für etwas wahr sein, das unbegrenzt oft wieder sich ereignen kann. Im strengen Sinne kommt nun aber individuelle Existenz nur einem singulären Ereignis zu, das sich dort und dann ereignet, wo es sich ereignet und kein anderes Sein hat. Denn obwohl wir z.B. von Philipp von Makedonien als von einem Individuum sprechen, waren doch »der betrunkene Philipp« und »der nüchterne Philipp« voneinander verschieden. Das

»existierende« Ding ist individuell nur in dem Sinne als es ein kontinuierliches Gesetz ist, das Ereignisse in einer Folge von Augenblicken kontrolliert und vereinheitlicht. Dies ist keine vollkommen genaue Aussage, doch ist sie so genau wie man dies auf einfache Weise mit wenigen Worten erreichen kann. Es folgt daraus, daß die Art von Zeichen, über die etwas konditional in der Zukunft gewiß ist, nicht streng individuell sein muß. Denn dies Zeichen muß in der Lage sein, wieder und wieder aufzutreten. Diese Wiederholungen existieren, da das Symbol selbst ihre Existenz beherrscht. Ein Wort kann unbegrenzt oft wiederholt werden. Jedes seiner Vorkommnisse kann man als eine *Replika* dieses Wortes bezeichnen. Das Sein des Wortes selbst besteht in der Gewißheit (die sich der Konvention verdankt), daß eine Replika, die aus einer Folge von Lauten eines gegebenen Typus zusammengesetzt ist, im Geist eine äquivalente Replika hervorruft. Ein Symbol ist also ein allgemeines Zeichen, und als solches hat es die Seinsweise einer Gesetzmäßigkeit (im wissenschaftlichen Sinne). Folglich verrät, wenn bestimmte Leute sagen, daß etwas »bloß« ein Wort ist, das Adjektiv »bloß« ein tiefgehendes Unverständnis für das Wesen eines Symbols. Ein Wort kann mit dem Urteil eines Gerichts verglichen werden. Es ist nicht selbst der rechte Arm des Sheriffs, doch ist es fähig, sich einen Sheriff zu schaffen und seinem Arm den Mut und die Energie zu verleihen, die ihn wirksam werden läßt. Ist dies nicht für das Urteil des Gerichts im strikten Sinne wahr, ohne jede Metaphorik? Dies zu leugnen würde bedeuten, eine der prinzipiellen Wahrheiten des Lebens zu ignorieren. Aber das Urteil des Gerichts ist nichts anderes als ein Symbol, und es besitzt keine andere Art von Wirkung als jene, welche zu einem gewissen Grade zu jedem genuinen Symbol gehört.

Quelle

Peirce, Charles Sanders: *Phänomen und Logik der Zeichen*. Hg. und übers. von Helmut Pape. Frankfurt a. M. (Suhrkamp) 2005, S. 64–67.

Charles Sanders Peirce

Prolegomena zu einer Apologie des Pragmatizismus (1906)

Eine Abart des Massenwahns, der wir alle mehr oder weniger ausgesetzt zu sein scheinen, zeigt sich darin, daß wir unklare Meinungen aufgreifen, mit denen sich unsere Mitarbeiter und Begleiter herumzuplagen scheinen. In hellen Momenten bin ich geneigt, Vorsicht bei der Anerkennung von Theorien walten zu lassen, die man nicht scharf abgrenzen kann.

Ein hervorragender und bewundernswerter Physiologe beschließt einen Band von großem Interesse mit diesem Satz: »Die Idee, daß die Mutation in einer bestimmten Richtung wirkt, ist ein bloßer Anthropomorphismus und steht wie alle Anthropomorphismen mit den Tatsachen im Widerspruch.« Wenn ich dem Wort »Anthropomorphismus« eine bestimmte Bedeutung beilegen müßte, so würde ich denken, es verstünde sich von selbst, daß ein Mensch keine Idee haben kann, die nicht anthropomorph ist, und daß es einfach den Kantischen Fehler wiederholen hieße, wenn man versuchte, dem Anthropomorphismus zu entgehen. Gleichzeitig bin ich überzeugt davon, daß ein Mensch die Gedanken seines Pferdes, seines drolligen Papageien und seines Kanarienvogels, der so voller Eulenspiegeleien steckt, ganz gut verstehen kann. Obwohl seine Darstellung dieser Gedanken, wie ich annehme, mehr oder weniger durch den Anthropomorphismus verfälscht sein muß, bin ich im Augenblick doch hinlänglich davon überzeugt, daß in ihnen ein gutes Stück mehr Wahrheit als Falschheit steckt – und mehr, als wenn der Betreffende die unmögliche Aufgabe in Angriff nehmen würde, den Anthropomorphismus zu beseitigen.

Zu diesen Bemerkungen bringt mich die Überlegung, daß sehr viele Leute, die sich eingestehen, für den Anthropomorphismus nur Mißbilligung übrig zu haben, nichtsdestoweniger meinen (wenn auch nicht mit diesen Worten), daß ich nicht anthropomorph genug bin, wenn ich die Logik als eine Wissenschaft der Zeichen erkläre und die Zeichen beschreibe, ohne ausdrücklich auf den menschlichen Geist anzuspielen.

Eine Reihe von Ziegeln steht aufrecht auf einem Fußboden, jeder wendet dem nächsten in der Reihe seine Breitseite zu. Einer am Ende wird umgekippt, so daß er auf den nächsten Ziegel fällt; und so fallen sie nacheinander alle um. Die mechanische Erklärung der Erscheinung ist die, daß ein Teil der Gesamtbewegungsenergie, welche jeder Ziegel in dem Augenblick hatte, als sein Schwerpunkt sich genau über der ihn tragenden Kante befand, zusammen mit seiner Fallenergie in die Bewegungsenergie des nächsten Ziegels überführt wird. Nun behaupte ich nicht mehr, sondern weniger als das, da ich ja nicht sage, ob es mechanische Energie war oder sonst etwas, das da mitgeteilt wurde, wenn ich bei der Anwendung meiner Zeichendefinition behaupte (was ich in der Tat tue), daß jeder Ziegel für die nachfolgenden Ziegel der Reihe ein Zeichen (nämlich ein Index) des ursprünglichen, am ersten Ziegel bewirkten Effekts ist. Ich gebe offen zu, daß es eine anthropomorphe Komponente in dieser Erklärung gibt. Aber es gibt keine, die nicht gleichermaßen auch in der mechanischen Erklärung vorhanden wäre. Denn diese behauptet alles, was auch die andere Form behauptet. Solange man das nicht sieht, begreift man die Bedeutung nicht, die ich mit dem Wort »Zeichen« verbinde.

Ich behaupte, daß nichts als Verwirrung entstehen kann, wenn man in der Logik einen anthropomorpheren Begriff verwendet als diesen. Die Frage, wie wir *denken*, wenn wir Schlüsse ziehen, hat mit der Sicherheit der besonderen Argumentationsform, die gerade zur Beurteilung anstehen mag, nicht mehr zu tun, als die Histologie der Großhirnrinde mit besagter Frage der Sicherheit zu tun hat. Hier könnte man fragen: »Wie reimt sich das mit deiner früheren Aussage zusammen, daß Schlußfolgerungen ›selbstkontrollierte Gedanken‹ sind? Es gibt doch keinen Unterschied zwischen ›Gedanken und Denken‹ – oder?« Ich antworte, daß es einen solchen Unterschied durchaus gibt. ›Denken‹ ist eine erdichtete ›Operation des Geistes‹, durch die ein fiktiver Gegenstand in den Blick gebracht wird. Wenn dieser Gegenstand ein Zeichen ist, um das es in einem Argument gehen könnte, nennen wir ihn einen Gedanken. Alles, was wir über das ›Denken‹ wissen, ist, daß wir uns hinterher erinnern, daß unsere Aufmerksamkeit aktiv angespannt war und daß wir Gegenstände oder Transformationen von Gegenständen hervorzubringen schienen, wobei wir ihre Analogie zu etwas bemerkt haben, dessen Wirklichsein wir unterstellt haben. Wir entscheiden uns dafür, es ›eine Operation des Geistes‹ zu nennen, und wir sind natürlich berechtigt, das zu tun, vorausgesetzt, es verstehe sich von selbst, daß die Tatsache, daß das Denken eine solche Operation ist, nur darin besteht, daß wir es so betrachten, so wie ja auch Alexander, Hannibal, Caesar und Napoleon solange ein einziges Quadrupel oder eine Vierzahl bilden, als wir sie in Gedanken zusammenfassen. Die ›Operation des Geistes‹ ist ein *ens rationis*. Das ist meine unzulängliche Entschuldigung dafür, von ihr als von etwas ›Erdichtetem‹ zu sprechen.

Alles notwendige Schlußfolgern ist diagrammatisch; und die Sicherheit, die von allem anderen Schlußfolgern ausgeht, muß auf das notwendige Schlußfolgern gegründet werden. In diesem Sinn hängt alles Schlußfolgern direkt oder indirekt von Diagrammen ab. Nur daß es nötig ist, das eigentlich so genannte Schlußfolgern, bei dem man sieht, daß die Anerkennung der Konklusion in dem Sinn, in dem sie gezogen wird, *evidenterweise* berechtigt ist, von Fällen zu unterscheiden, in denen man eine Schlußregel befolgt, weil sie sich als gut funktionierend erwiesen hat, was ich einer Faustregel folgen und eine Konklusion anerkennen heiße, ohne zu sehen, warum der Impuls dazu auch noch darüber hinaus so unwiderstehlich scheint. In beiden Fällen mag es ein korrektes Argument geben, mit dem die Anerkennung der Konklusion zu verteidigen ist; aber die Konklusion ohne Nachprüfung oder stützendes Argument zu akzeptieren, das ist nicht, was ich Schlußfolgern nenne. Zum Beispiel könnte jemand, der gewöhnt ist, nur endliche Ansammlungen zu betrachten, sich die Gewohnheit aneignen, den Syllogismus der transponierten Quantität zu verwenden, für den das folgende ein Beispiel ist:

Jeder Hottentotte bringt einen Hottentotten um.

Kein Hottentotte wird von mehr als einem Hottentotten umgebracht.

Also wird jeder Hottentotte von einem Hottentotten umgebracht.[I]

Wenn er später vergißt, warum das in bezug auf endliche Ansammlungen notwendig folgt (falls er es je verstanden hat), könnte der Betreffende dieselbe Art des Schlußfolgerns einfach gewohnheitsmäßig auf endlose Generationen oder auf andere unendliche [Klassen] anwenden; oder er könnte sie auf eine endliche Klasse anwenden, aber mit so wenig Verständnis, daß nur schieres Glück ihn davor bewahren könnte, sie auf unendliche Ansammlungen anzuwenden. Ein derartiger Fall ist die Anwendung einer Faustregel und keine Schlußfolgerung. Viele Leute werden von der kniffligen Frage mit Achilles und der Schildkröte hinters Licht geführt. Und ich kannte einen äußerst klugen Mann, der beim besten Willen keinen Fehler in folgendem Argument entdecken konnte:

Entweder es regnet, oder es regnet nicht:

Es regnet;

Also regnet es nicht.

Solche Leute scheinen eine Faustregel mit einer Schlußfolgerung zu verwechseln.

In einem seiner Briefe sagt Descartes ganz deutlich, daß sein »Ich denke, also bin ich« kein Syllogismus mit einer weggelassenen Prämisse sei. Ich schließe daraus, daß er es nicht für unmöglich hielt, daß ein fiktives Wesen denken (das heißt Bewußtsein haben) könnte, obwohl ihm keine wirkliche Existenz zukäme. Natürlich würde hier ein Trugschluß vorliegen, aber keiner, dem Descartes nicht leicht zum Opfer fallen würde. Der gleichen Art von Trugschluß, nehme ich an, fiel er anheim, als er sagte: »Es wäre durchaus möglich gewesen, daß ich nie zuvor existiert hätte«. Aber als er nicht von einem Wesen allgemein, das fiktiv sein könnte, sondern von sich selbst anzunehmen versuchte, daß *er* Bewußtsein hätte, ohne zu existieren, so befand er *das* für völlig unmöglich, obgleich er immer noch keinen Grund bzw. kein Prinzip hatte, das ihm in dem Argument als Obersatz hätte dienen können. Diese verwirrte Unfähigkeit, anzunehmen, er habe Unrecht, solange er *gedacht habe*, war in meiner Terminologie keine Schlußfolgerung, weil die Schlußfolgerung die Wahrheit ihrer Konklusion klar und verständlich macht und nicht wie Descartes' abgeschriebene Formel im Dunkeln gegen eine unsichtbare Wand aus Unfähigkeit rennt, etwas zu begreifen.

I Anm. d. Hrsg.: Wir weisen darauf hin, dass es sich bei »Hottentotten« um einen rassistischen Begriff handelt. Er wurde von den Kolonisten in Deutsch-Südwestafrika, dem heutigen Namibia, als abfällige Bezeichnung für das Volk der Nama verwendet. Zusammen mit den Herero wurden die Nama Ziel eines Vernichtungskrieges von 1904 bis 1908, in dem die deutsche Kolonialmacht einen Großteil der Bevölkerung der Nama auslöschte. 1948 verabschiedeten die Vereinten Nationen eine Konvention über die Verhütung und Bestrafung von Völkermord. Das Auswärtige Amt sprach 2015 von einem »Kriegsverbrechen und Völkermord«. Peirces Text wurde 1906 verfasst, also während des Vernichtungskriegs gegen die Nama. Vor diesem Hintergrund erscheint sein Beispiel als besonders zynische Form kolonialen Rassismus.

Um meine Aussage, daß alles notwendige Schlußfolgern diagrammatisch ist, vollständig zu erklären, sollte ich genau erklären, was ich unter einem Diagramm verstehe. Aber gegenwärtig wäre es äußerst schwierig, das zu tun. Ich werde mich bemühen, das an einer späteren Stelle in dieser Arbeit zu tun. Ich glaube, daß es den Bedürfnissen des Lesers im Augenblick besser entgegenkommt, wenn ich eine Erklärung gebe, welche die Hauptpunkte enthält, und die anderen Punkte, deren Unabdingbarkeit erst nach gründlichem Studium wahrzunehmen ist, für die Folge aufspare, wenn sich ihre Notwendigkeit herausstellt.

Erstens also ist ein Diagramm das Ikon einer Menge von rational aufeinander bezogenen Objekten. Mit *rational* aufeinander bezogen meine ich, daß es zwischen ihnen nicht nur eine jener Beziehung gibt, die wir aus der Erfahrung kennen, aber nicht verstehen können, sondern eine jener Beziehungen, mit denen jeder, der überhaupt Schlüsse zieht, eine innere Vertrautheit haben muß. Das ist keine ausreichende Definition, aber ich möchte jetzt nicht weiter gehen, außer daß ich sagen möchte, daß das Diagramm nicht nur die aufeinander bezogenen Korrelate, sondern auch und viel bestimmter noch die Beziehungen zwischen ihnen als den Objekten des Ikons darstellt. Nun macht das notwendige Schlußfolgern seine Konklusion *evident*. Worin besteht diese »Evidenz«? Sie besteht in der Tatsache, daß die Wahrheit der Konklusion in ihrer ganzen Allgemeinheit *wahrgenommen* wird, und in der Allgemeinheit wird das Wie und das Warum der Wahrheit wahrgenommen. Welche Art von Zeichen vermag diese Evidenz mitzuteilen? Sicher kann es kein Index sein. Denn der Index stößt sein Objekt mit roher Gewalt ins Feld der Interpretation, ins Bewußtsein, als ob er die sanfte »Evidenz« verachte. Kein Symbol kann mehr tun als eine »Faustregel« anzuwenden, da es völlig auf einer Verhaltensgewohnheit (welcher Term auch natürliche Dispositionen einschließt) beruht; und eine Verhaltensgewohnheit ist keine Evidenz. Ich nehme an, daß es die allgemeine Meinung der Logiker sein wird, wie es bestimmt auch lange Zeit die meine war, daß der Syllogismus wegen seiner Allgemeinheit ein Symbol ist. Aber dieser Ansicht liegt eine ungenaue Analyse und Gedankenkonfusion zugrunde. Denn so verstanden würde er keine Evidenz liefern. Zwar suggerieren gewöhnliche Ikons – die einzige Zeichenklasse, die für das notwendige Schließen übrigbleibt – bloß die Möglichkeit dessen, was sie darstellen, da sie Perzepte *ohne* die Beharrlichkeit und Durchschlagskraft von Perzepten sind. An sich sind sie bloße Seme, die über nichts eine Aussage machen, nicht einmal in Frageform. Es ist deshalb ein ganz außergewöhnliches Merkmal von Diagrammen, daß sie *zeigen* – und zwar ebenso buchstäblich *zeigen,* wie ein Perzept zeigt, daß das Wahrnehmungsurteil wahr ist –, daß wirklich eine Konsequenz folgt und, was sogar noch außergewöhnlicher ist, daß sie unter allen Arten von Umständen, welche die Prämissen begleiten, folgen *würde*. Es ist jedoch nicht das statische Diagramm-Ikon, welches das unmittelbar zeigt, sondern das Diagramm-Ikon, das mit Absicht konstruiert worden ist, welche Absicht wie jede andere auch in bezug auf ihr Objekt allgemein ist, und das ein Symbol enthält, dessen Interpretant es ist, (wie Euklid z.B. zuerst in allgemeinen Begriffen den Satz formuliert, den er zu beweisen beabsichtigt, und dann dazu übergeht, ein Diagramm, für gewöhnlich eine

Figur, zu zeichnen, um die zugrundeliegende Voraussetzung anschaulich zu machen) das Diagramm-Ikon also bestimmt im Lichte jener Absicht einen anfänglichen symbolischen Interpretanten. Inzwischen bleibt das Diagramm im Wahrnehmungs- bzw. Vorstellungsfeld. Und so bilden das ikonische Diagramm und sein anfänglicher symbolischer Interpretant zusammengenommen das, was wir ohne Kants Begriff zu sehr zu verzerren, ein *Schema* nennen werden, was einerseits ein beobachtbares Objekt ist, während es andererseits allgemein ist. (Natürlich verwende ich »allgemein« immer in dem üblichen Sinn von allgemein in bezug auf sein Objekt. Wenn ich sagen möchte, ein Zeichen sei allgemein in bezug auf seine Materie, nenne ich es einen Typ oder typisch.) Nun wollen wir sehen, wie das Diagramm seine Konsequenz nach sich zieht. Das Diagramm hat hinreichenden Anteil an der Durchschlagskraft eines Perzepts, um im Interpreten einen Zustand der Aktivität, der mit Neugier durchsetzt ist, als seinen dynamischen oder mittleren Interpretanten zu bestimmen. Diese Mischung führt wie gewöhnlich zum Experimentieren. Das ist die normale logische Wirkung, d.h. es spielt sich nicht nur in der menschlichen Großhirnrinde ab, sondern es muß sich klarerweise in jedem Quasi-Geist abspielen, in dem Zeichen aller Arten eine eigene Vitalität haben. Nun werden gewisse Transformationsweisen der Diagramme des benutzten Diagrammatisierungssystems manchmal auf die eine, manchmal auf die andere Weise als zulässig erkannt; wir brauchen uns nicht mit der Aufzählung der Weisen aufzuhalten. Sehr wahrscheinlich rührt die Erkenntnis von einer früheren Induktion her, die dank der geringen Kosten bloßen geistigen Experimentierens bemerkenswert stark ist. Ein gewisser Umstand, der mit dem Zweck verknüpft ist, der ursprünglich die Konstruktion des Diagramms veranlaßte, trägt zur Bestimmung der zulässigen Transformation bei, die dann wirklich ausgeführt wird. Das Schema *sieht*, wie wir sagen können, daß das transformierte Diagramm in der Substanz im zu transformierenden Diagramm und in den für es wichtigen Kennzeichen ohne Rücksicht auf die Akzidenzien enthalten ist – wie z.B. der existenielle Graph, der nach einer Streichung auf dem phemischen Blatt in dem ursprünglich dort stehenden Graphen enthalten ist, übrigbleibt und übrigbleiben würde, was für eine Farbtinte man auch benutzt haben würde. Das transformierte Diagramm ist der letztendliche [*ultimate*] oder rationale Interpretant des zu transformierenden Diagramms, der zugleich ein neues Diagramm ist, dessen anfänglicher Interpretant oder dessen Bedeutung die symbolische bzw. in allgemeine Begriffe gefaßte Formulierung der Konklusion ist. Auf diesem labyrinthischen Weg und auf keinem sonst ist es möglich, Evidenz zu erlangen. Und Evidenz gehört zu jeder notwendigen Konklusion.

Es gibt mindestens noch zwei andere, völlig verschiedene Argumentationsweisen, um zu beweisen, daß alles notwendige Schlußfolgern in Diagrammen erfolgt, und jede von ihnen ist nicht viel weniger, ja vielleicht sogar genauso schlüssig, wenn auch weniger lehrreich als die obige. Die eine davon zeigt, daß jeder Schritt einer solchen Argumentation – nur für gewöhnlich sehr viel analytischer – durch existentielle Graphen dargestellt werden kann. Wenn man nun sagt, daß das graphische Verfahren analytischer sei als ein anderes, so heißt das, daß es das demonstriert, was das andere im Grunde ohne Beweis annimmt. Daher ist die graphische Methode, die diagrammatisch ist, die korrektere Form derselben Argumentation. Der andere Beweis besteht darin, nacheinander jede Form des notwendigen Schließens zu nehmen und zu zeigen, daß seine diagrammatische Darstellung ihm völlig gerecht wird.

Betrachten wir nun das nicht notwendige Schlußfolgern. Es gliedert sich nach den verschiedenen Weisen, auf die es gültig sein kann, in drei Klassen: in die wahrscheinliche Deduktion, in das experimentelle Folgern, was ich nun Induktion nenne, und in Denkvorgänge, die keine Konklusion hervorzubringen vermögen, die bestimmter ist als eine Vermutung, was ich jetzt Abduktion nenne. Ich habe dieses Thema in einem Essay in dem 1883 veröffentlichten Band der *Studies in Logic by Members of the Johns Hopkins University* untersucht und seither drei unabhängige und mühsame Untersuchungen über die Frage der Gültigkeit und über andere damit zusammenhängende Fragen angestellt. Da meine letzte Arbeit für den Druck niedergeschrieben ist und irgendwann gedruckt werden dürfte, werde ich das, was ich hier sage, so weit wie möglich beschränken. Das allgemeine Prinzip für die Gültigkeit der Induktion ist im Johns-Hopkins-Essay korrekt angegeben worden, aber zu eng definiert. All die dort hauptsächlich betrachteten Schlußformen gehören zur Klasse der Induktionen, wie ich sie jetzt definiere. Auch könnte heute noch vieles zu dem Essay hinzugefügt werden. Die Gültigkeit der Induktion besteht in der Tatsache, daß sie nach einer Methode verfährt, die zwar vorläufige Resultate zeitigen mag, die inkorrekt sind, die aber am Ende, wenn sie nur beständig weiterverfolgt wird, doch jeden solchen Fehler verbessern wird. Die beiden Aussagen, daß alle Induktion diese Art von Gültigkeit besitzt und daß keine Induktion irgendeine andere Art besitzt, die mehr als eine weitere Bestimmung dieser Art ist, lassen sich jeweils durch notwendiges Schlußfolgern nachweisen. Die Beweise sind in meinem Johns-Hopkins-Aufsatz angegeben worden. Obwohl die dort gegebene Beschreibung des Geltungsmodus zu eng ist, umfaßt sie doch die stärksten Induktionen sowie die meisten Schlußfolgerungen, die allgemein als Induktionen anerkannt sind. Es ist kennzeichnend für die gegenwärtige Lage der Logik, daß kein Versuch unternommen worden ist, die Beweise zu widerlegen, sondern daß das alte Gerede, das ich schlüssig widerlegt habe, weitergeht wie zuvor. Wenn man sagt, die Gültigkeit der Induktion beruhe auf notwendigem Schlußfolgern, so heißt das soviel wie die von der Ableitung ihrer Gültigkeit abgekoppelte Induktion mache nicht evident, daß ihre Konklusion die Art von Rechtfertigung besitzt, auf welche sie Anspruch erhebt. Da das der Fall ist, überrascht es nicht, dass die von der Ableitung ihrer Gültigkeit abgekoppelte Induktion keinen wesentlichen Gebrauch von Diagrammen macht. Doch statt mit Diagrammen zu experimentieren, experimentiert sie mit den Objekten selbst, denen ihre Schlussfolgerungen gelten, daß heißt, sie tut das in einem leicht erweiterten Sinn des Terms »Experiment«, nämlich in dem Sinn, in dem ich das Wort im kritischen Teil der Logik gemeinhin gebrauche.

Wenn wir die Deduktion in bezug auf Wahrscheinlichkeiten als eine Klasse zählen, obwohl sie nicht so gezählt werden sollte, dann ist die dritte Art des nicht notwendigen Schließens die Abduktion. Abduktion ist nicht mehr und nicht weniger als Vermutung, eine den Yankees zugeschriebene Fähigkeit. In Wirklichkeit wurden die drei bemerkenswertesten, weil allem Anschein nach unbegründetsten Vermutungen, die ich kenne, von Engländern gehegt. Das waren Bacons Vermutung, daß Wärme eine Art von Bewegung sei, Daltons Vermutung der chemischen Atome und Youngs (oder war es Wollastons) Vermutung, daß violett, *grün* (und nicht gelb, wie die Maler sagten) und rot die Grundfarben seien. Eine Gültigkeit, wie diese sie aufweist, besteht in der Verallgemeinerung, daß keine neue Wahrheit je anders erlangt wird, während manche neuen Wahrheiten genau so erlangt werden. Das ist ein Ergebnis der Induktion; und deshalb beruht die Abduktion auf Umwegen auf diagrammatischem Folgern.

Das System der existentiellen Graphen, dessen Entwicklung gerade erst von einem einsamen Forscher in Angriff genommen worden ist, liefert bereits das beste Diagramm für die Inhalte des logischen Quasi-Geistes, das je gefunden worden ist und das noch viel zukünftige Ausbaufähigkeit verspricht. Wir wollen das kollektive Ganze all dessen, was dem Geist je auf irgendeine Weise oder in irgendeinem Sinn gegenwärtig sein könnte, das *Phaneron* nennen. Dann ist die Substanz jedes Gedankens (und außer dem Gedanken selbst noch von vielem mehr) ein Bestandteil des Phanerons. Da das Phaneron selbst für die unmittelbare Beobachtung viel zu schwer zu fassen ist, kann es keine bessere Methode geben, es zu studieren, als durch sein Diagramm, welches uns das System der existentiellen Graphen an die Hand gibt. Wir haben schon die ersten Früchte dieser Methode gekostet und werden bald mehr davon ernten, und ich selbst hoffe für meinen Teil zuversichtlich, daß mit diesem Mittel nach und nach (freilich nicht in meiner kurzen Lebensspanne) eine reiche Ernte eingebracht werden kann.

Wie sieht dem Diagramm der existentiellen Graphen zufolge die Art der Struktur des Phanerons allgemein aus? Die Frage verlangt nach einem Vergleich, und zur Beantwortung ist etwas Phantasie vonnöten. Es stellt die Struktur des Phanerons ganz so wie die einer chemischen Verbindung dar. Anstelle der gewöhnlichen Punkte, welche Graphen sind, die nicht als zusammengesetzt *dargestellt* werden, haben wir in der vorgestellten Darstellung des Phanerons (denn wir werden uns vorerst nicht damit abgeben, einen solchen Graphen wirklich zu konstruieren) Beispiele für die absolut unzerlegbaren Elemente des Phanerons (vorausgesetzt, es hat irgendwelche letzten Bestandteile, was natürlich noch zu prüfen ist, wenn wir zur Frage ihres Stoffes kommen; aber solange wir nur wie eben von ihren möglichen Formen sprechen, darf ihre Existenz angenommen werden), welche Elemente ganz enge Analoga der Atome im chemischen Graphen der »rationalen Formel« [sind]. Jeder elementare Graph hat wie jedes chemische Element auch seine bestimmte Valenz – die Anzahl der Striche an den Rändern eines jeden einzelnen –, und die Identitätslinien, (die sich niemals verzweigen) entsprechen ganz den chemischen Bindungen. Das ist Ähnlichkeit genug. Zwar haben wir in den existentiellen Graphen die Schnitte, denen nichts in den chemischen Graphen entspricht. Noch nicht jedenfalls. Gerade jetzt erst beginnen wir den Schleier zu lüften, der bisher den Aufbau der Eiweißkörper verhüllt hat. Doch was ich auch über diese riesigen Supermoleküle vermuten mag, von denen einige 15000 Moleküle enthalten, ob es nun aus chemischen Gründen wahrscheinlich scheint oder nicht, daß sie Gruppen entgegengesetzter Polarität aus den Rückständen außerhalb dieser Gruppen enthalten, und ob nun ähnliche, entgegengesetzte Submoleküle in den komplexen anorganischen Säuren erscheinen, oder nicht, sicher ist es zu früh, diese in Betracht zu ziehen, um die Erklärung der Zusammensetzung des Phanerons zu unterstützen. Wären diese Ideen so solide, wie sie in Wahrheit verschwommen sind, dann sollten sie beiseitegesetzt werden, bis wir erst einmal all die Lektionen dieser Analogie zwischen der Zusammensetzung des Phanerons und der der chemischen Körper gründlich gelernt haben, welche Analogie darin besteht, daß sowohl das eine wie das andere aus Elementen mit bestimmter Valenz zusammengesetzt ist.

In ausnahmslos allen natürlichen Klassifikationen rangieren Unterschiede der Form, wenn sie erst einmal erkannt sind, vor Unterschieden des Stoffes. Wer würde heute Eisen mit seiner Valenz von vielleicht 8, wie geschehen, eher in dieselbe Gruppe stecken wie Mangan mit der Valenz 7, Chrom mit seiner Valenz von 6 (obwohl diese drei allesamt zur geraden vierten Reihe gehören) und Aluminium, das die Valenz 3 hat und zur ungeraden dritten Reihe gehört, als in eine Gruppe mit Nickel und Kobalt und sogar zusammen mit Ruthenium, Rhodium und Palladium aus der sechsten Reihe und mit Osmium, Iridium und Platin aus der zehnten? Oder wer würde auch nur für einen Augenblick den gewöhnlichen Alkohol mit Methylether (der dieselbe stoffliche Zusammensetzung aufweist) statt mit den Alkoholaten vergleichen? Derselbe Vorrang der Form vor dem Stoff ist in der Klassifikation psychischer Produkte zu sehen. Einige von Raffaels größten Gemälden – die Kreuztragung z.B. – sind mit einer ziegelroten Tönung überzogen, die, woran ich nicht zweifle, dazu gedacht war, die violette Bläue des tiefen Schattens in den Kapellen auszugleichen, in denen sie aufgehängt werden sollten. Wer würde indessen Raffaels Gemälde nach ihren vorherrschenden Tönungen klassifizieren statt nach der Art ihrer Komposition oder nach den Entwicklungsstufen Raffaels? Auf einer so klaren Sache braucht man nicht herumzureiten. Außerdem gibt es eine vernünftige Erklärung für den Vorrang, den die Form in natürlichen Klassifikationen vor dem Stoff hat. Denn solche Klassifikationen sind dazu gedacht, den Aufbau der gesamten klassifizierten Ansammlung vernünftig verstehbar zu machen, gleichgültig, was sie sonst noch zeigen sollen. Form aber ist etwas, das der Geist »zu sich nehmen«, assimilieren und verstehen kann, während ihm Stoff immer fremd und trotz seiner Erkennbarkeit unverständlich ist. Der Grund hierfür ist wiederum klar genug: Stoff ist das, kraft dessen ein Objekt Existenz erlangt, eine Tatsache, die nur durch einen Index erkannt wird, der mit dem Objekt lediglich durch rohe Gewalt verbunden ist, während die Form durch welche das Objekt so ist, wie es ist, verständlich ist. Angenommen, daß es unzerlegbare Bestandteile des Phanerons gibt, so folgt hieraus (da jeder von ihnen eine bestimmte Valenz oder Anzahl von Strichen in seinem jeweiligen Graphen hat, ist das die einzige Form oder jedenfalls die einzige verständliche Form die das Element des Phanerons haben kann), daß die Klassifikation von Elementen des Phanerons zunächst nach ihrer Valenz erfolgen muß, wie es auch bei den chemischen Elementen der Fall ist.

Wir benennen einen Punkt mit Medade, Monade, Dyade, Triade, Tetrade oder mit einem anderen derartigen Namen, je nach dem ob seine Valenz bzw. die Anzahl seiner Striche 0, 1, 2, 3, 4 usw. beträgt. Es ist anzumerken, daß ein Graph durch seine Striche und Identitätslinien nicht nur Verbindungen zu anderen Graphen besitzt, sondern daß er auch mit der Fläche, auf die er geschrieben ist, verbunden ist, welche Fläche das Zeichen für ein logisches Universum ist. Aber es ist nicht dieselbe Art von Verbindung, da der ganze Graph auf der Fläche von diesem Universum gewissermaßen *ausgesagt* wird, während die Identitätslinien individuelle Subjekte darstellen, von denen die beiden verknüpften Punkte ausgesagt werden, wobei jeder als einer betrachtet wird, der den anderen bestimmt. Deshalb wäre es eine Gedankenkonfusion, wenn man eine Linie zur Anzahl der Striche hinzuaddieren und die Summe Valenz nennen würde. Das wäre eher die Summe von zwei verschiedenen Kategorien von Valenzen. Aber im Falle der Medade, wo es keinen Strich gibt, ist die Möglichkeit, den Graphen auf eine Fläche zu schreiben, die einzige Valenz, die der Punkt besitzt – der einzige Umstand, der ihn und andere Gedanken zusammenbringt. Aus diesem Grund können wir – schlimmstenfalls mit einer verbalen Inkonsistenz, die sich der Unvollständigkeit unserer Terminologie verdankt – von der Medade als von einer Monade sprechen. Für manche Zwecke ist es unerläßlich, sie so zu betrachten.

Quelle

Peirce, Charles Sanders: »Prolegomena zu einer Apologie des Pragmatizismus.« In: ders: *Naturordnung und Zeichenprozess. Schriften über Semiotik und Naturphilosophie.* Hg. von Helmut Pape. Frankfurt a. M. (Suhrkamp) 1998 (2. Aufl.), S. 317–327.

Roman Jakobson

Suche nach dem Wesen der Sprache (1965)

[…] Der vielleicht einfallsreichste und vielseitigste der amerikanischen Denker war Charles Sanders Peirce, der so groß war, daß keine Universität Platz für ihn hatte. Sein erster scharfsinniger Versuch einer Zeichenklassifikation – »On a New List of Categories« – erschien 1867 in den *Proceedings of the American Academy of Arts and Sciences*.[1] Vierzig Jahre später faßte der Autor »seine lebenslange Erforschung der Zeichennatur« zusammen: »Ich bin, soweit ich weiß, ein Pionier oder besser ein Hinterwäldler in der Arbeit an der Klärung und Aufbereitung dessen, was ich *Semiotik* nenne, das ist die Lehre von der wesentlichen Natur und grundlegenden Variationen möglicher Semiosen; und ich finde das Gebiet zu weit, die Arbeit zu groß für einen Avantgardisten.« Er erkannte klar die Inadäquatheit der allgemeinen theoretischen Voraussetzungen in den Untersuchungen seiner Zeitgenossen. […]

Seit Ende des letzten Jahrhunderts ist von Saussure mit Nachdruck eine ähnliche Lehre vertreten worden. Er nannte sie, selbst vom griechischen Impetus angeregt, Semiologie und erhoffte sich von diesem neuen Wissenschaftszweig, daß er das Wesen der Zeichen und die ihnen innewohnenden Gesetze erhelle. Seiner Ansicht nach sollte die Sprachwissenschaft nur einen Teil dieser allgemeinen Wissenschaft ausmachen. Sie hätte festzustellen, welche Eigenschaften die Sprache zu einem gesonderten System innerhalb der Gesamtheit der »semiologischen Fakten« machen. Es wäre interessant, herauszufinden, ob es irgendeine genetische Beziehung zwischen den Bemühungen der beiden Gelehrten um diese vergleichende Untersuchung von Zeichensystemen gibt oder nur eine Konvergenz.

Die Entwürfe von Peirce zur Semiotik, die sich über einen Zeitraum von fünfzig Jahren erstrecken, sind von epochaler Bedeutung. Wären sie nicht zum größten Teil bis in die dreißiger Jahre unveröffentlicht geblieben oder hätten die Sprachwissenschaftler wenigstens seine veröffentlichten Werke gelesen, dann hätten die Entwürfe sicher einen beispiellosen Einfluß auf die internationale Entwicklung Sprachtheorie ausgeübt.

Peirce unterscheidet ebenfalls klar zwischen den »materiellen Eigenschaften«, dem *signans* eines Zeichens, und seinem »unmittelbaren Interpretanten«, dem *signatum*. Zeichen (oder *representamina* in der Terminologie von Peirce) weisen drei Grundarten der

1 Peirce, Charles S.: »Eine neue Liste der Kategorien.« In: ders.: *Semiotische Schriften* I. Hg. von Helmut Pape. Frankfurt a. M. (Suhrkamp) 1986, S. 147–159.

Semiosis auf, drei unterschiedliche »Darstellungsqualitäten«, die auf unterschiedlichen Beziehungen zwischen *signans* und *signatum* beruhen. Dieser Unterschied ermöglicht es ihm, drei Grundtypen von Zeichen zu unterscheiden:

1. Das *Ikon* (Abbild) wirkt in erster Linie durch eine tatsächliche Ähnlichkeit zwischen seinem *signans* und seinem *signatum*, etwa zwischen dem Bild eines Tieres und dem gemalten Tier; ersteres steht für letzteres »nur weil es ihm ähnelt.«

2. Der *Index* (Anzeichen) wirkt in erster Linie durch eine tatsächliche vorgegebene Kontiguität zwischen seinem *signans* und seinem *signatum*, und »psychologisch gesehen ist die Wirkung von Indizes bedingt durch Assoziation durch Kontiguität«. Zum Beispiel ist Rauch ein Index für ein Feuer, und das sprichwörtliche Wissen »Wo Rauch ist, da ist auch Feuer« erlaubt einem Interpreten, von Rauch auf die Existenz von Feuer zu schließen, unabhängig davon, ob das Feuer absichtlich angezündet wurde, um Aufmerksamkeit zu erregen, oder nicht. Robinson Crusoe fand einen Index; sein *signans* war ein Fußabdruck im Sand und das erschlossene *signatum* die Anwesenheit eines menschlichen Wesens auf seiner Insel. Die Beschleunigung des Pulses als mögliches Symptom für Fieber ist nach Peirce ein Index [...].

3. Das *Symbol* wirkt in erster Linie durch eine gesetzte, erlernte Kontiguität zwischen *signans* und *signatum*. Die Verbindung »besteht darin, daß sie eine Regel ist«, und hängt nicht von der Anwesenheit oder Abwesenheit irgendeiner Ähnlichkeit oder psychischen Kontiguität ab. Die Kenntnis dieser konventionellen Regel ist für den Interpreten jedes gegebenen Symbols notwendig, und einzig und allein wegen dieser Regel wird das Zeichen tatsächlich interpretiert. [...]

Peirce' Beschäftigung mit den verschiedenen Rangordnungen der Beteiligung der drei Funktionen an allen drei Zeichentypen und besonders seine gewissenhafte Beachtung der indexikalischen und ikonischen Komponenten in sprachlichen Symbolen sind eng mit seiner These verbunden, daß »die vollkommensten Zeichen« diejenigen seien, in denen »die ikonischen, indexikalischen und symbolischen Züge so gleichmäßig wie möglich miteinander verschmolzen sind« (4.448). Im Gegensatz dazu ist Saussures Beharren auf dem konventionellen Charakter der Sprache mit seiner Behauptung verbunden, daß »die völlig willkürlichen Zeichen am geeignetsten sind, das Optimum des Zeichenprozesses zu erfüllen.«

[...] Wir möchten nun versuchen, uns der sprachlichen Struktur in ihrem ikonischen Aspekt zu nähern und eine Antwort auf Platons Frage zu geben, durch welche Art der Nachahmung [...] die Sprache das *signans* mit dem *signatum* verbindet. [...] Die Verbkette *veni, vidi, vici* teilt uns in erster Linie etwas über die Reihenfolge von Caesars Taten mit, da die Folge der miteinander verbundenen Vergangenheitsformen dazu dient, die Abfolge der berichteten Ereignisse wiederzugeben. Die zeitliche Folge der Sprechereignisse zielt darauf ab, die Reihenfolge der berichteten Ereignisse in ihrer Zeit- und Rangfolge widerzuspiegeln. Eine Folge wie »der Präsident und der Staatssekretär nahmen an der

Konferenz teil« ist bei weitem üblicher als die umgekehrte Reihenfolge, da die Anfangsstellung im Satz den Vorrang in der offiziellen Hierarchie wiedergibt.

Die Entsprechung in der Ordnung zwischen *signans* und *signatum* findet in den von Peirce skizzierten »Grundarten möglicher Semiosen« ihren richtigen Platz. Bei den Ikons stellte er zwei verschiedene Unterklassen heraus: Bilder (*images*) und Diagramme (*diagrams*). Das *signans* stellt bei den Bildern »die einfachen Eigenschaften« des *signatum* dar, wohingegen die Ähnlichkeit zwischen dem *signans* und dem *signatum* bei den Diagrammen »nur hinsichtlich der Beziehungen ihrer Teile besteht«. Peirce definierte das Diagramm als ein »Repräsentamen, das in erster Linie ein Ikon der Beziehung ist und das dabei von Konventionen gestützt wird«. Ein solches »Ikon intelligibler Beziehungen« kann an zwei Rechtecken verschiedener Größe exemplifiziert werden, die einen quantitativen Vergleich der Stahlproduktion in den USA und in der UdSSR veranschaulichen. Die Beziehungen im *signans* entsprechen den Beziehungen im *signatum*. In so typischen Diagrammen wie statistischen Kurven bietet das *signans* eine ikonische Analogie mit dem *signatum* sowie zur Beziehung seiner Teile. Wenn ein chronologisches Diagramm die Rate des Bevölkerungszuwachses mit einer gepunkteten Linie symbolisiert und die Sterblichkeit mit einer fortlaufenden Linie, dann sind dies in Peirce' Redeweise »symbolische Eigenschaften«. Die Theorie der Diagramme nimmt in Peirce' semiotischen Untersuchungen einen wichtigen Platz ein; er anerkennt ihre beträchtlichen Verdienste, die auf der »wahrhaft ikonischen, natürlichen Analogie zu dem dargestellten Gegenstand« beruhen. Die Diskussion verschiedener Arten von Diagrammen führt ihn zu der Versicherung, daß »jede algebraische Gleichung ein Ikon ist, insofern es mittels algebraischer Zeichen (die selbst keine Ikons sind) die Verhältnisse der entsprechenden Anzahlen darstellt«. Eine algebraische Formel scheint ein Ikon zu sein, »das durch die Regeln der Kommutation, Assoziation und Distribution der Symbole zu einem solchen geworden ist«. »So ist Algebra nichts anderes als eine Art Diagramm« und »Sprache ist nichts anderes als eine Art Algebra«. Peirce sah klar, daß »die Anordnung der Wörter im Satz zum Beispiel als Ikon dienen muß, damit der Satz verstanden werden kann«.

Bei der Diskussion der von J. H. Greenberg ermittelten grammatischen Universalien und Beinahe-Universalien bemerkte ich, daß die Anordnung bedeutungstragender Elemente aufgrund ihres greifbar ikonischen Charakters eine besonders deutliche universalistische Tendenz zeigt. Genau deshalb ist die Voranstellung des Bedingungssatzes in bezug auf die Folgerung (*conclusio*) die einzig zulässige oder primäre, neutrale, merkmallose Reihenfolge in den Konditionalsätzen aller Sprachen. Wenn fast überall, wieder nach Greenbergs Daten, die einzige oder zumindest die vorherrschende Grundanordnung in Aussagesätzen mit einem nominalen Subjekt und Objekt eine solche ist, bei der das Subjekt vor dem Objekt steht, dann gibt offenbar dieses grammatische Verfahren die Hierarchie der grammatischen Begriffe wieder. Das Subjekt, von dem die Handlung ausgesagt wird, wird in Edward Sapirs Worten »als Ausgangspunkt, als der ›Ausführende‹ der Handlung verstanden« im Gegensatz zum »Endpunkt, dem ›Objekt‹ der Handlung«. Das Subjekt, das einzige unabhängige Glied im Satz, bestimmt, worüber die Mitteilung erfolgt. Welche tatsächliche Stellung das *agens* auch immer haben mag, es wird notwendigerweise zum Helden der Mitteilung gemacht, sobald es die Rolle des Subjekts der Mitteilung übernimmt. ›Der Knecht bedient den Herrn.‹ Trotz der Rangordnung richtet sich die Aufmerksamkeit zuallererst auf den Knecht als *agens*, wendet sich dann dem Bedienen, dem ›Ziel‹ seiner Handlung zu und dem Herrn, der bedient wird. Wenn jedoch das Prädikat statt der bewirkten Handlung eine erlittene Handlung bezeichnet, dann erhält das *patiens* die Rolle des Subjekts: ›Der Herr wird vom Knecht bedient‹. Die nicht mögliche Auslassung des Subjekts und die fakultative Setzung des Objekts unterstreichen die erörterte Hierarchie: ›Der Knecht bedient; der Herr wird bedient‹. Die Prädikation ist, wie es Jahrhunderte grammatischer und logischer Untersuchungen ans Licht gebracht haben, so grundlegend verschieden von allen anderen semantischen Funktionen, daß ein krampfhaftes Rationalisieren mit dem Ziel, Subjekt und Objekt einander gleichzusetzen, kategorisch zu verwerfen ist. [...]

Die Erforschung der Diagramme hat in der modernen Graphemik eine weitere Entwicklung erfahren. Wenn der Linguist das anregende Buch *Structural Models* (1965) von F. Harary, R. Z. Norman und D. Cartwright mit seiner eingehenden Beschreibung vielfältig angeordneter Graphen liest, so wird er von ihrer offensichtlichen Analogie zu grammatischen Strukturen beeindruckt sein. Die isomorphe Anordnung von *signans* und *signatum* zeigt in beiden semiotischen Gebieten sehr ähnliche Verfahren, die eine genaue Übertragung grammatischer, besonders syntaktischer Strukturen, in Graphen erleichtert. Solche sprachlichen Eigenschaften wie das Verbundensein sprachlicher Einheiten miteinander und mit der Anfangs- und Endgrenze der Folge, die unmittelbare Nachbarschaft und der Abstand, die Zentralität und die Peripheralität, die symmetrischen Beziehungen und die elliptische Auslassung einzelner Komponenten finden ihre genaue Entsprechung im Aufbau der Graphen. Die genaue Übersetzung eines ganzen syntaktischen Systems in eine Menge von Graphen erlaubt es uns, die diagrammatischen, ikonischen Formen der Beziehungen von den streng konventionellen, symbolischen Eigenschaften des Systems zu trennen.

Nicht nur die Verbindung von Wörtern zu syntaktischen Gruppen, sondern auch die Verbindung von Morphemen zu Wörtern zeigt eindeutig diagrammatischen Charakter. Sowohl in der Syntax wie auch in der Morphologie stimmt jede Teil-Ganzes-Beziehung mit Peirce' Definition der Diagramme und ihrem ikonischen Charakter überein. [...]

Die Morphologie ist reich an Beispielen alternierender Zeichen, die eine gleichwertige Beziehung zwischen *signans* und *signatum* aufweisen. So findet man in verschiedenen indoeuropäischen Sprachen beim Positiv, Komparativ und Superlativ des Adjektivs eine allmähliche Zunahme der Anzahl der Phoneme, zum Beispiel *high-higher-highest, altus-altior-altissimus*. Auf diese Weise spiegelt das *signans* die Steigerungsleiter des *signatum*.

Es gibt Sprachen, in denen die Pluralformen vom Singular durch ein zusätzliches Morphem unterschieden werden, wohingegen es nach Greenberg keine Sprache gibt, in der diese Beziehung umgekehrt wäre und die Pluralformen im Gegensatz zu den Singularformen gänzlich ohne solch ein zusätzliches Morphem wären. Das *signans* des

Plurals neigt dazu, die Bedeutung einer numerischen Zunahme durch eine zunehmende Länge in der Form nachzuahmen. Vergleiche die finiten Verbformen des Singulars und die entsprechenden Pluralformen mit längeren Endungen: 1. *je finis – nous finissons*, 2. *tu finis – vous finissez*, 3. *il finit – ils finissent*; oder im Polnischen: 1. *znam* (ich weiß) – *znamy*, 2. *znasz – znacie*, 3. *zna – znaja*. Bei der Deklination der russischen Substantive sind die tatsächlichen (Nicht-Null-)Endungen im Plural länger als in der Singularform desselben grammatischen Kasus. Wenn man die verschiedenen historischen Prozesse verfolgt, die in verschiedenen slavischen Sprachen unablässig das Diagramm ›längere Pluralformen/kürzere Singularformen‹ aufbauten, dann erweist es sich, daß diese und viele ähnliche Faktoren sprachlicher Erfahrung im Widerspruch stehen zu Saussures Behauptung, daß »es in der Lautstruktur des *signans* nichts gibt, was irgendeine Ähnlichkeit mit dem Wert oder der Bedeutung des Zeichens haben könnte«. [...]

Die Paronomasie, eine semantische Gegenüberstellung phonologisch ähnlicher Wörter ohne Rücksicht auf irgendeinen etymologischen Zusammenhang, spielt im Leben der Sprache eine erhebliche Rolle. So beruht das Wortspiel in der Überschrift eines Zeitungsartikels »Multilateral Force or Farce?« auf einer Vokalapophonie. In dem russischen Sprichwort *Síla solómu lómit* (›Macht bricht Stroh‹) wird die Beziehung zwischen dem Prädikat *lómit* und dem Objekt *solómu* durch eine Quasi-Einverleibung der Wurzel *lóm-* in die Wurzel *solóm* vertieft. Das Phonem *l* in der unmittelbaren Nähe des betonten Vokals erscheint in allen drei Gliedern des Satzes und hält sie zusammen. Beide Konsonanten des Subjektes *síla* werden in der gleichen Reihenfolge im Objekt wiederholt, das sozusagen die phonologische Struktur des ersten und des letzten Wortes des Sprichwortes synthetisiert. Dennoch hat das Ineinanderspielen von Laut und Bedeutung auf einer rein lexikalischen Ebene nur latenten und virtuellen Charakter, wohingegen in Syntax und Morphologie (sowohl der Flexion als auch der Ableitung) die intrinsische, diagrammatische Beziehung zwischen *signans* und *signatum* offensichtlich und obligatorisch ist. [...]

Eine Teilähnlichkeit zwischen zwei *signata* kann durch eine Teilähnlichkeit der *signantia* wiedergegeben werden, wie in den oben diskutierten Beispielen, oder durch eine völlige Identität der *signantia* wie im Falle lexikalischer Tropen. *Star* meint entweder einen Himmelskörper oder eine Person – beide zeichnen sich dadurch aus, daß sie alles andere überstrahlen. Eine charakteristische Eigenschaft solcher asymmetrischer Paare ist eine Hierarchie der beiden Bedeutungen – die erste Bedeutung ist die primäre, zentrale, eigentliche, kontextfreie, die andere die sekundäre, marginale, bildhafte, übertragene, kontextgebundene. Die Metapher (oder Metonymie) ist die Übertragung eines *signans* auf ein sekundäres *signatum*, das durch Ähnlichkeit (oder Kontiguität) mit dem primären signatum verbunden ist. [...]

Als Saussure seine zwei Grundeigenschaften der Sprache – die Willkürlichkeit des Zeichens und die Linearität des *signans* – aufstellte, maß er beiden die gleiche grundlegende Bedeutung zu. Er war sich darüber im klaren, daß diese Gesetze, wenn sie zutreffen,

»unberechenbare Folgen« haben und »den ganzen Sprachmechanismus« bestimmen würden. Das »System der Diagrammatisierung« jedoch, das im ganzen syntaktischen und morphologischen Bau der Sprache offenbar und obligatorisch, in seinem lexikalischen Aspekt jedoch latent und virtuell ist, entkräftet Saussures Lehre von der Willkürlichkeit, während das andere seiner beiden »Grundprinzipien« – die Linearität des *signans* – durch die Auflösung der Phoneme in distinktive Eigenschaften erschüttert worden ist. Mit der Aufhebung dieser Grundprinzipien erheischen ihre Korrelate ihrerseits eine Revision.

So eröffnet Peirce' anschaulicher und leicht eingänglicher Gedanke, daß »ein Symbol ein Ikon oder (lassen Sie mich diese Konjunktion in ein einer aktuellen Form schreiben: und/oder) ein Index in sich enthalten kann«, neue, dringende Aufgaben und weitreichende Ausblicke für die Sprachwissenschaft. Die Lehren dieses »Hinterwäldlers in der Semiotik« sind reich an lebenswichtigen Konsequenzen für die Sprachtheorie und -praxis. Die ikonischen und indexikalischen Konstituenten sprachlicher Symbole sind zu oft unterschätzt oder sogar überhaupt nicht beachtet worden; andererseits warten der überwiegend symbolische Charakter der Sprache und damit ihr grundlegender Unterschied zu anderen, in erster Linie indexikalischen oder ikonischen Zeichen ihrerseits auf eine angemessene Behandlung in der modernen linguistischen Methodologie.

Quelle

Jakobson, Roman: »Suche nach dem Wesen der Sprache.« In: ders.: *Semiotik. Ausgewählte Texte 1919–1982.* Hg. von Elmar Holenstein. Frankfurt a.M. (Suhrkamp) 1988, S. 77–98, hier Ausschnitte S. 79–81, S. 84–89, S. 92–93, S. 95–96.

Nelson Goodman

Diagramme, Karten und Modelle (1968)

Diagramme, ob sie nun als Ausdrucke von Aufzeichnungsinstrumenten, als Zusätze zu expositorischen Texten oder als Betriebsanleitungen auftreten, werden – wegen ihres etwas pikturalen Aussehens und wegen des Kontrastes zu mathematischen oder verbalen Begleittexten – häufig ihrem Typ nach für rein analog gehalten. Einige, maßstabgerechte Zeichnungen für Maschinen etwa, sind in der Tat analog, einige andere dagegen, Diagramme von Kohlenhydraten etwa, sind digital; und wieder andere, gewöhnliche Straßenkarten etwa, sind gemischt.

Die bloße Anwesenheit oder Abwesenheit von Buchstaben oder Zahlen macht den Unterschied nicht aus. Bei einem Diagramm kommt es wie beim Zifferblatt eines Instrumentes darauf an, wie wir es lesen sollen. Wenn zum Beispiel Zahlen auf einem Barogramm oder Seismogramm bestimmte Punkte anzeigen, durch die die Kurve hindurchgeht, und doch jeder Punkt auf der Kurve ein Charakter mit eigener Denotation ist, dann ist das Diagramm rein analog beziehungsweise *graphisch*. Wenn aber die Kurve auf einem Schaubild, das die jährliche Autoproduktion während eines Jahrzehnts zeigt, lediglich die einzelnen, mit Zahlen versehenen Punkte verbindet, um den Trend hervorzuheben, dann sind die dazwischenliegenden Punkte auf der Kurve keine Charaktere des Schemas, und das Diagramm ist rein digital. Ein Diagramm ohne alphabetische oder arithmetische Charaktere ist auch nicht immer analog. Viele Diagramme in der Topologie zum Beispiel brauchen nur die richtige Anzahl von Punkten oder Verbindungsstellen zu haben, die nach dem richtigen Schema durch Linien verbunden sind; die Größe und die Position der Punkte und die Länge und die Form der Linien sind irrelevant. Ersichtlich fungieren die Punkte und Linien hier als Charaktere in einer notationalen Sprache; und diese Diagramme sind, wie die meisten Diagramme für elektrische Schaltungen auch, rein digital. Je mehr uns dies stutzig macht, weil wir solche Diagramme eher für schematisierte Bilder halten, um so eindringlicher werden wir daran erinnert, daß es bei dem ausschlaggebenden Unterschied zwischen dem Digitalen und Notationalen und dem Nicht-Notationalen einschließlich des Analogen nicht auf eine vage Vorstellung von Analogie oder Ähnlichkeit ankommt, sondern auf die begründeten technischen Erfordernisse für eine notationale Sprache.

Während ganze Wissenschaftler und Philosophen Diagramme im großen und ganzen als selbstverständlich vorausgesetzt haben, mußten sie sich ziemlich ausgiebig mit dem Wesen und der Funktion von *Modellen* herumquälen. Nur wenige Ausdrücke werden im populären und wissenschaftlichen Diskurs undifferenzierter gebraucht als ›Modell‹. Ein Modell ist etwas, das man bewundert oder dem man nacheifert, ein Muster, ein passender Fall, ein Typ, ein Prototyp, ein Exemplar, ein Modell in Originalgröße, eine mathematische Beschreibung – nahezu alles von einer nackten Blondine bis zu einer quadratischen Gleichung –, und das zu dem, wofür es ›Modell‹ ist, in fast jeder Symbolisierungsrelation stehen kann.

In vielen Fällen ist ein Modell ein Exemplar oder Einzelfall dessen, wofür es Modell ist: Der Musterbürger ist ein gutes Beispiel für Staatsbürgerschaft, das Modell des Bildhauers eine Probe des menschlichen Körpers, das Mannequin eine Trägerin, das Musterhaus eine Probe der Angebote des Entwicklers, und das Modell eine Menge von Axiomen ist ein erfüllendes Universum.

In anderen Fällen sind die Rollen vertauscht: Das Modell denotiert oder hat als Einzelfall das, wofür es Modell ist. Das Auto eines bestimmten Modells gehört zu einer bestimmten Klasse. Und ein mathematisches Modell ist eine Formel, die auf den Prozeß oder den Zustand oder das Objekt, für die es Modell ist, zutrifft. Modell wird der Einzelfall, der zu der Beschreibung paßt.

Auf ›Modell‹ könnte man in all diesen Fällen zugunsten von weniger ambigen und informativeren Ausdrücken verzichten und es für die Fälle reservieren, in denen das Symbol weder ein Einzelfall noch eine sprachliche oder mathematische Beschreibung ist: das Schiffsmodell, der Miniaturbulldozer, das Architektenmodell eines Campus, das Holz- oder Tonmodell eines Autos. Keins von diesen ist eine Probe – ein Schiff, ein Bulldozer, ein Campus oder ein Auto; und keines ist eine Beschreibung in normaler oder mathematischer Sprache. Im Gegensatz zu Proben sind diese Modelle denotativ; im Gegensatz zu Beschreibungen sind sie nonverbal.[1] Modelle dieser Art sind in Wirklichkeit Diagramme, oft in mehr als zwei Dimensionen und mit beweglichen Teilen; oder mit anderen Worten, Diagramme sind flache, statische Modelle. Wie andere Diagramme können Modelle digital, analog oder gemischt sein. Molekularmodelle aus Tischtennisbällen und Stäbchen sind digital. Ein Arbeitsmodell einer Windmühle kann analog sein. Ein maßstabsgerechtes Modell eines Campus mit grünem Pappmaché für Gras, rosa Karton für Backsteine, Plastikfolie für Glas etc. ist analog in Hinsicht auf die Materialien. Vielleicht besteht der erste Schritt, einen Großteil der wirren Wortgespinste über Modelle zu zerreißen, in der Erkenntnis, daß sie als Diagramme behandelt werden können. [...]

1 Wie in II, 4 festgehalten, kann eine Probe auch die denotative Rolle eines Etiketts, das sie exemplifiziert, übernehmen und koextensiv mit ihm werden. Das Musterhaus kann auch als ein denotatives Modell von in der Entwicklung befindlichen Häusern einschließlich seiner selbst sein, und dann exemplifiziert es sich selbst auch als ein Etikett. Es unterscheidet sich vom Miniaturmodell in der Weise, wie sich ›vielsilbig‹ von ›einsilbig‹ unterscheidet. In ähnlicher Weise kann die buchstäbliche Verwendung eines Schemas ein Modell für metaphorische Verwendungen sein oder zugleich eine Probe und ein denotatives Modell für alle Verwendungen. Modelle sind übrigens nicht, wie manchmal angenommen, notwendigerweise metaphorisch. Ob die Verwendung eines Modells, wie irgendeines anderen Etiketts, metaphorisch ist, hängt davon ab, ob die Verwendung von einer vorgängig etablierten buchstäblichen Verwendung gelenkt wird.

Quelle

Goodman, Nelson: *Sprachen der Kunst. Entwurf einer Symboltheorie.* Frankfurt a.M. (Suhrkamp) 1997 [engl. Originalausgabe 1968], S. 163–165.

Nelson Goodman

Bilder und Passagen (1968)

[…] Unterscheiden wir Repräsentationen in dieser Weise von Beschreibungen, dann führt das zu dem Ergebnis, daß wir unser gebräuchliches System pikturaler Repräsentation auf eine Ebene mit den Symbolsystemen von Seismographen und skalenlosen Thermometern stellen. Ersichtlich sind noch weitere Unterscheidungen nötig. Wir haben die wichtigsten Unterschiede zwischen syntaktisch artikulierten Systemen – insbesondere den zwischen diskursiven und notationalen Sprachen – bereits im Detail untersucht, nicht aber die Unterschiede zwischen syntaktisch dichten Systemen. Bei unserem kurzen Blick auf Diagramme, Karten und Modelle haben wir die Behandlung von Fragen wie der, worin sich ein rein graphisches Diagramm von der Skizze eines Malers, eine Höhenlinienkarte von einem Luftbild, ein Schiffsmodell von einer Skulptur unterscheidet, auf später verschoben.

Vergleichen wir den Ausschnitt eines Elektrokardiogramms mit einer Zeichnung des Fudschijama von Hokusai. Die schwarzen Schlangenlinien auf weißem Hintergrund können in beiden Fällen exakt dieselben sein. Und doch ist das eine ein Diagramm und das andere ein Bild. Worin liegt der Unterschied? Offenkundig in irgendeinem Merkmal der verschiedenen Schemata, in denen die beiden Marken als Symbole fungieren. Da aber beide Schemata dicht (und vermutlich disjunkt) sind, in welchem Merkmal? Die Antwort liegt nicht in dem, was symbolisiert wird; Berge können in Diagrammen und Herzschläge bildlich dargestellt werden. Der Unterschied ist syntaktisch: Die konstitutiven Aspekte des diagrammatischen Charakters sind, verglichen mit dem pikturalen, ausdrücklich und eng begrenzt. Die einzig relevanten Merkmale des Diagramms sind die Ordinate und die Abszisse von jedem der Punkte, durch die die Mitte der Linie hindurchgeht. Die Dicke der Linie, ihre Farbe und Intensität, die absolute Größe des Diagramms etc. spielen keine Rolle; ob ein angebliches Duplikat des Symbols zu demselben Charakter des diagrammatischen Schemas gehört, hängt überhaupt nicht von solchen Merkmalen ab. Für die Skizze trifft dies nicht zu. Jede Verdickung oder Verdünnung der Linie, ihre Farbe, ihr Kontrast mit dem Hintergrund, ihre Größe, sogar die Eigenschaften des Papiers – nichts von all dem wird ausgeschlossen, nichts kann ignoriert werden. Obwohl sich die piktularen und diagrammatischen Schemata darin gleichen, daß sie nicht artikuliert sind, werden einige

Merkmale, die in dem pikturalen Schema konstitutiv sind, in dem diagrammatischen als kontingent fallengelassen; die Symbole in dem pikturalen Schema sind relativ *voll.*[1]

Es gibt zwar zwischen dichten und artikulierten Schemata eine zumindest theoretisch scharfe Trennlinie, aber bei dichten Schemata ist der Unterschied zwischen dem Repräsentationalen und dem Diagrammatischen eine Frage des *Grades.* Wir können nicht sagen, daß keine Aspekte zum Beispiel eines repräsentationalen Gemäldes kontingent sind; denn Eigenschaften wie die, daß es zehn Pfund wiegt oder sich an einem bestimmten Tag auf dem Weg von Boston nach New York befindet, berühren wohl kaum den Status des Gemäldes in seinem repräsentationalen Schema. Vielmehr ist ein dichtes Schema diagrammatischer als ein zweites, wenn die charakter-konstitutiven Aspekte des ersten eigentlich in den charakter-konstitutiven Aspekten des zweiten enthalten sind. Eines aus einer vertrauten Kategorie vertrauter graphischer Schemata wird vielleicht als rein repräsentational angesehen, wenn seine konstitutiven Aspekte diejenigen aller anderen Schemata einschließen; dann werden die Schemata, die einige der konstitutiven Aspekte dieses repräsentationalen Schemas als kontingent ausschließen, als diagrammatisch angesehen. Die repräsentationale Norm wird unserer Definition nach natürlich selbst diagrammatisch sein, wenn man sie mit anomalen Schemata vergleicht, die zusätzliche konstitutive Aspekte haben.

Dies alles läuft auf offene Häresie hinaus. Beschreibungen unterscheiden sich nicht dadurch von Abbildungen, daß sie willkürlicher sind, sondern dadurch, daß sie eher zu artikulierten als dichten Schemata gehören; und Wörter sind nur dann konventioneller als Bilder, wenn Konventionalität mit Hilfe von Differenzierung und nicht so sehr mit Hilfe von Artifizialität konstruiert wird. Hier ist nichts von der Binnenstruktur eines Symbols abhängig; denn was in einigen Systemen beschreibt, kann in anderen abbilden. Ähnlichkeit verschwindet als Kriterium für Repräsentation und strukturale Gleichartigkeit als Erfordernis für notationale oder irgendwelche anderen Sprachen. Der oft betonte Unterschied zwischen ikonischen und anderen Zeichen erweist sich als transitorisch und trivial; so zeugt die Häresie dem Ikonoklasmus.

Quelle

Goodman, Nelson: *Sprachen der Kunst. Entwurf einer Symboltheorie.* Frankfurt a.M. (Suhrkamp) 1997 [engl. Originalausgabe 1968], S. 212–215.

1 Fülle wird von daher sowohl von der Allgemeinheit eines Symbols als auch von der Unbegrenztheit eines Schemas unterschieden; sie ist in der Tat völlig unabhängig sowohl von dem, was ein Symbol denotiert, als auch von der Anzahl der Symbole in einem Schema. Für das Gegenteil von Fülle gebrauche ich den Ausdruck »Abschwächung«.

Jacques Bertin

Graphische Semiologie (1967)[I]

Gliederung der Theorie

Die graphische Darstellung gehört zu den Zeichensystemen, die sich der Mensch geschaffen hat, um die für ihn notwendigen Beobachtungen festzuhalten, zu begreifen und mitzuteilen. Die für das Auge bestimmte »Sprache« nutzt die Allgegenwart der visuellen Wahrnehmung und bildet als monosemiotisches System den rationalen Teil der Bilder-Welt.

Um sie exakt zu analysieren, unterscheidet man die musikalischen, mathematischen und Wort-Schriften, die an die zeitliche Linearität gebunden sind, sowie die dem Wesen nach polysemiotischen Symbole und das sich bewegende Bild, das von den Gesetzen des Films beherrscht wird. Innerhalb von festen Grenzen umfaßt die »Graphik« die Gesamtheit der Diagramme, der Netze und der Karten, die sich von der Transkription atomarer Strukturen über Pläne und Karten bis hin zur Wiedergabe von Galaxien erstrecken.

Die Graphik besitzt ihre besondere, außerordentliche Bedeutung aufgrund der Doppelfunktion als künstliches Gedächtnis und als Forschungs-Instrument. Wenn alle Eigenarten der visuellen Wahrnehmung voll genutzt werden, bildet sie ein rationales, prägnantes Werkzeug und liefert eine der beiden Sprachen für die Informations-Weiterverarbeitung.

Kennzeichnung der Graphik

Als rationales graphisches Bild unterscheidet sich die Graphik sowohl von der bildlichen Darstellung als auch von der Mathematik. Um die Graphik anderen Zeichensystemen gegenüber scharf abzugrenzen und zu kennzeichnen, muß man sich zunächst der Semiologie mittels der Erkenntnis zweier klarer Tatsachen nähern: 1. Auge und Ohr trennen zwei Wahrnehmungssysteme; 2. Die Bedeutungen, die der Mensch bestimmten Zeichen zuordnet, können monosemiotisch, polysemiotisch oder pansemiotisch sein.

I Anm. d. Hrsg.: Bei diesem von uns gekürzten Text haben wir Jacques Bertins komplexes System der Hervorhebung (Kapitälchen, Fettschrift, Kursivierungen) zur besseren Lesbarkeit verändert, indem wir ausschließlich Kursivierungen verwenden. Seitenverweise, die in die Kapitel des Buches von Bertin überleiten, wurden gestrichen.

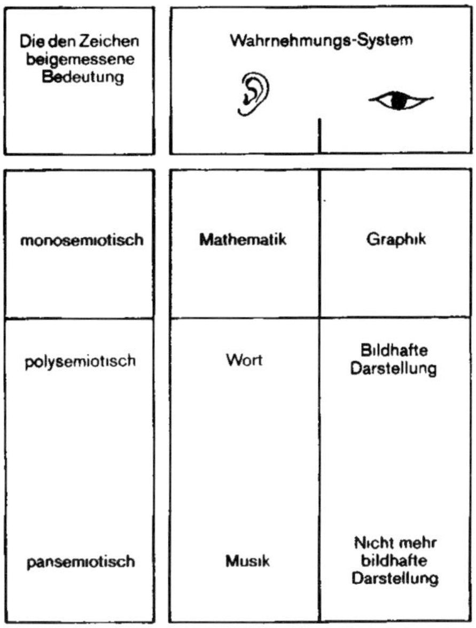

Monosemiotisches System

Ein System heißt monosemiotisch, wenn die Betrachtung einer Zeichen-Verbindung die Kenntnis der Bedeutung jedes einzelnen Zeichens *voraussetzt.* Eine Gleichung kann nur verstanden werden, wenn die Bedeutung jedes einzelnen Gliedes einmal *eindeutig* festgelegt worden ist. Ebenso wird eine Graphik nur dann verstanden, wenn mit Hilfe der Legende jedes Zeichen eindeutig festgelegt wurde.

Ein System heißt dagegen polysemiotisch, wenn die Bedeutung des einzelnen Zeichens erst aus der Betrachtung der Zeichen-Verbindung *folgt* und abzuleiten ist. Die Bedeutung ist damit an eine Person gebunden und wird *anfechtbar.*

Eine bildhafte Darstellung wie z.B. ein Foto oder ein Luftbild ist immer mit einem bestimmten Unsicherheitsfaktor behaftet: »Wer ist die dargestellte Person?« – »Was stellt dieser schwarze Fleck, diese Form dar?« Auf diese Frage kann jeder auf seine Weise antworten, denn die »Interpretation« hängt von der Art und dem Umfang verfügbarer Analogien und der Fähigkeit jedes »Empfängers« ab, Dinge zu ordnen. Es ist bekannt, daß diese Eigenschaften bei jeder Person anders ausgebildet sind und in Zusammenhang stehen mit der Persönlichkeit, dem Milieu, der Zeit und der Bildung. Bei einem polysemiotischen Bild kommt der Wahrnehmungs-Vorgang durch die Frage zum Ausdruck: »Was bedeutet dieses Element, diese Element-Verbindung?«. Die Wahrnehmung besteht im Entschlüsseln des Bildes, und es gilt, die *Verbindung zwischen dem Zeichen und seiner Bedeutung* zu erfassen.

Die »Pansemie«, die extreme Form der Polysemie, wird durch die nicht mehr bildhafte Darstellung gekennzeichnet, d.h. durch das Bild, das nichts Präzises mehr für die Suche nach der Bedeutung des »Ganzen« bietet. In der Graphik dagegen, z.B. in einem Diagramm oder einer Karte, ist jedes Element im voraus gekennzeichnet. Der Wahrnehmungs-Vorgang verläuft hierbei ganz anders und wird durch die Frage übersetzt: »Wenn dieses Zeichen dieses Ding bedeutet, welche Beziehungen bestehen dann zwischen allen Zeichen und somit zwischen allen dargestellten Dingen?« Die Wahrnehmung besteht im Kennzeichnen der in einem Bild, zwischen Bildern oder zwischen Bild und Natur auftretenden Beziehungen. Es gilt, die *Verbindungen zwischen den Bedeutungen* zu erfassen. Dieser Unterschied ist von grundsätzlicher Art, denn er gibt der »Graphik« im Verhältnis zu anderen Formen der Visualisierung erst ihren eigentlichen Sinn. Was bedeutet es denn in Wirklichkeit, ein monosemiotisches System zu verwenden? Es bedeutet, daß man im Denkprozeß einen Augenblick lang innehält und die Verwirrung auf ein Minimum zu reduzieren sucht, daß für einen bestimmten Bereich und für eine bestimmte Zeit sich *alle Beteiligten* auf bestimmte Bedeutungen einigen, die durch bestimmte Zeichen ausgedrückt werden, und daß die Beteiligten *übereinkommen, an diesen Bedeutungen und Zeichen festzuhalten.*

Diese Übereinkunft gestattet nun, über die *Verbindung der Zeichen zu diskutieren* und die Vorschläge dazu in einer evidenten Reihenfolge zu machen, einer Reihenfolge, die »unanfechtbar« werden kann, d.h. »logisch«*. Das ist innerhalb der an die Linearität der Zeit gebundenen Systeme das Objekt der Mathematik, innerhalb der an die Dreidimensionalität der räumlichen Wahrnehmung gebundenen Systeme das Objekt der Graphik. In diesem Punkt gleichen sich Graphik und Mathematik und schaffen das rationale Moment.

Visuelles System

Aber Graphik und Mathematik unterscheiden sich in bezug auf die Wahrnehmungs-Struktur, die sie kennzeichnet. Man braucht mindestens 20000 aufeinanderfolgende Augenblicke der Wahrnehmung, um zwei Zahlentabellen mit je 100 Zeilen und 100 Spalten miteinander zu vergleichen. Wenn die Zahlen graphisch transkribiert sind und der Vergleich erleichtert worden ist, kann dieser sogar auf Anhieb erfolgen.

Die Ton-Wahrnehmung verfügt nur über *zwei* wahrnehmbare Variable (Abb. 2): die Variation der Töne und die Zeit. Alle für das Ohr bestimmten Systeme sind linear und zeitverbunden. Die Schrift-Transkriptionen der Musik, des Wortes und der Mathematik sind lediglich Schemata zur Speicherung von dem Wesen nach Ton-Systemen, und diese Schemata entrinnen nicht dem linearen und zeitverbundenen Merkmal dieser Systeme.

Die visuelle Wahrnehmung verfügt dagegen über drei wahrnehmbare Variable: die Variation der Flecken und die beiden Dimensionen der Ebene, und zwar ohne die Zeit. Die für das Auge bestimmten Systeme sind zunächst raumgebunden und zeitlich invariabel. Daraus ergibt sich ihre wesentliche Eigenschaft: in einem Augenblick der Wahrnehmung vermitteln uns die linearen Systeme nur *einen Ton oder ein Zeichen*, während die räumlichen Systeme, unter ihnen die Graphik, im gleichen Augenblick die *Beziehungen zwischen drei Variablen* vermitteln. Das Objekt der Graphik, der *monosemiotischen Stufe der räumlichen Wahrnehmung*, ist die optimale Verwendung dieser gewaltigen Potenz des Sehvermögens im Rahmen logischer Schlußfolgerungen.

* Die Monosemie ist die Voraussetzung für die Logik. Aber sie gestattet auch, dabei die Grenzen festzulegen. Denn Monosemie existiert nur innerhalb eines endlichen Bereichs von Objekten und Beziehungen. Die logische Schlußfolgerung kann somit nur ein Denk-Moment sein, weil es unendlich viele endliche Bereiche gibt. Die Logik erscheint daher als eine Abfolge rationalisierter Momente, die im unendlichen Kontinuum des Irrationalen eingebettet sind.

Entwicklung der Graphik

Die Möglichkeiten der Graphik sind von alters her bekannt. Die ältesten graphischen Darstellungen, die bisher entdeckt wurden, sind in Ton geritzte Karten und gehören wahrscheinlich in das 3. Jahrtausend v. Chr. Die graphischen Bilder sind zunächst verstanden worden und werden sinnvollerweise auch heute noch verstanden als Reproduktionen der sichtbaren Natur, wobei der Maßstab frei wählbar ist. In einem Molekül-Modell, einer geometrischen Figur, einer Montage-Anleitung, einer technischen Zeichnung, einer Terrain-Skizze oder einer Karte identifizieren sich die beiden Dimensionen der Zeichen-Ebene unter Berücksichtigung des Maßstabes mit dem (sichtbaren) Raum.

Erst im 18. Jahrhundert entdeckte Charles de Fourcroy, daß die beiden Dimensionen des Papier-Blattes auch *etwas anderes als den sichtbaren Raum* darstellen können. Das bedeutete den Übergang von der einfachen Darstellung zu einem vollständigen, unabhängigen und eigengesetzlichen »Zeichensystem«, d. h. zu einer *Semiologie*.

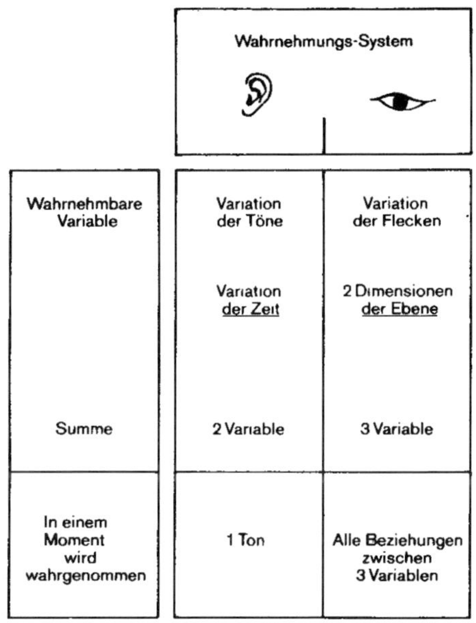

Abb. 2 Eigenarten der Wahrnehmbarkeit bei linearen und bei räumlichen Systemen.

Unter dem Druck der modernen Information und dank informationsbewußten Denkens überschreitet dieses Zeichensystem in der zweiten Hälfte des 20. Jahrhunderts eine neue und wesentliche Stufe. Der große Unterschied zwischen der bildlichen graphischen Darstellung der Vergangenheit und der Graphik der Zukunft besteht darin, daß es in der Vergangenheit keinen festen Konsensus in bezug auf das graphische Bild gab.

Da man Graphische Bilder übereinanderlagern, nebeneinanderstellen, transformieren und permutieren kann, was zu Gruppierungen und Klassifizierungen führt, hat sich das *tote Graphische Bild*, die reine Illustration, *zum lebendigen Graphischen Bild*, zum für alle verständlichen Forschungs-Instrument gewandelt. Die Graphik ist nicht mehr allein die Wiedergabe der endgültigen Vereinfachung, sondern sie bildet auch und vor allem den erschöpfenden Ausgangspunkt und das Mittel, um diese Vereinfachung zu entdecken und zu rechtfertigen. Die Graphik ist durch ihre Handlichkeit ein Instrument zur Weiterverarbeitung der Information geworden. […]

Die Mittel des graphischen Systems

A. Abgrenzung des Systems

Über welche Variablen verfügt das graphische Zeichensystem? Das Auge ist der Vermittler einer großen Anzahl von Wahrnehmungen, aber nicht alle betreffen das System, das hier untersucht wird. So bringt uns z.B. die Vermittlung der reellen Bewegung, die doch optisch wahrnehmbar ist, vom graphischen (starren) System zum Film, dessen Gesetze sich von denen des graphischen Systems unterscheiden. Im folgenden soll daher nur das betrachtet werden, was auf einem ebenen Blatt Papier mittleren Formats bei normaler Beleuchtung mit allen verfügbaren graphischen Mitteln darstellbar ist.

Innerhalb dieser Grenzen verfügt das graphische System über acht Variable. Ein sichtbarer Fleck, der eine ursprüngliche Beziehung ausdrückt, kann in seiner Lage in bezug auf die *beiden Dimensionen der Ebene* variieren sowie weiterhin in bezug auf *Grösse, Helligkeitswerte, Muster, Farbe, Richtung* und *Form*. In der Ebene kann dieser Fleck einen *Punkt* (nulldimensional), eine *Linie* (eindimensional) oder eine *Fläche* (zweidimensional) darstellen.

B. Die Ebene

Man bezeichne die Verwendung der drei Bedeutungen, die ein sichtbarer Fleck in bezug auf die Dimensionen der Ebene erhalten kann, als Implantation.[II]

Ein französisches Departement kann in einem Diagramm durch einen Punkt dargestellt werden; dann befindet es sich in punkthafter Implantation. Bei der Darstellung durch eine Linie handelt es sich um eine linienhafte, bei der Wiedergabe durch eine Fläche in einer Karte um eine flächenhafte Implantation. Die Implantationen sind die drei Möglichkeiten der Übertragung des wahrnehmbaren Inhalts auf die Ebene und zugleich die drei Grundelemente der Geometrie.

Die *Gliederungsstufe der Ebene* ist maximal. Ihre beiden Dimensionen liefern die einzigen Variablen, die alle Eigenarten der Wahrnehmbarkeit besitzen.

Man bezeichne die Verwendung der beiden Dimensionen der Ebene als Imposition.[III] Diese Verwendung ist von der Art der ursprünglichen Beziehungen abhängig, die in der Ebene ausgedrückt werden sollen, und sie unterteilt die graphischen Darstellungen in vier Gruppen. Denn die Beziehungen können in der Ebene zum Ausdruck kommen:

1. zwischen allen Elementen einer Komponente und allen Elementen einer anderen Komponente. *Die Konstruktion ergibt ein Diagramm.* Beispiel: Variation der Kursnotierung der Aktie X an der Pariser Börse. Zu jedem Datum der Komponente »Zeit« kann a priori jeder Preis der Komponente »Franc-Anzahl« in Beziehung treten. Die Beziehungen zwischen zwei Daten oder zwischen zwei Preisen bleiben außer Betracht.

2. zwischen allen Elementen ein und derselben Komponente. *Die Konstruktion ergibt ein Netz.* Beispiel: Gesprächsbeziehungen zwischen Personen, die um einen Tisch herum

II Anm. d. Hrsg.: Wörtlich: Anpflanzung.

III Anm. d. Hrsg.: Wörtlich: Besteuerung, Veranlagung.

verteilt sind. Jede Person der Komponente »Verschiedene Personen« kann zu jeder Person der gleichen Komponente in Beziehung treten.

3. zwischen allen Elementen ein und derselben, und zwar einer geographischen Komponente, die entsprechend ihrer Lage auf der Erdoberfläche auf der Ebene aufgetragen sind. *Das Netz wird zur Karte.*

4. zwischen einem einzelnen Element und dem Leser, z.B. Verkehrszeichen, Form-Codes, Farb-Codes für Industrie-Zweige. Die Beziehung gehört nicht mehr zum engeren Bereich der graphischen Darstellung. *Hier handelt es sich um ein Problem der Symbolik*, die mit bildhaften Analogien in Zusammenhang steht.

Bei den Diagrammen und Netzen führt die freie Verfügung über die Dimensionen der Ebene dazu, zwischen Feldern, geradlinigen, kreisförmigen, rechtwinkligen oder Polar-Impositionen sowie den Elevationen zu unterscheiden und *Konstruktions-Typen* zu definieren, die man durch *Konstruktions-Schemata* charakterisieren kann. [...]

Die Regeln des graphischen Systems

A. Das graphische Problem

Die Vielfalt der graphischen Konstruktionen im Bereich der erwähnten vier Gruppen (Diagramme, Netze, Karten, Symbole) und vielleicht auch in den Grenzbereichen zwischen den einzelnen Gruppen beruht auf der offensichtlich bestehenden Freiheit, die man besitzt, um jede vorgegebene Komponente durch eine der acht visuellen Variablen oder durch eine Kombination von mehreren dieser Variablen zu transkribieren.

Der Bearbeiter kann z.B. eine geographische Komponente mit Hilfe einer einzigen Dimension der Ebene umsetzen – dann konstruiert er ein Diagramm – oder durch die beiden Dimensionen der Ebene – dann konstruiert er eine Karte. Er kann nach Belieben die Variation der Farbe oder die des Helligkeitswertes verwenden. Um 100 Abbildungen ein und derselben Information zu konstruieren, braucht man nichts als Geduld. Aber bestimmte Abbildungen empfehlen sich durch ihre größere Prägnanz.

B. Die Theorie des Graphischen Bildes

Die Prägnanz wird wie folgt definiert: Wenn eine Konstruktion zur Beantwortung einer gestellten Frage unter sonst gleichen Voraussetzungen eine kürzere Betrachtungszeit erfordert als eine andere Konstruktion, so bezeichne man diese als prägnanter in bezug auf die gestellte Frage.

Hierbei handelt es sich um den Begriff des »geistigen Aufwandes« der Wahrnehmung in Anwendung auf die visuelle Wahrnehmung. In den meisten Fällen ist der Unterschied der Betrachtungs-Zeit zwischen einer prägnanten und einer aprägnaten Konstruktion außerordentlich deutlich und kann das vertretbare Maß überschreiten.

Die Konstruktions-Regeln *gestatten die Auswahl derjenigen Variablen, mit denen die prägnanteste Darstellung konstruiert wird.*

Die Prägnanz ist gleichbedeutend mit einem Minimum an geistigem Aufwand des Lesers bei jeder Stufe des Leseprozesses einer Zeichnung. Die Gesamtheit der Beobachtungswerte, die zu den Konstruktions-Regeln führen, bildet die *Theorie des Graphischen Bildes*.

[...]

Quelle

Bertin, Jacques: *Graphische Semiologie. Diagramme, Netze, Karten*. Berlin (De Gruyter) 1974 [frz. Originalausgabe 1967], hier Ausschnitte S. 10–11, S. 15–17.

Erkenntnis und verkörpertes Denken

Erkenntnis und verkörpertes Denken. Einleitung

Christoph Ernst/Jan Wöpking

Die Texte der Sektion *Erkenntnis und verkörpertes Denken* widmen sich einerseits den Beziehungen der Diagrammatik zum Körper als dem Medium des Weltbezugs, andererseits der Erkenntniskraft des Sehvorgangs. Aufgegriffen werden Positionen, welche die Verstrickung der diagrammatischen Denk- und Zeichenpraxis in eine durch den Körper erschlossene Lebenswelt darlegen. Theoriegeschichtlich berührt die Sektion drei Kontexte: die Phänomenologie, die Gestalttheorie und die Kognitive Semantik. Aufgearbeitet wird eine Seite der Diagrammatik, die häufig zu kurz kommt: die Verbindung mit leiblichen, typischerweise implizit bleibenden Prozessen der menschlichen Wahrnehmung. Auch wenn in den Texten dieser Sektion nicht immer vom Diagramm in einem konventionellen Sinn die Rede ist, gehören diese drei Theorieschulen in die Geschichte der Diagrammatik und des diagrammatischen Denkens. Sie schreiben Fragen nach der Erkenntniskraft des Sehens fort, die bereits Platon, Aristoteles oder Kant stellten (➛ Diagrammatische Schlüsselszenen). Einher geht damit eine Umdeutung des Erkenntnisbegriffs, wie sie an den Schnitt- und Bruchstellen zwischen Philosophie und Kognitionswissenschaft vollzogen wird. Menschliche Erkenntnis ist kein exklusiv mentaler oder zeichenhafter Vorgang, sondern immer schon mit der leiblichen Einbettung der Erkennenden in die Welt verbunden; Erkenntnis ist ›verkörperte‹ Erkenntnis. Das ist auch für die Diagrammatik zu berücksichtigen.

Im Fokus dieser Debatte steht das Problem des ›anschaulichen Denkens‹. Ein prominentes Beispiel sind die Ideen Rudolf Arnheims (1904–2007), der als Grenzgänger zwischen Kunst- und Filmtheorie vor dem Hintergrund der wahrnehmungspsychologischen Gestalttheorie argumentierte. Arnheims Gedanken sind systematisch und historisch zwischen den anderen beiden hier vorgestellten Theorien, also der Phänomenologie und der kognitiven Semantik, verortet. Die Gestaltpsychologie ist eine u. a. von Christian von Ehrenfels (1859–1932) und Max Wertheimer (1880–1943) begründete und in der ersten Hälfte des 20. Jahrhunderts prominente Richtung der philosophisch informierten Psychologie. Ihr Grundbegriff, die ›Gestalt‹, bezieht sich auf die Regeln, nach denen Sinneseindrücke als bedeutsame Ganzheiten wahrgenommen werden. Obwohl der Begriff der ›Gestalt‹ als schwierig zu definieren gilt und sein Verhältnis zu Begriffen wie ›Form‹ oder ›Figur‹ nicht immer trennscharf bestimmt werden kann,[1] ist die Idee der Regelhaftigkeit von Gestalten

1 Vgl. Strube, Werner/Metzger, Wolfgang: »Gestalt.« In: *Historisches Wörterbuch der Philosophie*, Bd. 3: G–H. Hg. von Joachim Ritter u. a., Basel (Schwabe) 1974, Sp. 540–548.

bei der Wahrnehmung und der Konstruktion von Diagrammen eine bedeutsame Größe. Der Gestaltbegriff erlaubt, Gesetzmäßigkeiten der für viele Diagramme typischen ›Prägnanz‹ zu identifizieren. So können in der Forschung häufig diskutierte diagrammatische Darstellungen wie der Hase-Enten-Kopf (Abb. 1) thematisiert werden, eine Kippfigur, die entweder als Hase oder als Ente betrachtet werden kann.[2]

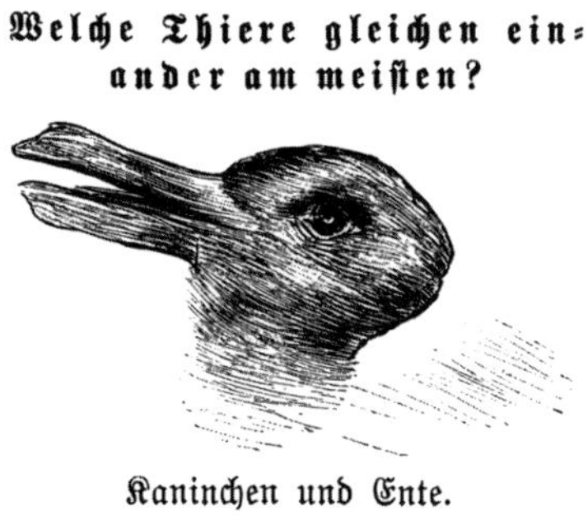

Abb. 1 Aspektwechsel am Beispiel des Hase-Enten-Kopfes. Lithographie aus dem humoristischen Magazin »Fliegende Blätter«, 1892.

Denken – auch das Denken in und mit Diagrammen – findet also innerhalb der Parameter einer durch die körperliche Verfassung des Menschen bestimmten Wahrnehmung statt, die ihrerseits als ›Praxis des Sehens‹ nur in Auseinandersetzung mit einer kulturell erschlossenen Lebenswelt dem Gesehenen eine Bedeutung zuweisen kann. Diese Grenze zwischen ›Sicht‹ und ›Einsicht‹, wie Eva Schürmann es jüngst genannt hat,[3] verläuft durch den Körper. Aufgearbeitet wurde dies in der Phänomenologie. Seit ihrem Begründer, Edmund Husserl, war es der Anspruch der Phänomenologie, eine universelle philosophische Grundlagendisziplin zu sein. Maurice Merleau-Ponty (1908–1961) gründet diesen Anspruch im Unterschied zu Husserl aber nicht auf ein transzendentales Bewusstsein. Für ihn ist die leiblich-situative Verfassung des Menschen entscheidend. Zu einem Testfall für phänomenologische Begründungsansprüche wird in diesem Zusammenhang die Integration der Mathematik in das phänomenologische Projekt. Merleau-Ponty wirft die Frage auf, inwiefern die leibliche Verfassung des Menschen eine Bedingung der Möglichkeit für Wahrheit und Geltung mathematischer Sätze ist. Merleau-Ponty knüpft dabei an Kants Überzeugung an, dass Mathematik nur dann echte Erkenntnis hervorbringen kann, wenn sie auf Anschauungen zurückgreift (➛ Diagrammatische Schlüsselszenen).[4] Dabei versteht Merleau-Ponty Anschauung als leibliche Form eines Engagiertseins in die Welt. Er zeigt, wie mathematische Beweise davon abhängen, unterschiedliche Strukturen aufeinander beziehen zu können, etwa die Ähnlichkeit

2 Vgl. zu einer kritischen Erörterung auch Wöpking, Jan: *Raum und Wissen. Elemente einer Theorie des epistemischen Diagrammgebrauchs*. Berlin (Springer) 2016, S. 110–117.

3 Vgl. Schürmann, Eva: *Sehen als Praxis. Ethisch-Ästhetische Studien zum Verhältnis von Sicht und Einsicht*. Frankfurt a. M. (Suhrkamp) 2008.

4 Vgl. Wöpking, Jan: »Die synthetische Kraft der Mathematik. Merleau-Pontys existenziale Philosophie der Mathematik.« In: Gramelsberger, Gabriele (Hg.): *Synthesis. Zur Konjunktur eines philosophischen Begriffs in Wissenschaft und Technik*. Bielefeld (transcript) 2014, S. 61–76.

zweier unterschiedlicher geometrischer Strukturen zu erkennen. Zwischen ›Sicht‹ und ›Einsicht‹ wird somit die entscheidende Frage nach einer alternativen und kreativen Sichtweise gegebener Diagramme aufgeworfen. Gegenüber der Tradition ist aber die Begründung, die Merleau-Ponty findet, eine andere: Für Merleau-Ponty ist an einer mathematischen Struktur entscheidend, dass man in ihr virtuelle »Kraftlinien« erkennen kann, also virtuelle Beziehungen, die das Schema einer Rekonfiguration bilden. Diese virtuellen Beziehungen ergeben sich aus der Leiblichkeit des Menschen. Das abstrakte Denken ist über die Fäden der Bedeutungskonstitution in das körperliche In-der-Welt-Sein verstrickt. Damit entwirft Merleau-Ponty Mathematik als ein menschliches Unternehmen: Die Leiblichkeit des Menschen ist keine Gefährdung objektiver mathematischer Erkenntnis (wie es immer wieder behauptet wurde), sondern ihre Bedingung der Möglichkeit.

Die Phänomenologie beschreibt einen Umstand, der in den neueren Kognitionswissenschaften ein Echo gefunden hat.[5] Wiederaufgenommen und schematheoretisch weitergeführt werden Ideen aus der Gestaltpsychologie und der Phänomenologie in der kognitiven Semantik von George Lakoff (*1941) und Mark Johnson (*1949).[6] Die kognitive Semantik ist eine in der Linguistik und der Philosophie entwickelte Theorierichtung. Insbesondere dank ihrer Metapherntheorie ist diese Theorie weit über die Linguistik hinaus einflussreich geworden.[7] Die Grundannahme der kognitiven Semantik beruht auf der sogenannten ›embodiment-Hypothese‹. Demzufolge ist die Repräsentationen von Bedeutung, etwa der sprachlichen Bedeutung, durch das Körperschema und basale körperliche Bewegungsrelationen wie ›oben/unten‹ geprägt.[8] Darauf aufbauend begreifen Lakoff und Johnson Metaphern als Relationen, die abstrakte Bedeutungen in konkrete Anschaulichkeit übersetzen. Diesen Prozess nennen die Autoren ›mapping‹. Aufeinander bezogen wird ein konkreter Ausgangsbereich auf einen abstrakten Zielbereich, etwa das abstrakte Konzept ›Denken‹ auf das konkrete Konzept ›Bewegung‹ in der konzeptuellen Metapher DENKEN IST BEWEGUNG.[9] Mit Bezug auf Kants Schemabegriff haben Lakoff und Johnson in diesem Prozess des metaphorischen ›mappings‹ die regulierende Kraft sogenannter *image schemas* (›Bildschemata‹)

5 Vgl. für Bezüge zur Mathematik auch Lakoff, George/Núñez, Rafael E.: *Where Mathematics Comes From. How the Embodied Mind Brings Mathematics into Being*. New York (Basic Books) 2000.

6 Die Bezüge zu beiden Theorien sind im Werk des Philosophen Mark Johnson stärker ausgeprägt als im Werk des Linguisten George Lakoff. Vgl. Johnson, Mark: »The Philosophical Significance of Image Schemas.« In: Hampe, Beate (Hg.): *From Perception to Meaning. Image Schemas in Cognitive Linguistics*. Berlin (De Gruyter) 2005, S. 15–34.

7 Lakoff, George: »Cognitive Semantics.« In: Umberto Eco/Marco Santambrogio/Patrizia Violi (Hg.): *Meaning and Mental Representation*. Bloomington (Indiana Univ. Press) 1988, S. 119–154, Lakoff, George/Johnson, Mark: *Metaphors We Live By. With a New Afterword*. Chicago (Univ. Press) 2003, Lakoff, George/Johnson, Mark: *Philosophy in the Flesh. The Embodied Mind and its Challenge to Western Thought*. New York (Basic Books) 1999.

8 Vgl. Wilson, Robert A./Foglia, Lucia: »Embodied Cognition.« In: *Stanford Encyclopedia of Philosophy* http://plato.stanford.edu/archives/win2015/entries/embodied-cognition/ (16.03.2016), S. 1–80, zur Bedeutung der Arbeiten von George Lakoff und Mark Johnson insb. S. 5–8.

9 Im Diskurs der kognitiven Semantik ist es üblich, kognitive Metaphern in Kapitälchen zu schreiben. Vgl. Lakoff/Johnson: *Philosophy in the Flesh*, S. 236–238.

aufgezeigt.[10] Diese Schemata werden als Gestalten begriffen, die sich in der körperlichen Welterfahrung bilden und in Operationen der Variation und Rekonfiguration von Bedeutung wirksam sind. Der Ansatz bietet eine neuere, kognitionstheoretisch begründete Ergänzung der Gestalttheorie und der Phänomenologie, der sich für die Diagrammatik auf vielen Ebenen produktiv machen lässt.

Textauswahl

Den Auftakt machen zwei Texte aus dem Kontext der Gestalttheorie. Rudolf Arnheims Bemerkungen zur Gebärde sind ein Beispiel für die These, die körperliche Welterfahrung als eine implizite Matrix für das Verstehen abstrakter, visueller Formstrukturen anzusehen. Im ersten Textausschnitt *Abstrakte Gebärden* (1969) – einer Passage aus *Anschauliches Denken* – diskutiert Arnheim ein Grundprinzip, demzufolge die »Eigenschaften physischer Gegenstände und Vorgänge [...] in allen Kulturen unbedenklich auch auf nichtphysische angewendet« werden. Für Arnheim geht das Verhältnis »struktureller Ähnlichkeit« zwischen »gegenständlichen und ungegenständlichen Darstellungen« auf beschreibende Gebärden zurück. Einfache Gebärden können einen Autounfall wiedergeben und anschaulich schildern, ohne deshalb alle Details des Unfalls zu referieren. Arnheim verbindet die These, dass abstrakte Bedeutungen und Sensomotorik miteinander verflochten sind, mit spekulativen Überlegungen zur Gestik verschiedener Kulturen. Dies dient einem weit reichenden Argument: »die Anschauungsqualitäten von Form und Bewegung« als das »Medium« zu verstehen, »in dem sich das Denken abspielt«.

Im zweiten Text, dem Abschnitt *Das Strukturgerüst* (1954) aus Arnheims Buch *Kunst und Sehen*, steht der Gestaltbegriff stärker im Vordergrund.[11] Arnheim weist auf eine doppelte Verfassung geometrischer Objekte hin: ihre sichtbaren Begrenzungslinien und ein am Objekt unsichtbares, aber impliziertes »Strukturgerüst« aus Relationen. Anhand von fünf Dreiecken zeigt Arnheim diese Diskrepanz zwischen der sichtbaren Konfiguration und einer unsichtbaren, aber explizierbaren Gestalt der Konfiguration auf. Jede sichtbare Form wird über ein implizites Strukturgerüst rezipiert, das von Bedeutung ist, wenn die Form des Objekts rekonfiguriert wird. Die Gestalt einer geometrischen Form spielt also in die Möglichkeit des Denkens mit dieser Form hinein. Für Arnheim gelten daher auch Kippbilder wie der ›Hase-Enten-Kopf‹ und der bei Ludwig Wittgenstein diskutierte Aspektwechsel zwischen

10 Vgl. dazu May, Michael: »Diagrammatisches Denken: Zur Deutung logischer Diagramme als Vorstellungsschemata bei Lakoff und Peirce.« In: *Zeitschrift für Semiotik*, 17.3–4, 1995, S. 285–305, vgl. auch Ernst, Christoph: »Explikation und Schema. Diagrammatisches Denken als Szene medialen Handelns.« In: Rautzenberg, Markus/Wolfsteiner, Andreas (Hg.): *Trial and Error. Szenarien medialen Handelns*. Paderborn (Fink) 2014, S. 109–130, Ernst, Christoph: »Moving Images of Thought. Notes on the Diagrammatic Dimension of Film Metaphor«, in: Adloff, Frank/Gerund, Katharina/Kaldewey, David (Hg.): *Tacit Knowledge. Embodiment and Explication*. Bielefeld (transcript) 2015, S. 245–278.

11 Das Buch *Kunst und Sehen* wurde erstmals 1954 publiziert. Wir entnehmen den Text der erweiterten Neuausgabe von 1974, die 1978 erstmals auf Deutsch erschienen ist.

Hase und Ente als Beispiele für die Vorgängigkeit des Strukturgerüstes im Prozess der Bedeutungskonstitution im Sehen.[12] Arnheim illustriert auch, an welcher Stelle die Gestalt eines Diagramms von Bedeutung ist: im Moment der Rekonfiguration eines Diagramms. Der Gestaltbegriff, der über die mathematische Betrachtung von Diagrammen hinaus in die Register der Künste und des Ästhetischen verweist, ist damit ein wichtiger theoretischer Baustein zur Klärung der Frage, wie in Diagrammen ›Sicht‹ und ›Einsicht‹ zusammenspielen.

Einen Schritt weiter geht der dritte Text der Sektion, ein Auszug aus Maurice Merleau-Pontys *Phänomenologie der Wahrnehmung* (1945). Merleau-Ponty widmet sich darin der Frage, welche Bedeutung leibliches Sehen für das Entdecken und die Gültigkeit mathematischer Sätze hat. Er tut dies am Beispiel der Geometrie, in anderen Texten (*Prosa der Welt*) stellt er sehr ähnliche Überlegungen auch für andere Bereiche der Mathematik an, etwa für die Algebra. Merleau-Ponty führt aus, dass mathematische Beweise konstitutiv davon abhängen, dass man in einer gegebenen Struktur – z. B. einer geometrischen Figur – andere Konfigurationen ausfindig machen kann. Als Beispiel dient ihm der Beweis des Innenwinkelsummensatzes aus der euklidischen Geometrie. Dieser Beweis funktioniert nach Merleau-Ponty nur dann, wenn man annimmt, dass in der Wahrnehmung gegebene geometrische »Konfiguration« nicht durch eine neue ersetzt, sondern in die erste eine zweite Konfiguration hineingesehen wird. Die Gültigkeit mathematischer Sätze wird von Merleau-Ponty mit der Fähigkeit der Wahrnehmung verbunden, in einer geometrisch-diagrammatischen Konfiguration regelhafte Strukturen zu erkennen, die in der objektiv wahrnehmbaren Form der Struktur so nicht angelegt sind. Diese Fähigkeit zur Rekonfiguration aber hat nur, wer in die Welt ›verwickelt‹ ist, wer einen Leib hat. ›Sicht‹ und ›Einsicht‹ verbinden sich somit dahingehend, als in dem Prozess des ›Dazudenkens‹ einer virtuellen Konfiguration die Räumlichkeit des Diagramms in den Begriffen erfasst wird, die durch das körperliche In-der-Welt-Sein vorgeprägt sind. Ein gegebenes Diagramm ist durch virtuelle »Kraftlinien« ausgezeichnet, die als imaginäre Relationen zu verstehen sind: »Ich ›betrachte‹ das Dreieck, es stellt sich mir dar als ein System orientierter Linien, und Worte wie ›Winkel‹ oder ›Richtung‹ haben für mich einen Sinn, insofern ich selber mich situiere an einem Punkt und von ihm aus einem anderen Punkt zustrebe, insofern das System der räumlichen Positionen für mich ein Feld von möglichen Bewegungen ist«, wie Merleau-Ponty schreibt. Ein Diagramm, so könnte man sagen, ist damit auch eine ›Geste‹,[13] was entfernt an Arnheims Ideen zur Bedeutung der Gebärde beim Aufbau von abstraktem Denken erinnert (Tafel 6).

Theoriegeschichtlich finden diese Ausführungen von Arnheim und Merleau-Ponty ein Echo in der kognitiven Semantik. In diesem Theoriekontext geben Ende der 1980er Jahre der Philosoph Mark Johnson und der Linguist George Lakoff dem Begriff der *image schemas* Kontur. In seinem Buch *The Body in the Mind* (1987) begreift Mark Johnson die Schemata

12 Vgl. Wittgenstein, Ludwig: *Werkausgabe*, Bd. 1: *Tractatus logico-philosophicus. Tagebücher 1914–1916. Philosophische Untersuchungen*. Frankfurt a. M. (Suhrkamp) 1999, S. 519–520 (Teil II, Abschnitt XI).

13 Vgl. Châtelet, Gilles: *Figuring Space. Philosophy, Mathematics and Physics*, Dordrecht (Kluwer) 2000, S. 9–10; Wöpking: »Die synthetische Kraft der Mathematik«, hier S. 74.

als »embodied schemata«. In dem kurzen Auszug aus Johnsons Buch werden die Schemata als Vermittler zwischen abstrakten Begriffen und mentalen Bildern dargestellt. In kritischer Abgrenzung von Kants Schemabegriff (➛ Diagrammatische Schlüsselszenen) versteht Johnson die *image schemas* als dynamische Ordnungsmuster der Konstitution von Bedeutung in Wahrnehmung und Denken. *Image schemas* sind keine statischen Schablonen, sondern Ausdruck einer kontinuierlichen, regelhaften Ordnungsaktivität. Diagramme geben den prozessualen und dreidimensionalen Charakter dieser Schemata nur ungenau wieder (auch wenn sie der Gestalt dieser Schemata am besten entsprechen). Was die *image schemas* bedeutsam macht, ist der Umstand, dass die Verflechtung des Aktes der Rekonfiguration des Diagramms mit dem Körper und der Leiblichkeit hier eine kognitionstheoretische Ergänzung, Präzisierung und Erweiterung findet.

Aufgegriffen wird dieser Ansatz im zweiten Text aus dem Bereich der kognitiven Semantik. Es handelt sich bei diesem Text um George Lakoffs Diskussion der bei Johnson entwickelten kinästhetischen *image schemas*. Die Passage stammt aus Lakoffs Buch *Woman, Fire and Dangerous Things* (1987) und nimmt direkt Bezug auf Johnson. Lakoff zeigt, dass *image schemas* ihrerseits eine Menge strukturell-diagrammatischer Elemente wie etwa ›Innen‹ und ›Grenze‹ aufweisen, einer basalen Logik folgen und in spezifischen (kognitiven) Metaphern wirksam sind. Das hier vorgestellte Container-Schema ist beispielsweise durch die logische Eigenschaft der Transitivität gekennzeichnet. Behauptet werden diese Eigenschaften von Schemata als Konsequenzen ihrer ›Gestalt‹. Auch für Lakoff sind die *image schemas* also Ordnungsregeln, die in der Wahrnehmung und dem Denken wirksam sind und die körperlich-lebensweltliche Seite abstrakterer diagrammatischer Schlussfolgerungsprozesse verständlich machen.

Rudolf Arnheim

Abstrakte Gebärden (1969)

Der Unterschied zwischen gegenständlichen und ungegenständlichen Darstellungen scheint zunächst ganz plausibel; doch handelt es sich dabei eigentlich nur um einen Gradunterschied. Das sieht man zum Beispiel an deskriptiven Gebärden, die ja als Vorläufer der Linienzeichnung anzusprechen sind. Auch hier ist man zunächst versucht, Abbildungsgebärden von anderen zu unterscheiden. Tatsächlich aber beschränkt sich Abbildung durch Gebärde zumeist auf eine Einzelqualität oder -dimension, etwa die Größe oder Winzigkeit eines Dinges, die Sanduhrform einer ansehnlichen Damenfigur, die Bestimmtheit oder Unbestimmtheit einer Begrenzung. Für uns kommt es hier darauf an, daß diese Art von anschaulicher Beschreibung trotzdem so üblich, so zufriedenstellend und nützlich ist. Und zwar ist sie es nicht trotz der Sparsamkeit ihrer Mittel, sondern gerade wegen dieser Sparsamkeit. Eine Gebärde ist deshalb so eindrucksvoll, weil sie ein wesentliches Charakteristikum des Themas auswählt und hervorhebt. Den Begleitumständen bleibt es überlassen klarzustellen, auf was im besonderen die Geste sich bezieht: erstaunlich groß mag das Weihnachtspaket vom reichen Onkel oder auch der am vorigen Sonntag gefangene Fisch sein. Die Gebärde beschränkt sich in intelligenter Weise auf das, worauf es ankommt.

Die Abstraktheit von Gebärden ist noch offensichtlicher, wenn sie Begebenheiten darstellen. Die Beschreibung eines Autounfalls verbildlicht den Zusammenprall als solchen, ohne Hinweis auf das, was da zusammengeprallt ist. Man zeigt den geradlinigen oder umständlichen Weg eines Vorganges oder Vorgehens, elegantes Dahinsegeln oder schwerfälligen Trott. Gebärden veranschaulichen Stoßen und Ziehen, Durchbruch und Hindernis, Klebrigkeit und Härte, doch sieht man nicht, wovon das alles ausgesagt wird.

Die Eigenschaften physischer Gegenstände und Vorgänge werden in allen Kulturen unbedenklich auch auf nichtphysische angewendet, obwohl nicht immer in genau der gleichen Weise. Die Größe einer Überraschung wird mit einer ähnlichen Geste ausgedrückt wie die Größe des Fisches und ein Aufeinanderprallen von Meinungen ähnlich wie ein Autozusammenstoß. David Efron hat die Gebärdensprache zweier Einwanderergruppen in New York City untersucht und dabei zeigen können, daß die Bewegungsformen der Denkweise der betreffenden kulturellen Typen parallel gehen. Die Gebärden von Juden, die aus einem Gettomilieu stammten, waren der traditionellen Sophistik des talmudischen Denkens verwandt; sie »scheinen die Richtung im Winkel zu wechseln, so daß sich eine Serie von Zickzackbewegungen ergibt, die wie eine komplizierte Stickerei aussehen, wenn man sie auf Papier zeichnet«. Hingegen spiegelt sich in den Gesten der italienischen Einwanderer, die zumeist aus einer Landbevölkerung von geringer Schulbildung kommen, eine viel einfachere Denkweise wider; »dieselbe Richtung wird beibehalten, bis eine Gestenform vollendet ist«.[1]

Man kann mit Gebärden den Gang einer Auseinandersetzung darstellen, als wäre sie ein Boxkampf: das Abwägen der Angriffsmöglichkeiten, das Hin- und Herspringen, den geschickten Seitenangriff, den niederschmetternden Knockout. Diese spontane Verwendung von Metaphern beweist nicht nur, daß die Menschen sich überall der strukturellen Ähnlichkeit bewußt sind, die physische und nichtphysische Dinge verbindet. Darüber hinaus zeigt die Gebärdensprache, daß die Anschauungsqualitäten von Form und Bewegung in den Denkvorgängen selber enthalten sind, die sich in den Gebärden abbilden, ja daß diese Qualitäten selber das Medium sind, in dem sich das Denken abspielt. Natürlich handelt es sich hier nicht immer nur um visuelle Eigenschaften. Die Muskelempfindungen beim Stoßen, Ziehen, Vordringen und Widerstandleisten sind ein wesentlicher Bestandteil des Gebärdenspiels.

Quelle

Arnheim, Rudolf: *Anschauliches Denken. Zur Einheit von Bild und Begriff.* Köln (DuMont) 1972 [engl. Originalausgabe 1969], S. 116–118.

1 Eforn, David: *Gesture and Environment.* New York (King's Crown Press) 1941.

Rudolf Arnheim

Das Strukturgerüst (1954)

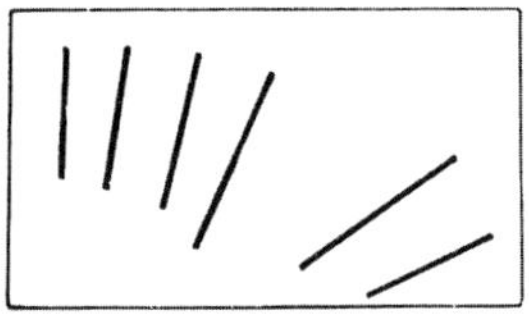

Abb. 67

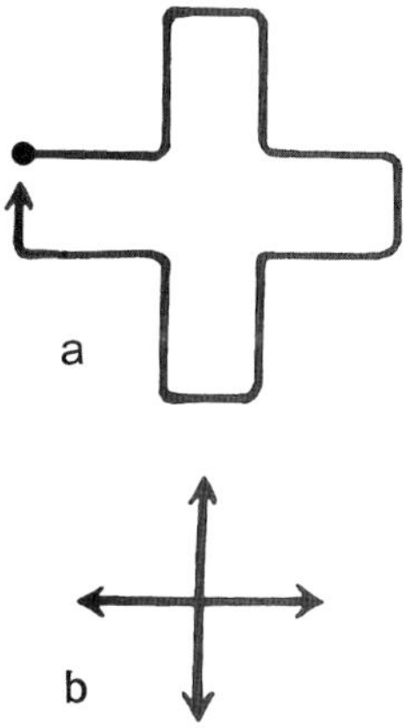

Abb. 71

Obgleich die Wahrnehmungsgestalt eines Objektes weithin von seinen äußeren Begrenzungslinien bestimmt wird, kann man nicht sagen, daß diese Grenzlinien die Gestalt *sind*. Wenn man einem Mann auf der Straße rät, den in Abb. 71 *a* angegebenen Weg einzuschlagen (»Geh bis zur zweiten Querstraße, biege links ab, geh wieder bis zur zweiten Querstraße, biege rechts ab, geh bis zur nächsten Querstraße …«), wird er schließlich wieder an seinem Ausgangspunkt stehen. Das wird ihn wahrscheinlich überraschen. Obwohl er die gesamte Umrißlinie abgeschritten hat, hat er in seiner Erfahrung wohl kaum die wesentlichen Merkmale jenes Vorstellungsbildes registriert, das ihm plötzlich bewußt werden wird, wenn er die Kreuzform des zurückgelegten Weges begreift (Abb. 71 *b)*. Obwohl das Achsenpaar nicht mit den tatsächlichen physikalischen Grenzlinien zusammenfällt, bestimmt es das Wesen und die Eigenart der Gestalt. Ähnlich konnten wir in Abb. 67 das grundlegende Kompositionsthema des Bildes von Brueghel mit Hilfe gerader Linien darstellen, die den tatsächlichen Konturen der dargestellten Personen nicht im geringsten ähnlich waren. Wir können daraus schliessen, daß wir uns, wenn wir von »Gestalt« reden, auf zwei ganz verschiedene Eigenschaften von Sehgegenständen beziehen: erstens die tatsächlichen, vom Künstler geschaffenen Begrenzungslinien – die Linien, Flächen, Körper –, und zweitens das Strukturgerüst, das von diesen realen Formen in der Wahrnehmung erzeugt wird, aber selten mit ihnen zusammenfällt.

Delacroix sagte, beim Zeichnen eines Gegenstandes komme es darauf an, zuerst den Kontrast seiner Hauptlinien zu erfassen: »Man muß sich darüber ganz im klaren sein, ehe man den Bleistift ansetzt.«[1] Der Künstler muß bei der Arbeit stets das Strukturgerüst, das er gestaltet, im Auge behalten und gleichzeitig auf die verschiedenen Konturen, Flächen und Körper achten, die er konkret schafft. Was von Menschenhand geschaffen wird, ent-

1 Delacroix, Eugène: *Oeuvres littéraires*. Bd. I: *Etudes Esthétiques*. Paris (Crès) 1923, S. 69.

steht zwangsläufig in einem zeitlichen Nacheinander; was im Endzustand als Ganzes gesehen wird, wird Stück um Stück hergestellt. Das Leitbild, das der Künstler vor Augen hat, ist nicht so sehr die präzise Vorstellung von dem fertigen Gemälde oder der fertigen Skulptur sondern in erster Linie das Strukturgerüst, das Zusammenspiel der sichtbaren Kräfte, das letztlich das Wesen des Sehgegenstandes bestimmt. Verliert er dieses Leitbild aus den Augen, gerät seine Hand auf Abwege.

Einen ähnlichen Zwiespalt zwischen körperlichem Verhalten und physikalischer Gestalt auf der einen und dem entstehenden Abbild auf der anderen Seite gibt es im Verhalten des Betrachters. In den letzten Jahren haben genaue Aufzeichnungen von Augenbewegungen gezeigt, welche Teile eines Bildes Betrachter ansehen und wie oft und wie lange und in welcher Reihenfolge sie jede Stelle fixieren. Es überrascht nicht, daß sich die fixierten Punkte in den Bereichen zusammenballen, die für den Betrachter von größtem Interesse sind.[2] Im übrigen gibt es jedoch kaum einen Zusammenhang zwischen den Bahnen und Richtungen der Augenbewegungen und der aus diesem Abtasten hervorgehenden Wahrnehmungsstruktur des endgültigen Bildes. Weder die Augen des Betrachters noch die Hände des Künstlers schaffen mit ihren Bewegungen das Strukturgerüst.

Verschiedene Dreiecke haben einen eindeutig verschiedenen Wahrnehmungscharakter, der nicht aus ihrer tatsächlichen Gestalt abgeleitet werden kann, sondern nur aus dem Strukturgerüst, das diese Gestalt durch Induktion schafft. Die fünf Dreiecke in Abb. 72 bekommt man, indem man eine Ecke in der Senkrechten verschiebt und die anderen beiden unverändert läßt.[3] Wertheimer stellte fest, daß es bei einem gleichmäßigen Herunterführen des beweglichen Punktes zu Veränderungen im Dreieck kommt, die keineswegs stetig sind. Vielmehr kommt es zu einer Reihe von Umformungen, die in den fünf dargestellten Formen am deutlichsten werden. Obwohl also die strukturellen Unterschiede der Dreiecke durch Veränderungen des Umrisses entstehen, kann man sie nicht vermittels ihres Umrisses beschreiben.

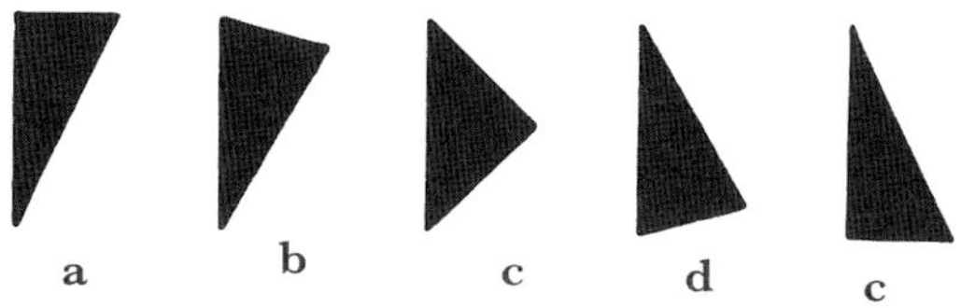

Abb. 72

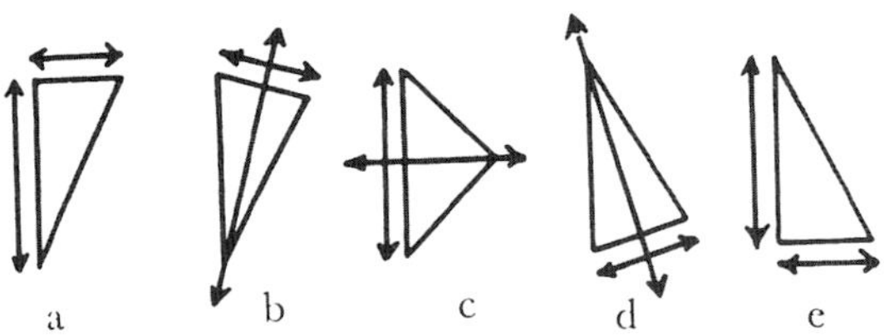

Abb. 73

2 Vgl. Buswell, Guy Thomas: *How People look at Pictures*. Chicago (Chicago Univ. Press) 1935, Yarbus, Alfred L.: *Eye Movements and Vision*. New York (Plenum) [1967].

3 Abb. 72 nach einem Wertheimer auf S. 318 der Originalausgabe vorgeschlagenen Verfahren. Vgl. Wertheimer, Max: »Untersuchungen zur Lehre von der Gestalt II.« In: *Psychol. Forschung* 4, 1923, S. 301–350.

Kennzeichnende Merkmale des Dreiecks a (Abb. 73) sind eine senkrechte Hauptachse und eine waagrechte Nebenachse, die einen rechten Winkel bilden. Bei b ist die Hauptachse nach rechts geneigt und teilt das Ganze in zwei symmetrische Hälften. Die linke Seite des Dreiecks, objektiv immer noch eine Senkrechte, erscheint überhaupt nicht mehr senkrecht. Sie ist zu einer schrägen Abweichung von der Hauptachse der Figur geworden. Bei c ist die Schräglage des Ganzen verschwunden doch nun dominiert die kürzere, waagrechte Achse, da sie in der Mitte einer neuen symmetrischen Teilung liegt. Dreieck d kehrt zur Schräglage zurück, und so fort.

Das Strukturgerüst jedes Dreiecks leitet sich, dem Gesetz der Einfachheit folgend, von seinen Umrissen ab. Das entstehende Gerüst ist die einfachste Struktur, die mit der gegebenen Gestalt zu erreichen ist. Nur mit einer bewußten Anstrengung kann man sich weniger einfache Strukturen vorstellen – zum Beispiel c als unregelmäßiges, schräges Dreieck oder d als eine Abweichung von dem rechtwinkligen Typ e (Abb. 74). Symmetrie wird benützt, wo immer sie verfügbar ist (b, c, d); in a und e bietet Rechtwinkligkeit das einfachste verfügbare Muster.

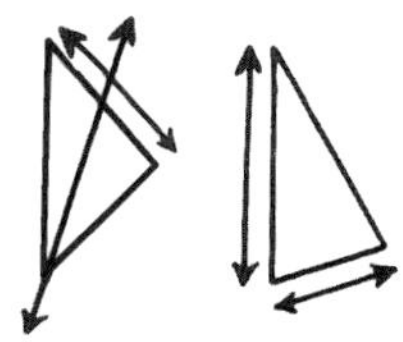

c d

Abb. 74

Das Strukturgerüst besteht hauptsächlich aus dem Gerippe der Achsen, und die Achsen schaffen charakteristische Entsprechungen. In den drei gleichschenkligen Dreiecken der Abb. 72 entsprechen sich zum Beispiel die zwei gleichen Seiten; sie werden die »Schenkel«, während die dritte Seite als Grundlinie gesehen wird. In den zwei anderen Dreiecken sorgt der rechte Winkel für eine Entsprechung zwischen den beiden der Hypotenuse gegenüberliegenden Seiten.

Aus dem Gesagten lassen sich zwei Schlüsse ziehen. Erstens: eine große Vielfalt von Formen kann ein und dasselbe Strukturgerüst darstellen. Bei einem Vorausblick auf Abb. 95 sehen wir drei der zahllosen Darstellungen der menschlichen Gestalt, die von Künstlern aus verschiedenen Kulturbereichen geschaffen worden sind. Überraschenderweise erkennt man den menschlichen Körper ohne Schwierigkeiten selbst in der primitivsten Strichzeichnung und in der kunstvollsten Verschlüsselung – solange nur die elementarsten Achsen und Entsprechungen berücksichtigt sind.

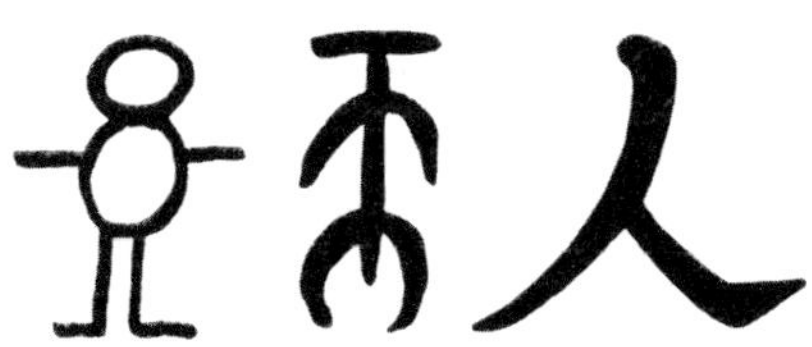

Abb. 95

Zweitens: wenn ein vorhandenes Wahrnehmungsmuster zwei verschiedene Strukturgerüste bieten kann, kann man es als zwei völlig verschiedene Objekte wahrnehmen. Ludwig Wittgensteins Erörterung des berühmten Enten-Hasen, einer Zeichnung, die als Kopf einer nach links blickenden Ente oder eines nach rechts blickenden Hasen gesehen werden kann, zeigt, welchen Rätseln man gegenübersteht, wenn man davon ausgeht, daß die tatsächlichen Umrißlinien auf dem Papier alles enthalten, was den Wahrnehmungsgegenstand ausmacht. Die erwähnte Zeichnung bietet zwei widersprüchliche, aber in gleichem Maße passende Strukturgerüste, die in entgegengesetzte Richtungen weisen.

Als scharfer Beobachter erkannte Wittgenstein, daß er es nicht einfach mit zwei verschiedenen Interpretationen zu tun hatte, die auf ein einziges Wahrnehmungsbild anzuwenden waren, sondern daß ihm zwei Wahrnehmungsbilder vorlagen. Daß sich aus einem Einzelreiz zwei Wahrnehmungsbilder ableiten ließen, kam ihm wie ein Wunder vor.[4]

Quelle

Arnheim, Rudolf: *Kunst und Sehen. Eine Psychologie des schöpferischen Auges*. Berlin (De Gruyter) 2000 [engl. Originalausgabe 1954, hier nach erweiterter und durchgesehener Auflage 1974], S. 89–92.

4 Vgl. Wittgenstein, Ludwig: *Philosophische Untersuchungen*. Frankfurt a.M. (Suhrkamp) 1967, Teil II, Abschnitt XI.

Maurice Merleau-Ponty

Cogito und Idee: die Ideen der Geometrie und das Wahrnehmungsbewußtsein (1945)

Endlich scheint es freilich notwendig, wenn nicht im Falle von Willen und Gefühl, so jedenfalls doch in dem der Akte »reinen Denkens« die absolute Koinzidenz meiner selbst mit mir selbst unbestritten zu lassen. Und wäre dem so, so fände sich alles bisher Gesagte wieder in Frage gestellt: so wenig erschiene das Denken als eine Weise des Existierens, daß vielmehr doch unser Sein selber sich gänzlich als Denken erwiese. Wenden wir uns also der Betrachtung des Verstandes zu. Ich denke ein Dreieck, den dreidimensionalen Raum, dem es zugehören soll, eine Verlängerung einer der Seiten des Dreiecks, eine Parallele zu einer der Seiten gezogen durch den ihr gegenüberliegenden Eckpunkt, und ich sehe, daß die von diesem Punkt ausgehenden Linien eine zwei rechten Winkeln gleiche Winkelsumme bilden, die andererseits der Summe der Winkel des Dreiecks gleich ist. Ich bin dieses Ergebnisses, das ich als bewiesen betrachte, gewiß.

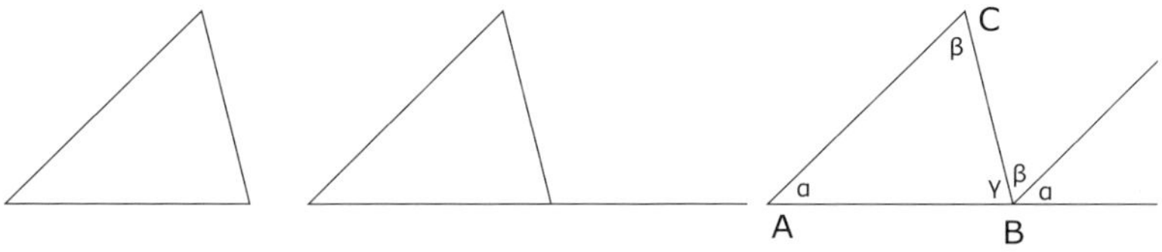

Abb. 1 Schema zur Veranschaulichung des klassischen Satzes der (euklidischen) Geometrie, der besagt, dass die Innenwinkelsumme eines Dreiecks 180° beträgt (ergänzt durch die Hrsg.).

Das besagt: Meine graphische Konstruktion ist keine »unter der Hand« entstandene Ansammlung zufällig gezeichneter Linien, wie etwa die Striche, die ein Kind willkürlich seiner Zeichnung hinzufügt und die von Mal zu Mal deren Bedeutung verwandeln (»Jetzt ist es ein Haus, jetzt ist es ein Schiff, jetzt ist es ein Mann«). Von Anfang bis Ende der Operation handelt es sich um das Dreieck. Die Entstehung der Konstruktion ist nicht nur eine reelle, sie ist eine intelligible Genesis, ich konstruiere nach Regeln, ich lasse in der Figur *Eigenschaften* des Dreiecks hervortreten, d.h. Beziehungen, die zum Wesen des Dreiecks gehören, nicht wie das zeichnende Kind überhaupt all solche, wie die faktisch auf dem Papier stehende unbestimmte Figur sie ihm suggeriert. Ich bin mir des Beweischarakters der Konstruktion bewußt, indem ich einen notwendigen Zusammenhang zwischen der die Voraussetzung bildenden Gesamtheit von Gegebenheiten und der daraus gezogenen Folgerung erblicke. Diese Notwendigkeit ist es, die mich der Wiederholbarkeit der

Operation an jeder beliebigen Anzahl empirischer Figuren versichert, und sie geht ihrerseits auf den Umstand zurück, daß ich bei jedem Schritte des Beweises und bei jeder Einführung neuer Beziehungen doch des Dreiecks bewußt blieb als einer festen Struktur, die diese Beziehungen nicht zerstören, sondern näher bestimmen. Und daher kann man, wenn man will, auch sagen, der Beweis bestehe darin, daß man die konstruierte Winkelsumme in zwei verschiedenen Konstellationen auftreten lasse und sie einerseits als der Winkelsumme des Dreiecks und andererseits als zwei rechten Winkeln gleich sehe[1]; doch ist dem die Bemerkung beizufügen[2], daß wir es nicht lediglich mit zwei aufeinander folgenden und wechselseitig sich verdrängenden Konfigurationen zu tun haben (wie in der Zeichnung des träumenden Kindes), vielmehr die erste, während die zweite sich herstellt, für mich bestehen bleibt. Die Winkelsumme, die ich zwei Rechten gleichsetze, *ist* somit dieselbe, die ich andererseits der Winkelsumme des Dreiecks gleichsetze, und möglich ist dies nur dadurch, daß ich die Ordnung der Phänomene oder Erscheinungen hinter mir lasse, um mich in die Ordnung des Eidos oder des Seins zu erheben. Wahrheit scheint hier unmöglich ohne den absoluten Selbstbesitz des aktiven Denkens, da dieses sonst sich nicht in einer Reihe sukzessiver Operationen entfalten und doch ein ein für allemal gültiges Resultat konstruieren könnte.

Es gäbe kein Denken und keine Wahrheit *ohne* einen die zeitliche Zerstreuung der Denkphasen und die bloß faktische Existenz meiner psychischen Vorkommnisse überschreitenden Akt; doch alles hängt davon ab, wie dieser Akt selbst zu verstehen ist. Die Notwendigkeit des Beweises ist keine bloß analytische: die Konstruktion, die den Schluß ermöglicht, ist nicht wirklich enthalten im Wesen des Dreiecks, sondern nur eine von diesem her mögliche. Es gibt keine Definition des Dreiecks, welche zum voraus schon die Eigenschaften des Dreiecks, die man alsdann bewiese, wie auch die Mittelglieder, durch die man zu diesem Beweise gelangt, in sich schlösse. Eine Seite des Dreiecks verlängern, durch einen Eckpunkt des Dreiecks die Parallele zu der gegenüberliegenden Seite ziehen, die Sätze über die Winkel an Parallelen heranziehen – all das ist nur möglich, wenn ich das Dreieck selbst auf dem Papier, an der Tafel oder in der Einbildung betrachte, seine Physiognomie, die konkrete Zusammenstellung seiner Linien, seine Gestalt. Ist aber dann nicht eben dies das Wesen oder die Idee des Dreiecks?

Doch schalten wir zunächst die Idee eines formalen Wesens des Dreiecks aus. Was immer von den Versuchen der Formalisierung zu halten sein mag, gewiß ist jedenfalls, daß sie gar nicht beanspruchen, eine Logik des Erfindens zu begründen, und daß keine logische Definition des Dreiecks zu konstruieren möglich ist, die es an Produktivität mit dem Sehen der Figur selber aufnehmen könnte und es je uns ermöglichte, durch Reihen formaler Operationen zu Schlüssen zu kommen, die nicht zuvor auf Grund der

1 Wertheimer, Max: *Über das Denken der Naturvölker. Die Schlussprozesse im produktiven Denken. Drei Abhandlungen zur Gestaltpsychologie.* Erlangen (Philosophische Akademie) 1925.

2 Gurwitsch, Aron: »Quelques aspects et quelques développements de la psychologie de la Dome.« In: *Journal de psychologie normale et pahtologique* 33 (1936), 413–462, hier S. 460.

Intuition zu gewinnen wären. Man wird erwidern, dies betreffe lediglich die psychologischen Umstände der Entdeckung, wenn es aber nachträglich möglich werde, Hypothese und Konklusion durch ein Band zu verbinden, das der Anschauung nichts mehr verdankt, so sei damit erwiesen, daß diese nicht unentbehrlicher Mittler des Denkens ist und in der Logik keinen Platz hat. Indessen, eben dies, daß die Formalisierung immer nur eine nachträgliche ist, beweist, daß sie auch immer nur dem Anscheine nach eine vollständige ist und alles formale Denken in Wahrheit sich nährt aus intuitivem Denken. Es enthüllt die nicht formulierten Axiome, auf denen die Schlüsse, wie man sagt, beruhen, es scheint diesen größere Strenge zu geben und die Grundlagen unserer Gewißheit zutage zu legen; in Wahrheit aber ist der Ort, in dem die Gewißheit gründet und eine Wahrheit erscheint, stets das intuitive Denken, wiewohl dieses seine Prinzipien immer nur stillschweigend übernimmt – oder *vielmehr gerade aus diesem Grunde*. Eine Erfahrung von Wahrheit gäbe es überhaupt nicht und nichts hielte den »Flug unseres Geistes« auf, wenn wir allein *vi formae* dächten und nicht jede formale Beziehung sich uns zunächst kristallisiert in einem einzelnen Ding darböte. Hielten wir eine Hypothese nicht allem voran schon für wahr, wir könnten sie nicht einmal fixieren, um Folgerungen aus ihr abzuleiten. Eine Hypothese ist zunächst eben das, was man für wahr hält, und alles hypothetische Denken setzt eine Erfahrung faktischer Wahrheit voraus. So bezieht sich die Konstruktion auf die Konfiguration des Dreiecks, auf seine Art und Weise, im Raum einen Platz einzunehmen, auf die Verhältnisse, die sich ausdrücken in Worten wie »über«, »durch«, »Eckpunkt«, »verlängern«. Konstituieren nun diese Verhältnisse eine Art materialen Wesens des Dreiecks? Behalten die Ausdrücke »über«, »durch« usw. irgendeinen Sinn, so weil ich zu tun habe mit einem sinnlichen oder imaginären Dreieck, d.h. mit einem solchen, das zumindest virtuell sich in meinem Wahrnehmungsfeld situiert und orientiert ist nach »Oben« und »Unten«, nach »Rechts« und »Links«, m. a. W. mit einem solchen, wie wir oben gezeigt haben, das meinem umfassenden Anhalt an der Welt sich einfügt. Nicht auf Grund der Definition und nach der Idee des Dreiecks, sondern auf Grund seiner Konfiguration und nach seiner Polarisierung meiner Bewegung expliziert die Konstruktion die Möglichkeiten des betrachteten Dreiecks. Mit Notwendigkeit leitet der Schluß sich ab aus der Hypothese, weil der Geometer im Vollzug der Konstruktion die Möglichkeit des Überganges selbst erfahren hat.

Suchen wir diesen Akt des Vollzuges näher zu beschreiben. Offenbar, so sahen wir schon, ist er nicht lediglich manuelles Tun, nicht bloß die faktische Bewegung meiner Hand und meiner Feder auf dem Papier, denn dann wäre kein Unterschied zwischen der Konstruktion und einer beliebigen Zeichnung, und jene ergäbe nichts dergleichen wie einen Beweis. Die Konstruktion ist eine Geste, d.h. die tatsächliche Zeichnung ist äußerer Ausdruck einer Intention. Doch was ist diese Intention? Ich »betrachte« das Dreieck, es stellt sich mir dar als ein System orientierter Linien, und Worte wie »Winkel« oder »Richtung« haben für mich ihren Sinn, insofern ich selber mich situiere an einem Punkt und von ihm aus einem anderen Punkt zustrebe, insofern das System der räumlichen Positionen für mich ein Feld von möglicher Bewegung ist. Und so erfasse ich das konkrete Wesen des Dreiecks nicht als eine Gesamtheit objektiver »Charaktere«, sondern als Formel einer bestimmten Haltung, als Modalität meines Anhalts an der Welt, als eine Struktur. Die Konstruktion vollziehend, engagiere ich diese in eine andere Struktur, die Struktur »Sekante und Parallelen«. Wie ist das möglich? Dadurch, daß meine Wahrnehmung des Dreiecks schon von Anfang an keine gleichsam erstarrte und tote ist; die Zeichnung des Dreiecks auf dem Papier ist bloß eine Hülle, das wahrgenommene Dreieck selbst aber von Kraftlinien durchzogen, die nach allen Seiten nicht ausgezogene mögliche Richtungen aufkeimen lassen. Als impliziert in meinen Anhalt an der Welt überhaupt ist das Dreieck erfüllt von endlosen Möglichkeiten, deren eine die vollzogene Konstruktion nunmehr verwirklicht. Ihre beweisende Kraft schöpft diese daher, daß ich sie entspringen lasse aus der Bewegungsformel des Dreiecks. Sie ist Ausdruck meines Vermögens, die sinnlichen Wahrzeichen dieses meines bestimmten Anhaltes an den Dingen zur Erscheinung zu bringen, welcher selbst die Wahrnehmung einer Struktur: Dreieck ist. Sie ist ein Akt der produktiven Einbildungskraft, nicht Rückgang auf die ewige Idee des Dreiecks. Wie sogar auch nach Kant die Lokalisierung der Gegenstände im Raum keine bloß geistige Leistung ist, sondern von der Bewegung des Leibes Gebrauch macht[3], welche alle Empfindungen jeweils an den Punkt ihrer Bahn verlegt, an dem sich der Leib bei ihrem Auftreten findet, so kennt auch der Geometer, der ja die objektiven Gesetze der Lokalisierung studiert, die Beziehungen, die ihn angehen, nur dadurch, daß er sie wenigstens virtuell mit seinem Körper beschreibt. Das Subjekt der Geometrie ist ein Bewegungssubjekt.

Das besagt zunächst, daß unser Leib kein Gegenstand ist, noch seine Bewegung bloße Ortsveränderung im objektiven Raum; andernfalls wäre das Problem nur verschoben und die Bewegung des eigenen Leibes trüge nichts zur Aufklärung des Problems der Lokalisierung der Dinge bei, weil er selber nur eines von diesen wäre. Es muß, wie auch Kant schon lehrte, so etwas wie eine »raumerzeugende Bewegung«[4] geben, nämlich unsere intentionale Bewegung, unterschieden von aller »Bewegung im Raum«, nämlich der der Dinge und unseres passiven Leibes. Doch mehr noch: Wenn die Bewegung es ist, die den Raum erzeugt, dann kann die Motorik des Leibes nicht lediglich »Instrument«[5] des konstituierenden Bewußtseins sein. Gibt es so etwas wie dieses konstituierende Bewußtsein, dann ist die Leibesbewegung bloß Bewegung, sofern jenes sie als Bewegung denkt[6]; das konstruktive Vermögen fände in ihr nur wieder, was es selber in sie hineingelegt hat, und der Leib wäre ihm somit nicht einmal Instrument: nur ein Gegenstand unter anderen mehr. Für eine Philosophie des konstituierenden Bewußtseins gibt es keine Psychologie,

3 Lachièze-Rey, Pierre: »Utilisation possible du schématisme kantien pour une théorie de la perception.« In: *Etudes philos.* 11 (1937), 7, S. 30–34; Lachièze-Rey, Pierre: »Réflexions sur l'activité spirituelle constituante.« In: *Recherches philosophiques* 3 (1933/34), S. 125–147

4 Lachièze-Rey: »Réflexions«, S. 132.

5 Lachièze-Rey: »Utilisation possible«, S. 7 [sic].

6 »Innerlich in sich selbst muß es die Immanenz einer räumlichen Bahn bergen, die einzig sie als Bewegung zu denken ermöglicht.« Lachièze-Rey: a. a. O., S. 6. [sic].

oder wenigstens hat eine solche nichts mehr von Bedeutung zu sagen, sondern nur mehr die Resultate der reflexiven Analyse anzuwenden auf jeden besonderen Inhalt, sie dabei überdies noch verfälschend, da ihrer transzendentalen Bedeutung entblößend. Nur wenn sie selber eine ursprüngliche Intentionalität, eine von aller Erkenntnis wohlunterschiedene Weise des Bezuges zum Gegenstand ist, kann überhaupt die Bewegung des Leibes bei der Wahrnehmung der Welt eine Rolle spielen. Die Welt muß uns umgeben nicht nur als ein System von Gegenständen, deren Synthese wir bilden, sondern als ein offenes Ganzes von Dingen, auf die hin wir uns entwerfen. Die »raumerzeugende Bewegung« entfaltet nicht die Bahn irgendeines metaphysischen Punktes ohne Ort in der Welt, sondern die Bahn von einem bestimmten Hier zu einem bestimmten Dort, welches Hier und Dort übrigens prinzipiell auswechselbar bleiben. Der Bewegungsentwurf ist ein Akt, und das besagt, daß er raum-zeitliche Abstände vorzeichnet, indem er sie selbst durchschreitet. Insofern das Denken des Geometers sich notwendig auf diesen Akt stützt, koinzidiert es also niemals mit sich selbst: es ist vielmehr die Transzendenz selber. Ich kann vermittels einer Konstruktion Eigenschaften des Dreiecks zur Erscheinung bringen, und die so verwandelte Figur bleibt gleichwohl dieselbe, von der ich ausging, ich kann eine Synthese vollziehen, deren Charakter ein notwendiger bleibt – nicht weil meine Konstruktion letztlich getragen wäre von einem alle seine Eigenschaften in sich schließenden Begriff des Dreiecks und ich, das Wahrnehmungsbewußtsein hinter mir lassend, mich zum Eidos erhöbe, sondern weil ich die Synthese der neuentdeckten Eigenschaft leiste durch das Mittel des Leibes, der mich mit einem Schlage in den Raum versetzt und dessen autonome Bewegung mir durch eine Reihe wohlbestimmter Schritte den Zugang zu dieser umfassenden Sicht des Raumes eröffnet. So wenig überschreitet das geometrische Denken das perzeptive Bewußtsein, daß ich vielmehr noch den Begriff des Wesens der Wahrnehmungswelt entleihe. Ich glaube, daß ein Dreieck eine zwei Rechten gleiche Winkelsumme und alle anderen, weniger sichtbaren Eigenschaften, die ihm die Geometrie zuschreibt, immer schon hatte und immer behalten wird, weil ich im Besitz der Erfahrung eines wirklichen Dreiecks bin und dieses, als physisches Ding, notwendigerweise in sich *hat*, was immer es je zu bekunden vermochte oder noch wird bekunden können. Hätte nicht das wahrgenommene Ding für immer in uns das Ideal eines Seins gestiftet, das ist, was es ist, so gäbe es gar nicht das Phänomen des Seins und mathematisches Denken erschiene uns nur als unsere Schöpfung. Was man das Wesen des Dreiecks nennt, ist gar nichts anderes als jene Präsumtion vollendeter Synthese, in der wir die Definition des Dinges erblickten.

Quelle

Merleau-Ponty, Maurice: *Phänomenologie der Wahrnehmung*. Übers. und eingef. durch Rudolf Boehm. Berlin (De Gruyter) 1966 [frz. Originalausgabe 1945], S. 437–442.

Mark Johnson

A Definition of an Image Schema (1987)

We are now in a position to give a general definition of »embodied« or »image« schemata. On the one hand, they are not Objectivist propositions that specify abstract relations between symbols and objective reality. There might be conditions of satisfaction for schemata of a special sort (for which we would need a new account), but not in the sense required for traditional treatments of propositions. On the other hand, they do not have the specificity of rich images or mental pictures. They operate at one level of generality and abstraction above concrete, rich images. A schema consists of a small number of parts and relations, by virtue of which it can structure indefinitely many perceptions, images, and events. In sum, image schemata operate at a level of mental organization that falls between abstract propositional structures, on the one side, and particular concrete images, on the other.

The view I am proposing is this: in order for us to have meaningful, connected experiences that we can comprehend and reason about, there must be pattern and order to our actions, perceptions, and conceptions. *A schema is a recurrent pattern, shape, and regularity in, or of, these ongoing ordering activities.* These patterns emerge as meaningful structures for us chiefly at the level of our bodily movements through space, our manipulation of objects, and our perceptual interactions.

It is important to recognize the dynamic character of image schemata. I conceive of them as *structures for organizing* our experience and comprehension. Kant went so far as to claim (in some passages, at least) that schemata are actually preconceptual structuring *processes* whose structures can »fit« general concepts and can generate particular images, thereby giving our experience meaningful order and organization that we can understand. He also saw schemata as structures of imagination. For the present I have avoided any mention of »imagination,« because it tends to suggest, for us, notions of artistic creativity, fantasy, and fiction; whereas, for Kant, imagination is the very means by which we have *any* comprehensible structure in our experience. [...]

In contrast with Kants's view, I have stopped short of his stronger thesis that schemata are procedures for generating images that can fit concepts. Instead, I am identifying the schema as a *continuous structure of an organizing activity*. Yet, even though schemata are definite structures, they are dynamic patterns rather than fixed and static images, as their visual diagrams represent them. They are dynamic in two important respects. (1) Schemata are structures *of an activity* by which we organize our experience in ways that we can comprehend. They are a primary means by which we *construct or constitute* order and are not mere passive receptacles into which experience is poured. (2) Unlike templates, schemata are flexible in that they can take on any number of specific instantiations in varying contexts. It is somewhat misleading to say that an image schema gets »filled in« by concrete perceptual details; rather, it must be relatively malleable, so that it can be modified to fit many similar, but different, situations that manifest a recurring underlying structure.

This dynamic character of image schemata has important implications for our view of meaning and rationality. Insofar as meanings involve schematic structures, they are relatively fluid patterns that get altered in various contexts. They are not eternally fixed objects, as Objectivism suggests, but they gain a certain relative stability by becoming conventionally located in our network of meaning. So there is a large part of our meaning structure that can be treated as »fixed« most of the time. Such conventionalized meanings are called »literal.« It is necessary, however, to remember that even these literal meanings are never wholly context-free – they depend upon a large background of shared schemata, capacities, practices, and knowledge.[1]

We need to correct the popular, but misguided, view that understanding involves only the imposition of static concepts, propositions, schemata, templates, plans, or networks upon some perceptual input. Rather, in addition to propositional comprehension, understanding is an evolving process or activity in which image schemata (as organizing structures) partially order and form our experience and are modified by their embodiment in concrete experiences. This perhaps can be seen more clearly if we focus on an example of *in-out* orientation in more detail to show that it consists of active organization of representations into meaningful, coherent unities.

Quelle

Johnson, Mark: *The Body in the Mind. The Bodily Basis of Meaning, Imagination, and Reason.* Chicago (Chicago Univ. Press) 1987, S. 28–30.

1 As I mentioned earlier, John Searle *(Intentionality* [Cambridge: Cambridge University Press, 1983]) has devoted considerable attention to showing how every meaningful utterance presupposes a vast network of propositions and a massive background of nonpropositional, preintentional capacities, attitudes, and orientations. In Chapter 7 below I discuss the merits of Searle's view and disagreements with him about the nature of meaning.

George Lakoff

Kinesthetic Image Schemas (1987)

One of Mark Johnson's basic insights is that experience is structured in a significant way prior to, and independent of, any concepts. Existing concepts may impose further structuring on what we experience, but basic experiential structures are present regardless of any such imposition of concepts. This may sound mysterious, but it is actually very simple and obvious, so much so that it is not usually considered worthy of notice.

The Body in the Mind: The Bodily Basis of Meaning, Imagination, and Reason (Johnson, 1987) makes an overwhelming case for the embodiment of certain kinesthetic image schemas. Take, for example, a container schema – a schema consisting of a *boundary* distinguishing an *interior* from an *exterior*. The container schema defines the most basic distinction between in and out. We understand our own bodies as containers – perhaps the most basic things we do are ingest and excrete, take air into our lungs and breathe it out. But our understanding of our own bodies as containers seems small compared with all the daily experiences we understand in container terms:

»Consider just a small fraction of the orientational feats you perform constantly in your daily activities – consider, for example, only a few of the many *in-out* orientations that might occur in the first few minutes of an ordinary day. You wake *out* of a deep sleep and peer *out* from beneath the covers *into* your room. You gradually emerge *out* of your stupor, pull yourself *out* from under the covers, climb *into* your robe, stretch *out* your limbs, and walk *in* a daze *out* of your bedroom and *into* the bathroom. You look *in* the mirror and see your face staring *out* at you. You reach *into* the medicine cabinet, take *out* the toothpaste, squeeze *out* some toothpaste, put the toothbrush *into* your mouth, brush your teeth, and rinse *out* your mouth. At breakfast you perform a host of further *in-out* moves – pouring *out* the coffee, setting *out* the dishes, putting the toast *in* the toaster, spreading *out* the jam on the toast, and on and on.«[1]

Johnson is not merely playing on the words *in* and *out*. There is a reason that those words are natural and appropriate, namely, the fact that we conceptualize an enormous number of activities in container terms. Lindner (1981) describes in detail what is involved in this

1 Vgl. Johnson, Mark: *The Body in the Mind. The Bodily Basis of Meaning, Imagination, and Reason*. Chicago (Chicago Univ. Press) 1987, S. 30–31.

for 600 verbs containing the particle *out*, not just physical uses like *stretch out* and *spread out*, but in metaphorical uses like *figure out*, *work out*, etc.[2] As Lindner observes, there are a great many metaphors based on the container schema and they extend our body-based understanding of things in terms of container schemas to a large range of abstract concepts. For example, emerging *out* of a stupor is a metaphorical, not a literal emergence from a container.

Let us consider some of the properties of this schema.

The CONTAINER Schema

Bodily experience: As Johnson points out, we experience our bodies both as containers and as things in containers. (e.g., rooms) constantly.

Structural elements: INTERIOR, BOUNDARY, EXTERIOR.

Basic logic: Like most image schemas, its internal structure is arranged so as to yield a basic »logic.« Everything is either inside a container or out of it – *P* or not *P*. If container *A* is in container *B* and *X* is in *A*, then *X* is in *B* – which is the basis for modus ponens: If all *A*'s are *B*'s and *X* is an *A*, then *X* is a *B*. As we shall see in case study 2, the container schema is the basis of the Boolean logic of classes.

Sample metaphors: The visual field is understood as a container, e.g., things *come into* and *go out of sight*. Personal relationships are also understood in terms of containers: one can be *trapped in a marriage* and *get out of it*.

The »basic logic« of image schemas is due to their configurations as gestalts – as structured wholes which are more than mere collections of parts. Their basic logic is a consequence of their configurations. This way of understanding image schemas is irreducibly cognitive. It is rather different from the way of understanding logical structure that those of us raised with formal logic have grown to know and love. In formal logic there are no such gestalt configurations. What I have called the »basic logic« of a schema would be represented in formal logic by meaning postulates. This might be done as follows: Let CONTAINER and IN be uninterpreted predicate symbols, and let *A*, *B*, and *X* be variables over argument places. The logic of the predicates CONTAINER and IN would be characterized by meaning postulates such as:

2 Vgl. Lindner, Susan: *A Lexico-Semantic Analysis of Verb-Particle Constructions with* Up *and* Out. San Diego (Ph.D. diss. Univ. of California) 1981.

For all *A*, *X*, either in (*X*,*A*) or not in (*X*,*A*).

For all *A*, *B*, *X*, if container (*A*) and container (*B*) and in (*A*,*B*) and in (*X*,*A*), then in (*X*,*B*).

Such meaning postulates would be strings of meaningless symbols, but would be »given meaning« by the set-theoretical models they could be satisfied in.

On our account, the CONTAINER schema is inherently meaningful to people by virtue of their bodily experience. The schema has a meaningful configuration, from which the basic logic follows. In fact, on our account, the very concept of a set, as used in set-theoretical models, is understood in terms of CONTAINER schemas [...]. Thus, schemas are not understood in terms of meaning postulates and their interpretations. Rather, meaning postulates themselves only make sense given schemas that are inherently meaningful because they structure our direct experience. The logician's meaning postulates are nonetheless useful – if they are construed as precise statements of certain aspects of the logic inherent in schema configurations.

Quelle

Lakoff, George: *Woman, Fire and Dangerous Things*. Chicago (Univ. of Chicago Press) 1987, S. 271–273.

Tafelteil

Elemente einer Geschichte der Diagrammatik in 32 Tafeln

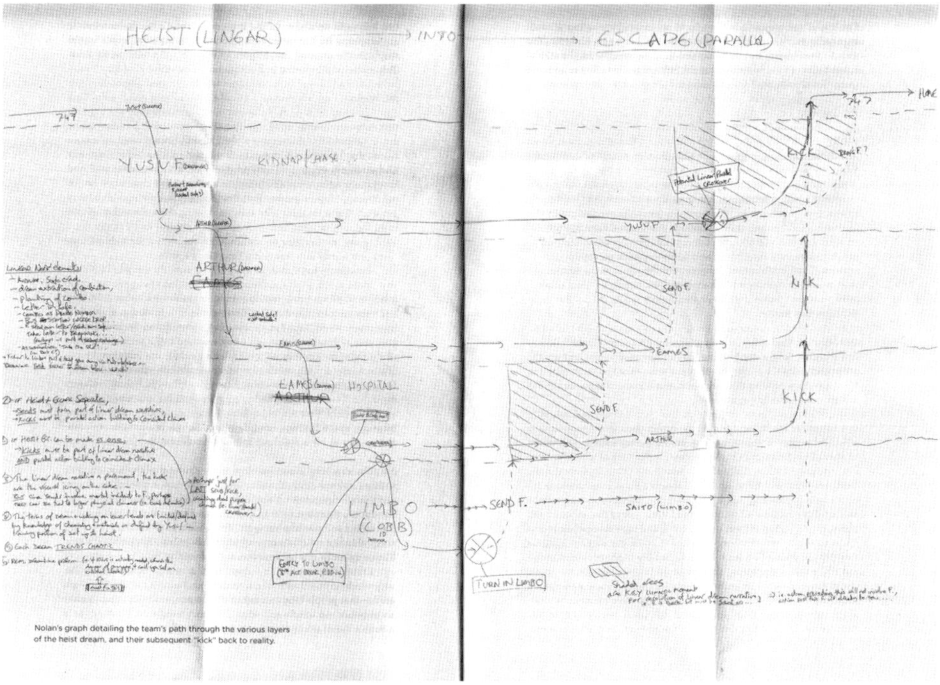

Tafel 1 Die diagrammatische Skizze steht stellvertretend für die enge und lange zurückreichende Beziehung zwischen diagrammatischen Formen, Storyboards und audiovisuellen Bewegtbildmedien wie Film und Fernsehen. Für seinen Blockbuster *Inception* (USA, 2010) entwarf der US-amerikanische Regisseur Christopher Nolan das obenstehende Diagramm, in dem er die Struktur des Films entwickelte. *Inception* erzählt das Eindringen einer Gruppe von Angreifern in den Traum eines schlafenden Opfers. Dargestellt wird sowohl der Aufbau der erzählten, ineinander verschachtelten Wirklichkeiten als auch der Handlungsverlauf in der linearen Abfolge des Plots. Durch ›Traum-im-Traum‹-Konstellationen wird der Aufbau des Handlungsortes auf verschiedene Ebenen, die untereinander in Wechselwirkungen stehen, nochmals unterteilt, was das Narrativ von *Inception* äußerst komplex macht. Auch Nolans handschriftliche Anmerkungen in der Skizze sind aufschlussreich. Neben einer Vorstellung über das dramaturgische Konzept finden sich Bemerkungen zur Plotentwicklung sowie Hinweise zur Legende. Die diagrammatische Skizze scheint im Prozess der Plotentwicklung eng mit den schriftlich niedergelegten Gedanken interagiert zu haben. Erst durch die Interaktion von Schrift und diagrammatischer Zeichnung, so ist zu vermuten, nahm die Story eine Gestalt an, die anderen an der Produktion beteiligten Akteuren eine Vorstellung der labyrinthischen Filmstruktur vermitteln konnte.

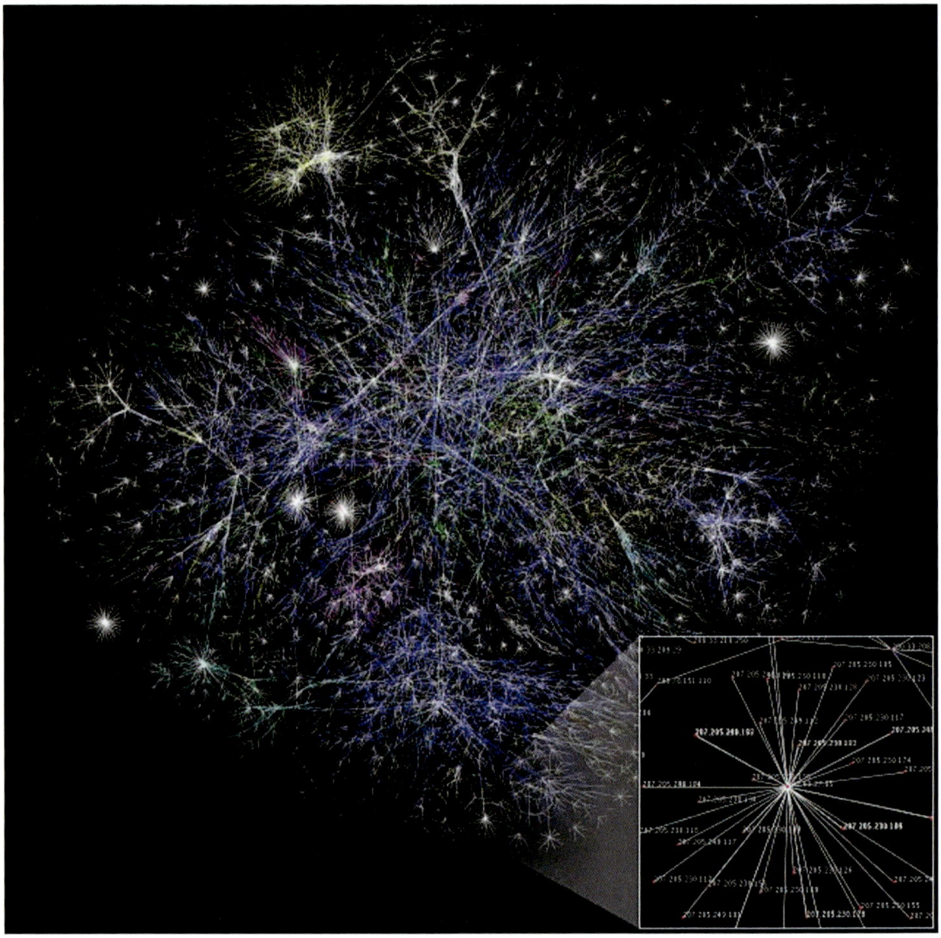

Tafel 2 In der weit verbreiteten Visualisierung verschiedener Routen des Internets von Barrett Lyon schwebt ein dreidimensionales Gespinst aus bunten Linien im leeren Raum. Lyon war Initiator des Opte Project, das er 2003 mit dem Ziel, das Internet mit graphischen Methoden möglichst ›akkurat‹ zu kartieren, gründete. Das Visualisierungsprogramm entwickelte Lyon auf der Basis eines öffentlich zugänglichen Open-Source-Codes. Die Karte zeigt nicht ›das Internet‹ (das in seiner Gesamtheit für die beschränkte Anzahl der Pixel einer Graphik auch zu komplex ist), sondern lediglich einen Teil und eine momentane geometrisch-räumliche Ansicht der vernetzten Wege (Routen), entlang derer die Datenströme (Pakete) im Internet »fließen«. Da seine Visualisierung den Eintrag zum Stichwort »Internet« der Enzyklopädie Wikipedia illustriert und sogar das Museum of Modern Art in New York das Bild in seine Sammlung aufgenommen hat, muss davon ausgegangen werden, dass das Bild viele der Vorstellungen, die vom unsichtbaren Internet bestehen, erfolgreich bündelt. Die Struktur, die sich zeigt, ist netzförmig; sie besitzt jedoch auch einen pflanzlichen und gleichzeitig kristallinen Charakter, der an die Symmetrie einer Pusteblume erinnert und ihre eigentümliche Schönheit – jenseits der technisch-materiellen Grundlagen von Serverparks, Routern und Leitungskabeln – ausmacht. (Lit.: Gießmann, 2014)

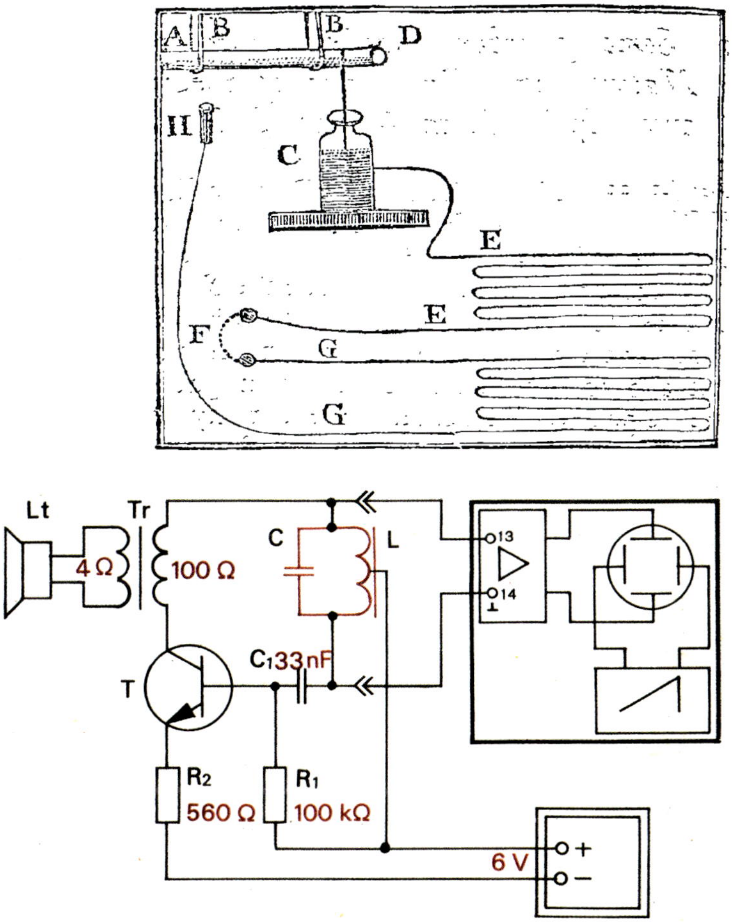

Tafel 3 a + b Bei Schaltplänen tritt das Operativ-Werden von Diagrammen besonders plastisch hervor, wobei Schaltkreise eine Sonderform der Konstruktionszeichnungen von Maschinen sind. Von einer funktionalen, oft räumlichen Darstellung, wie die hier gezeigte Graphik von William Watson aus dem Jahr 1748 (Tafel 3a), die eine Schaltung zur Erforschung der Geschwindigkeit des elektrischen Stromes darstellt, entwickelte sich die Darstellung zu einem flachen Gerüst aus normierten Zeichen und Linien, die wie einzelne Bauteile auf dem Papier zu funktionierenden Plänen kombiniert werden können. Als Vorläufer dieser Schaltpläne können neben frühen elektrotechnischen Graphiken auch die Zeichen für Maschinenelemente angeführt werden, wie die von Jean-Pierre Nicolas Hachette (1811) oder Franz Reuleaux (1875), die Kupplungen, Zahnräder, Federn und Nocken mit festgelegten Piktogrammen für die Planung belegen sollten. Mit der Etablierung der Elektrotechnik am Ende des 19. Jahrhunderts wurden Zeichen für die Konstruktion von Schaltungen auf dem Papier gesucht, die schließlich in Form von Schaltzeichen als DIN-Normen international geregelt wurden. Tafel 3b zeigt einen Schaltplan für einen Tongenerator nach der heute gültigen Norm. Die Struktur des Diagramms wird im Nachbau mit Kabel und Widerständen auf der Platine selbst unter Strom gesetzt und entfaltet so ihre Wirksamkeit entlang der Linien und Symbole – in diesem Fall durch die Produktion von Tönen in einem Lautsprecher.

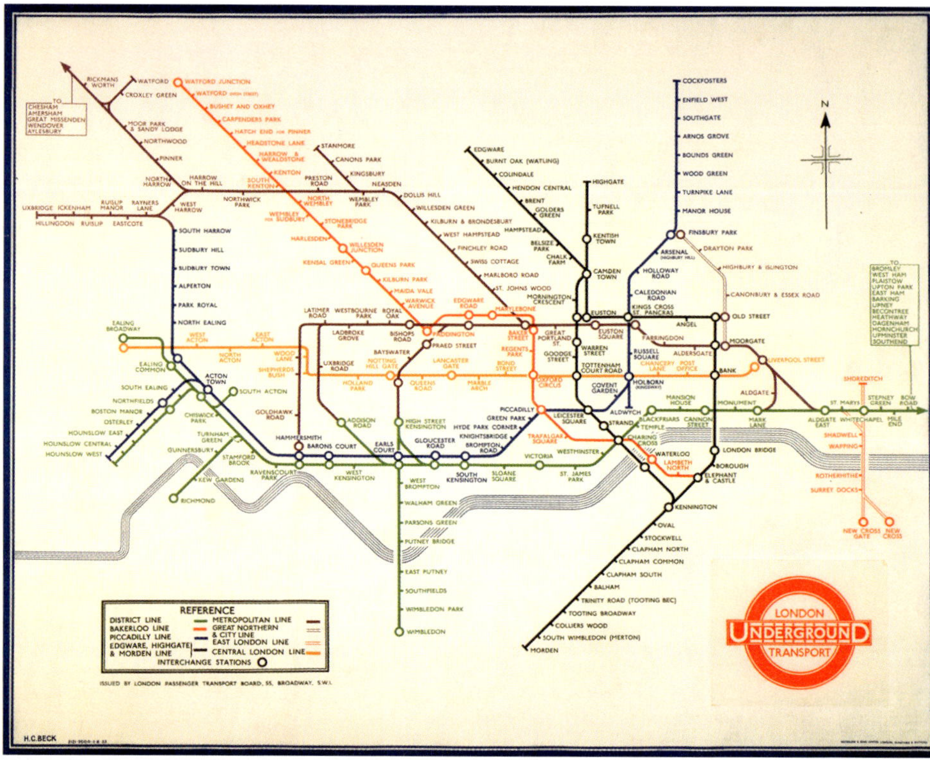

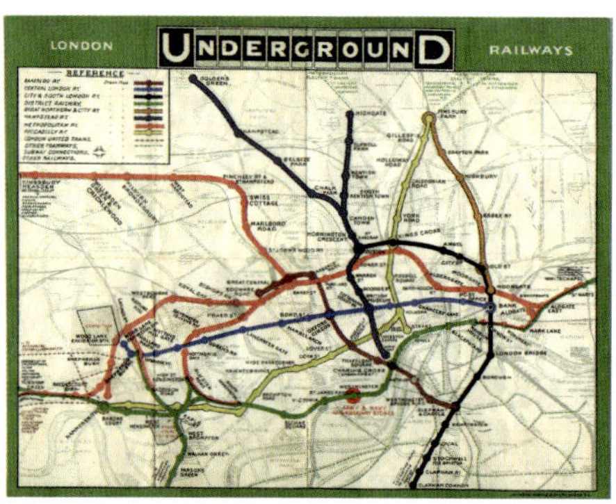

Tafel 4 a + b Der Londoner U-Bahn-Plan des Elektroingenieurs Harry Beck aus dem Jahr 1933 gilt einerseits als Vorbild einer äußerst eleganten Netzkarte. An ihm lässt sich andererseits der Unterschied von einer topologischen Karte im Gegensatz zur topographischen Karte diskutieren (Weigel, 2002; Gießmann, 2014). Anders als eine topographische Karte zeigt der Plan nicht den abstandsrichtigen und winkeltreuen Verlauf von Themse, Gleisverläufen und Stationen. Stattdessen hat Beck Londons Geographie auf dem Papier in einer Weise ›aufgeräumt‹, dass die Knotenpunkte und Verbindungslinien der Linien sogleich ins Auge fallen. Dies ist im Vergleich zum Londoner U-Bahn Plan von 1912 (Tafel 4b) gut erkennbar. In der neuen Version folgt der Verlauf der U-Bahnlinien der strengen Geometrie geradliniger Strecken, die nur drei Winkel kennen: 45, 90 und 180 Grad. Beck hatte sich keine geographische Karten zum Vorbild genommen, sondern die Logik von Schaltplänen auf das U-Bahnnetz übertragen. Aufgrund des Erfolgs seiner Karte wurde das klare Design auf viele andere U-Bahnnetze weltweit übertragen.

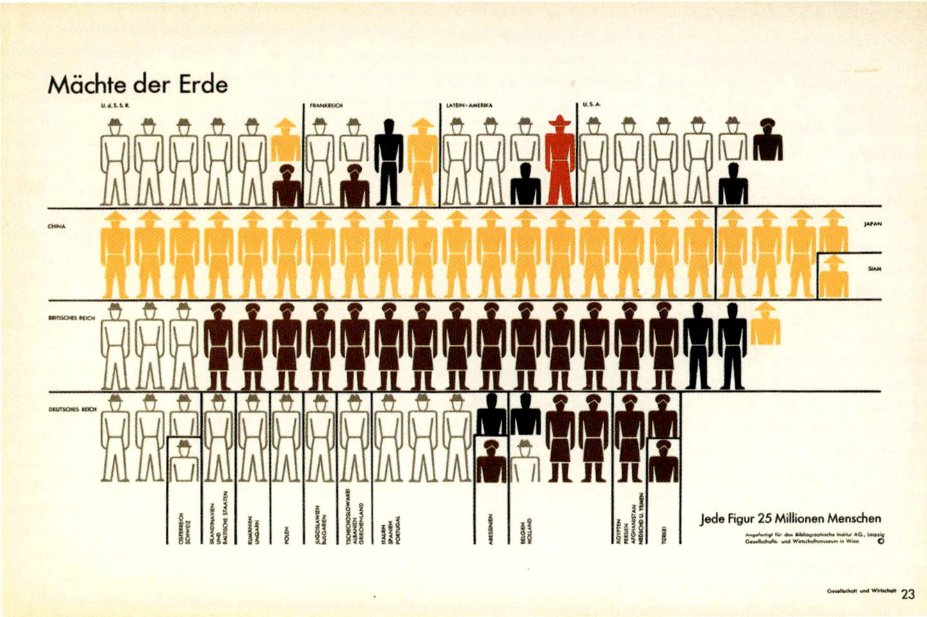

Tafel 5 »I think that the day of ›eye-consciousness‹ is rapidly approaching. Communication of knowledge through pictures will play an increasingly large part in the future«, so der Begründer neuer statistischer Bildformen Otto Neurath in seiner »visuellen Biographie« (Neurath, 2010, 5). Neuraths Werk steht im Zusammenhang der Versuche, Daten nicht nur abstrakt auf der Basis geometrischer Formen wie Kurven und Balken zu visualisieren, sondern mit Hilfe von allgemein verständlichen Piktogrammen wie Mehlsäcken, Särgen, Kanonen oder menschlichen Figuren ›realistisch‹ vorstellbar zu machen. Der figurative Stil der Statistik war ein Trend, der seit der zweiten Hälfte des 19. Jahrhunderts den Bereich populärwissenschaftlicher Infografik generell erfasste – Neurath jedoch versuchte diesen zu systematisieren und in eine strengere und klarere Gestaltung zu übertragen. Seit den 1920er Jahren suchte er nach visuellen Methoden, um gesellschaftliches Wissen für Ungebildete, allen voran die Arbeiterschaft, im Sinne der Selbstaufklärung zu demokratisieren (Nikolow, 2006). Viele Graphiken gestaltete er mit seinem Team für Ausstellungskontexte. In der Graphik *Mächte der Erde* sind die Bevölkerungszahlen zahlreicher Staaten dargestellt, wobei eine menschliche Figur für 25 Millionen Menschen steht. Die Graphik verkreuzt statistische Tabelle und Balkendiagramm; sie liefert nicht nur Informationen über die Einwohner eines jeden Staates (die auch mit dem Torso eines halbierten Menschen dargestellt werden), sondern klassifiziert sie auch in fünf ethnische Gruppen, die jeweils mit ihren typisierten Attributen aus dem Blickwinkel Europas symbolisiert werden. Piktogramme wurden später wieder aus der Infografik verdrängt, vielleicht weil sie mehr Muster sind als Inhalt und weil sie Gefahr laufen, ins Klischeehafte zu tendieren. Seit einigen Jahren finden derartige Bildformen jedoch wieder Verbreitung, wenn es um die vereinfachte Vermittlung komplexer Zusammenhänge oder Daten geht. (➤ Operationalität und Optimieren)

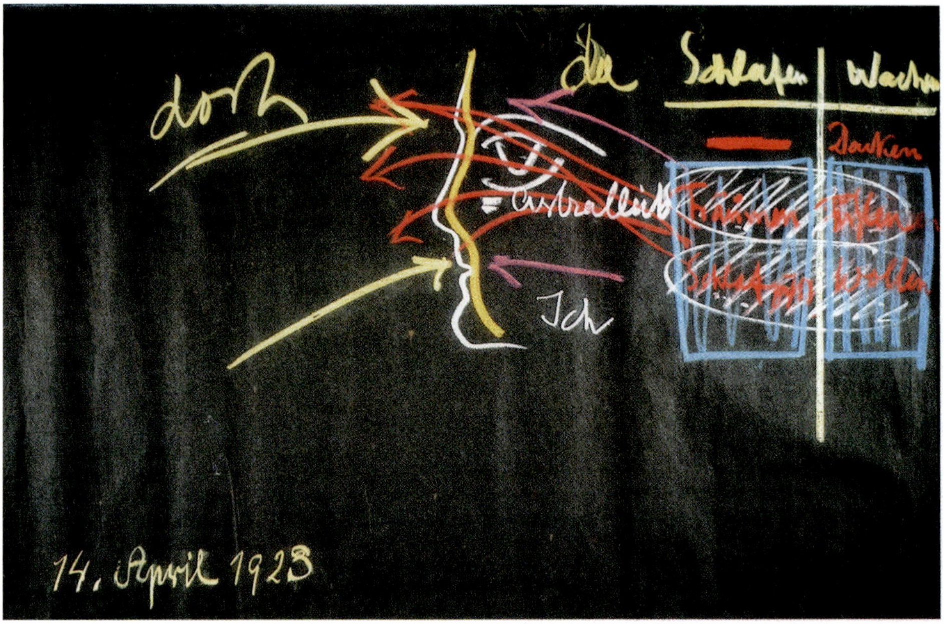

Tafel 6 Tafelzeichnung aus dem Jahr 1923, auf der der Begründer der Anthroposophie Rudolf Steiner versuchte, die Zustände des Wachens und des Schlafens zu veranschaulichen. Die Skizze kombiniert Buchstaben, Piktogramme und Farben mit Linienformen wie Wellen, Geraden, Pfeilen und Kreisformen. Auffällig ist insbesondere die Vielzahl von Farben, mit der Steiner seine Tafeln beschrieb und die von der Praxis in Schulen abweicht, bei der weiße Kreide vorherrschend war. Steiner betrachtete seine Zeichnungen als eine Gestensprache, die die wörtliche Rede begleiten sollte. (➛ Erkenntnis und verkörpertes Denken) Während eines Vortrags verdichtete er seine Tafelzeichnungen immer mehr. Die Zuschauerschaft wurde so Zeuge, wie Gesprochenes in Graphisch-Imaginatives überführt wurde. Das Gestenhafte von Steiners Skizzen tritt in der Zeichnung deutlich zu Tage. Rasch hingeworfen, erscheint sie als eine direkte und synchrone Notation von Gestik, Sprechen und Denken. Auf diese Weise beeindrucken die Tafeln auch heute noch in ihrer Ästhetik sowie als Spur einer geistigen, unmittelbaren Präsenz und Dynamik des Denkens. Über tausend von Steiners Tafelbildern sind erhalten, da die Tafel vor dem Vortrag mit schwarzem Papier verkleidet wurde, um die Bilder später archivieren zu können. Diese Initiative geht nicht auf Steiner selbst, sondern auf eine seiner Zuhörerinnen zurück.

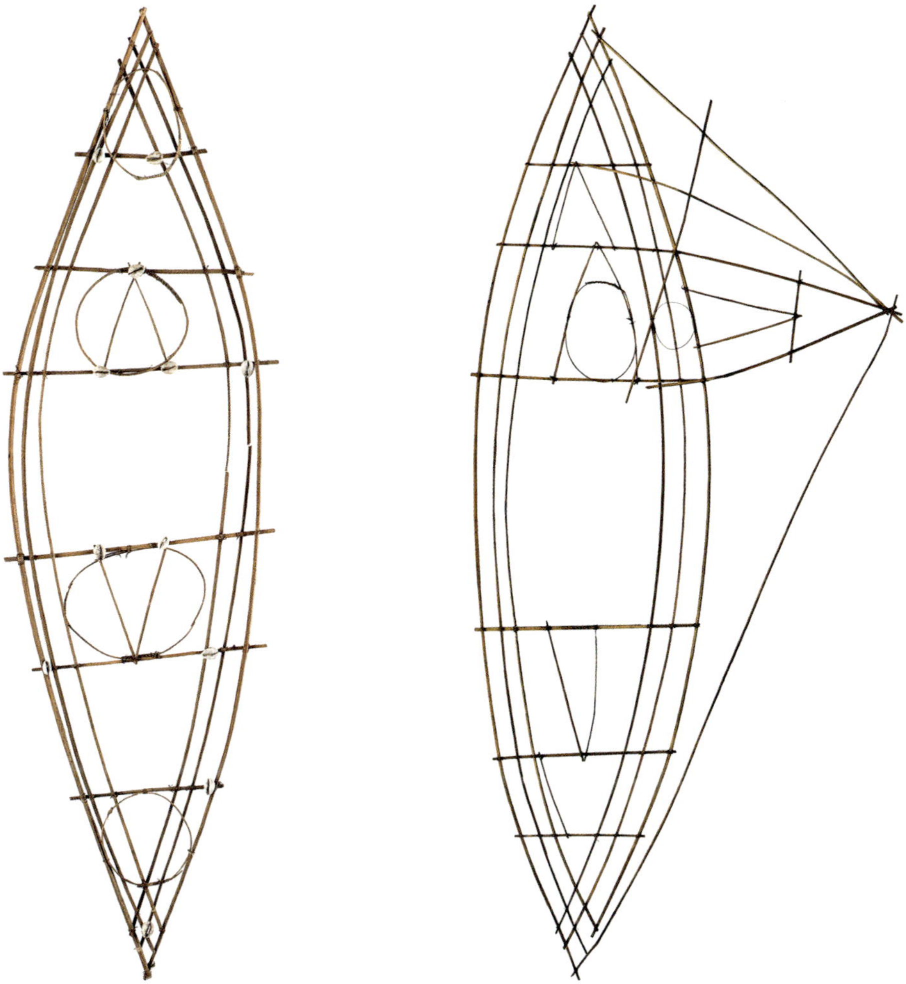

Tafel 7 Zwei Stabkarten (»rebbelib«) zur Darstellung von Strömungsmustern auf den Marshallinseln in Polynesien aus der Zeit um 1900. Stabkarten dienten als Navigationsinstrumente, um Schiffahrten planen zu können. Gefertigt sind sie aus Kokosblattrippen, an den Verbindungspunkten sind kleine Meeresschnecken befestigt, die Inseln markieren. Mit einer Höhe von ca. 120 cm sind sie recht groß. Die linke Stabkarte stellt Inselpositionen, Strömungen und andere Details für einen großen Teil einer Inselkette im Westen der Marshallinseln (die Ralik-Kette mit dem Ebon-Atoll) am unteren und dem Bikini-Atoll am oberen Ende dar. Die rechte Karte zeigt einen vergleichbaren Ausschnitt, aber Details im Bereich der Inseln Namu und Kwajelein (oberer Mittelkreis) und Ailinglaplap (unterer Mittelkreis). Stabkarten lassen sich nicht mit geographischen Karten vergleichen. Vielmehr zeigen sie die Intensitäten und Richtungen von Strömungen in bestimmten Gebieten und für bestimmte Konstellationen. Sie dienten zur Vorbereitung einer Reise und zur Ausbildung von Navigatoren, blieben also während der Schifffahrt an Land. Wie die Karten der Geographie kann die Stabkarten nur begreifen, wer darin unterwiesen wurde. Von besonderem Interesse ist die Materialität der Karten im Unterschied zur westlichen Tradition von Farbe auf Papier. Stabkarten können wie ein Modell mit den Händen begriffen und aus verschiedenen Blickwinkeln betrachtet werden. (Lit.: Heermann, 2009)

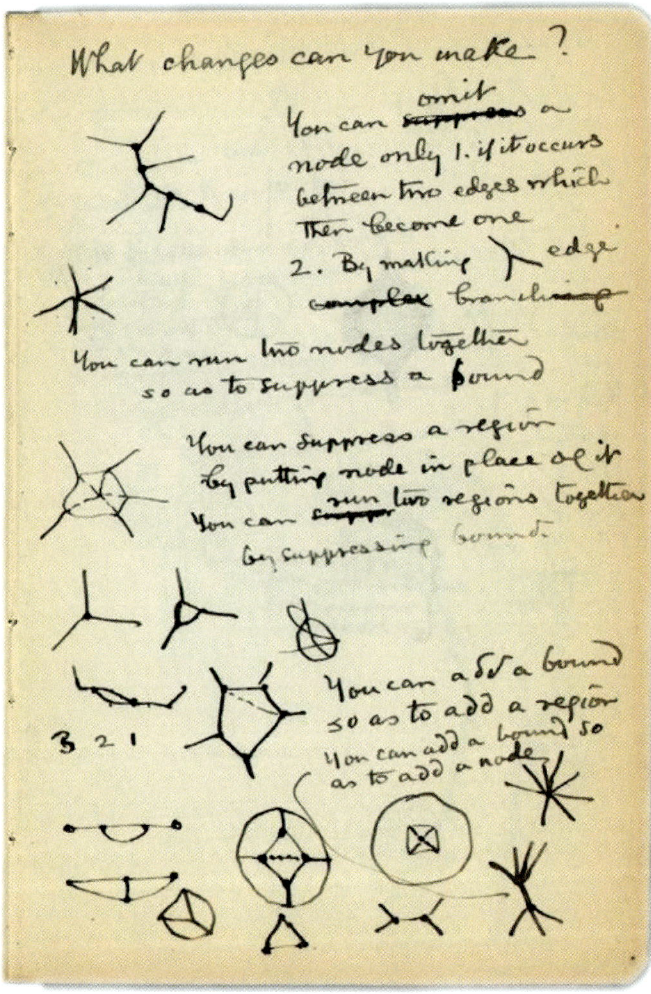

Tafel 8 Skizzenblatt von Charles S. Peirce aus seinem Notizbuch von 1895. Die hier abgebildete Seite stammt aus einer Zeichnungsfolge, in der Peirce unter der Überschrift »Studies of Real Curves« Kurven, Knoten und Tangenten zeichnerisch exploriert. Auf dem Blatt hat er Netzknoten im Vergleich gezeichnet und ihre Bedeutung schulbuchartig kommentiert. Der Nachlass von Peirce beinhaltet eine Vielzahl von Skizzen. Die Blätter, die nicht für eine Veröffentlichung vorgesehen waren, erlauben Rückschlüsse auf die Ideenfindung, Theoriebildung und visuelle Arbeitsweise von Peirce. Peirce, der die Erkenntniskraft von Linien zu ergründen suchte, kann hier selbst beim Denken in Linien beobachtet werden, die für ihn als heuristisches Mittel fungierten, um einen Gedanken auf den Weg zu bringen. Nachdem dieser graphisch ausgeformt worden war, wurden die Skizzen jedoch beiseite gelegt. Aufgrund der besonders dichten Verbindung von diagrammatischer Theorie und Praxis, die sich im Nachlass von Peirce abzeichnet, wurde die These entwickelt, dass Peirce den Pragmatismus zeichnend entwickelt haben könnte, dass also ein voraussetzungsreicher Zusammenhang zwischen zeichnendem Denken und philosophischer Reflexion besteht (Meyer-Krahmer/Halawa, 2012). (➛ Zeichen und Zeichenhaftigkeit)

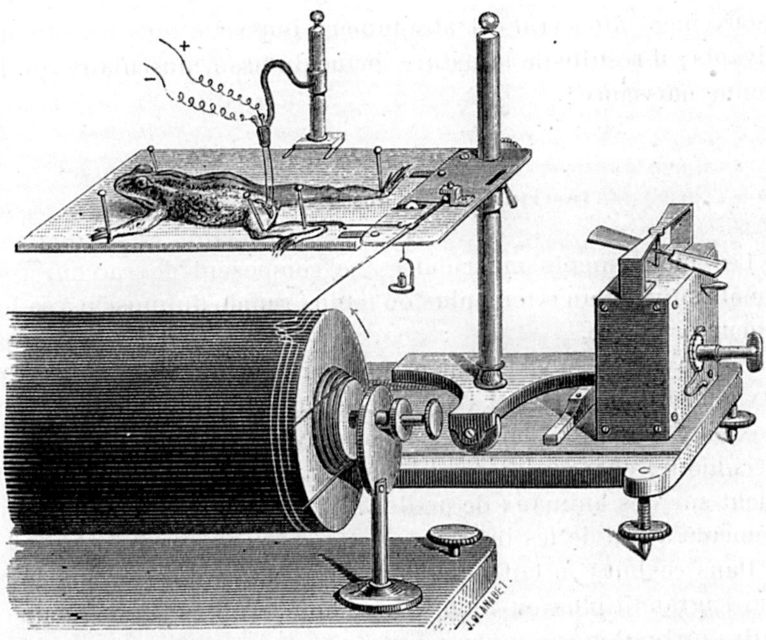

Fig. 97. Myographe simple.

Tafel 9 Gekreuzigt von vier Nadeln liegt ein Frosch auf einer Platte. Die Elektroden einer Stromleitung führen in einen Schnitt im linken Teil seines Rumpfes; so ist eine Verbindung zu den Nervenbahnen des Frosches hergestellt, die dann den Gang eines feinen Hebels mit Nadelspitze beeinflussen, der auf einem mit Ruß geschwärzten, rotierenden Zylinder fortlaufende Kurvenlinien hinterlässt – die Kurve einer sich selbst notierenden »Schrift«. Den ›einfachen Myograph‹ (griech. Muskelschreiber) entwickelte der Physiologe Étienne-Jules Marey nach einem Prototyp von Hermann von Helmholtz, der das Gerät zur Erforschung der Fortpflanzungsgeschwindigkeit des Nervenreizes benutzte. Der Myograph notiert die Kontraktionen von Muskeln, wobei der Laborarbeiter den Frosch zuvor tötete und sein Gehirn sowie sein Rückenmark entfernte, um jegliche »Willenskraft« auszuschalten. Die Monstrosität der Laborpraxis mit Tieren spielt in Mareys Text keine Rolle; sie steht für die Entwicklung einer Forschungspraxis im 19. Jahrhundert, die auf Exaktheit und Objektivität zielt. Der Frosch war lediglich ein Modellorganismus und Medium, an dem sich generelle Fragen der Lebendigkeit mittels der »graphischen Methode« von Kurven erforschen ließen. Marey betrachtete die Kurven auf dem Zylinder als Spuren des Lebens, als »die eigentliche Sprache der Phänomene an sich«, die er eine »universale Sprache« nannte (Marey, 1878, ➛ Operationalität und Optimieren). Die Inschrift auf dem Zylinder ist in ihrer diagrammatischen Kurvengestalt zwischen zwei Achsen aufgespannt, in deren engem Spektrum sich Lebendigkeit zeitgebunden als streifenförmiges, regelmäßiges Muster zunehmender und abnehmender Intensitäten abzeichnet. (Lit.: Chadarevian, 1993)

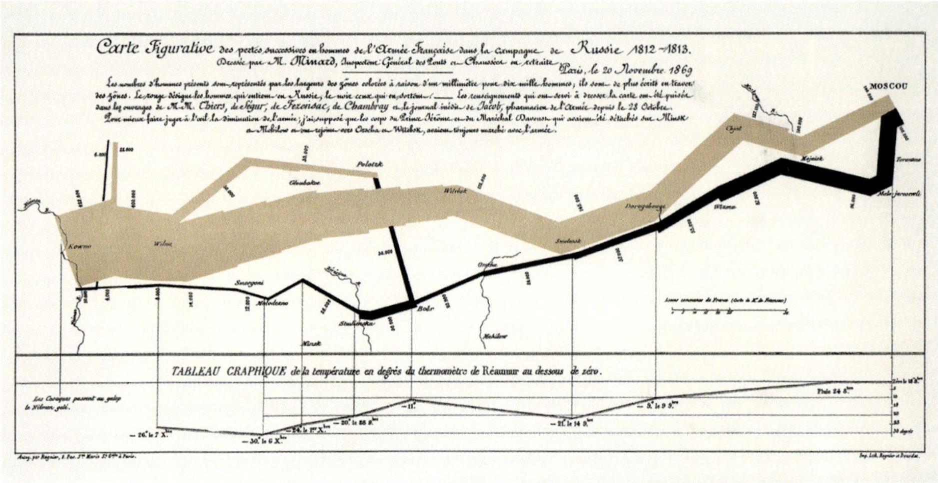

Tafel 10 Die Graphik zeigt Napoleons Russland-Feldzug in den Jahren 1812–1813. Sie stammt von dem Bauingenieur Charles Joseph Minard, der sie 1869 anfertigte. Minards Bildfindung gilt heute als kanonisches Werk der Diagrammatik. Erstmals analysierte sie H. Gray Funkhouser in seiner Geschichte der Graphik von 1937; richtig bekannt wurde sie jedoch durch die Publikationen Edward Tuftes. Weil die Darstellung verhältnismäßig viele Informationen visuell ineinander verschränkt, ohne dabei Unübersichtlichkeit zu erzeugen, wird sie als Beispiel für eine besonders erfolgreiche Infografik angeführt, aber auch für das narrative Potenzial von Diagrammen. Es sind mindestens fünf Komponenten, die Minard in der Graphik vereinte: Die Größe der Armee, ihre Verortung auf der Landkarte, die Richtung des Fortschreitens der Armee, die Temperatur und die Zeit. Die Daten erzählen dabei eine dramatische Geschichte: Links sieht man den Beginn des Feldzugs der französischen Armee in rötlicher Farbe an der polnisch-russischen Grenze, markiert durch den geographischen Verlauf des Flusses Niemen. Die Einzeichnung weniger Orte und Flussverläufe zeigt den weiteren Verlauf des Marsches bis Moskau, sowie Hilfstruppen, die das Fortschreiten der Armee sichern und flankieren sollten. Der Rückzug der Soldaten ist als schwarze Linie eingezeichnet. Die Stärke der Linien entspricht der Anzahl der Soldaten (1 mm = 1.000), deren fortschreitende Dezimierung plastisch vor Augen tritt. Insbesondere wird dies bei der Überquerung des Flusses Berezina deutlich, der zahlreichen Soldaten das Leben kostete. Der zeitliche Verlauf des Feldzuges ist mit einer Linie am unteren Rand der Graphik markiert; er wird zudem in Beziehung zu einer Temperaturkurve gesetzt. So wird ersichtlich, wie Kälteeinbrüche die Todeshäufigkeit beeinflussten, so dass schließlich von 422.000 Soldaten nur 10.000 zurückkehrten. Aufgrund der Geschichte, die die Darstellung mit den Mitteln der Diagrammatik entfaltet, lässt sich die Graphik des Feldzuges deshalb mit Historienmalerei oder Schlachtgemälden vergleichen. Später wurden derartige Datenkarten als Flussdiagramme unter dem Namen »Sankey Diagramme« weiter entwickelt: Während Minard unterschiedlich breite Pfeile auch zur Darstellung von globalen Exporten nutzte, verwendete der irische Ingenieur Matthew H. P. R. Sankey 1898 unterschiedlich breite Pfeile, um die Energieflüsse bei Dampfmaschinen zu veranschaulichen. (Lit.: Funkhouser, 1937; Robinson, 1967; Tufte 1997; Friendly 1999)

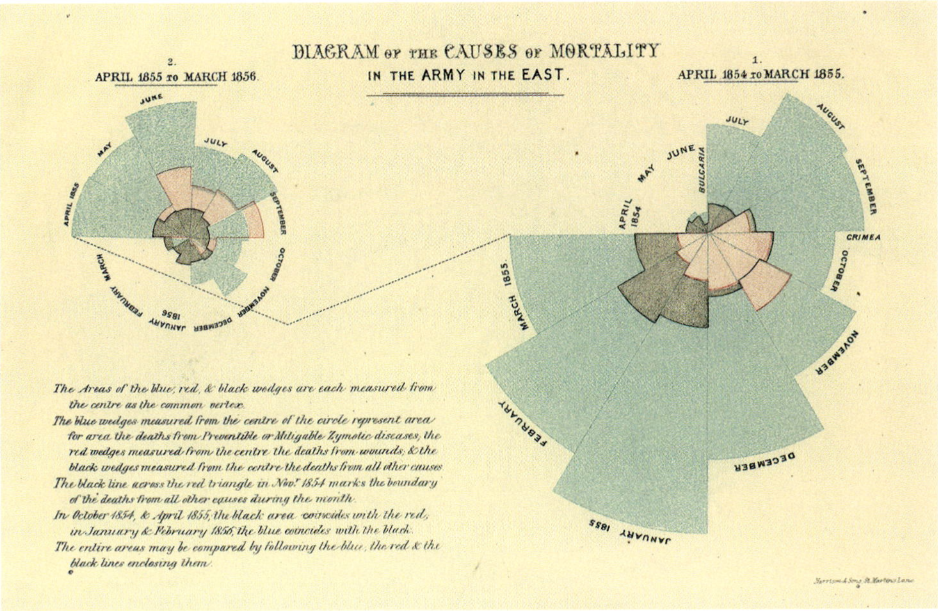

Tafel 11 Das sogenannte »Rose Diagram« der Krankenhausadministratorin und Statistikerin Florence Nightingale steht einerseits für die Einführung des Polardiagramms, aber auch für die Kraft, die eine Graphik in ihrer Wirkung auf politische Entscheidungsträger entfalten kann. Die Graphik von 1859 trägt den Titel »Diagram of the Causes of Mortality in the Army in the East«. Veranschaulicht werden die massenhaften Todesfälle der britischen Armee im erst kürzlich beendeten Krimkrieg in den Jahren 1854–1856. Was Nightingale während ihrer Arbeit in den Lazaretten der Krim aufgedeckt hatte, war der Zusammenhang zwischen unzulänglicher Hygiene und hoher Sterblichkeit in den Lazaretten der Armee. Durch die blütenblattähnliche Anordnung der Segmente wird eine frappierende Erkenntnis ersichtlich: Die meisten Toten des Krieges waren nicht die Opfer des Schlachtfelds, sondern der Lazarette. Ausgehend vom Mittelpunkt und aufgeteilt wie eine Torte (»wedges«) werden die Todesursachen der Soldaten monatsweise in den Farben blau (vermeidbare Infektionskrankheiten), rot (Wunden) und schwarz (alle übrigen Ursachen) kartiert. Die Kolorierung wie auch der Maßstab, der die höheren Zahlen, die den blauen Flächen zugrunde liegen, noch zusätzlich betont, weisen auf Nightingales bildrhetorische Zuspitzung der Graphik hin. Das Diagramm setzt die Einsicht ins Bild, dass die russische Armee nur ein kleiner Feind im Vergleich zu Cholera, Typhus und Ruhr war. Wie bei Minards Graphik vom Napoleonfeldzug (Tafel 10) steht auch bei dieser Datengeschichte ein menschlich-militärisches Drama im Zentrum der Graphik. Weil Nightingale mit ihrer Beobachtung bei den verantwortlichen Politikern in London wiederholt auf taube Ohren gestoßen war, hatte sie ihren Bericht um das »Rose Diagramm« ergänzt. Ihr Bericht wurde so zum Auslöser der breiten Einführung neuer hygienischer Standards in Krankenhäusern, mit denen ihr Name bis heute verbunden ist. Nightingale wiederum war stark beeinflusst von Adolphe Quetelets *Essai de Physique Sociale* (Tafel 13), da dieser gezeigt hatte, wie man mittels der Erkenntnis von Zahlen und ihren graphischen Mustern Einfluss auf menschliche Schicksale nehmen kann. (Lit.: Brasseur, 2005)

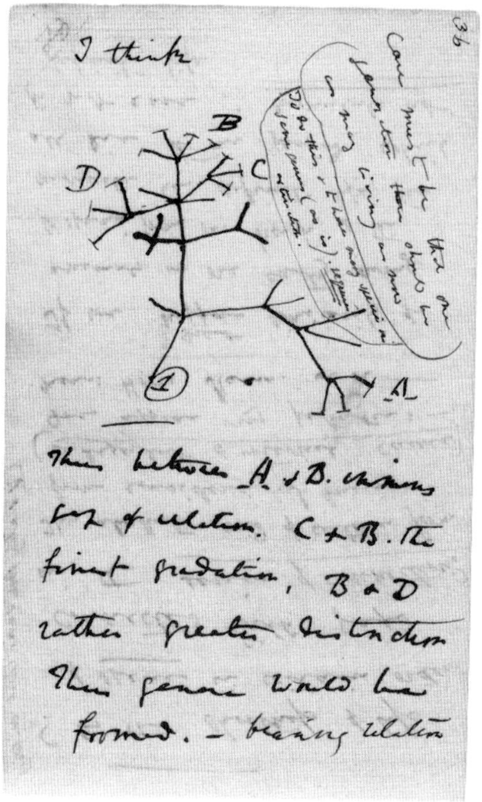

Tafel 12 Die verästelte Struktur aus Charles Darwins *Notebook B* von 1837 wurde zum Leitmotiv für die Evolutionstheorie. »Von einem mit der Ziffer ›1‹ bezeichneten Ursprung heraus schießt nun eine Linie, die sich kurz darauf dreifach gabelt. Eine Verstrebung endet im Nichts, die beiden anderen fächern sich immer weiter in alle möglichen Richtungen auf. [...] In Anmerkungen, die sich wie Gedankenblasen um die Skizze herumlegen, erläutert Darwin, wovon die Striche, Winkel und Linien handeln: vom Entstehen, Variieren und Aussterben der Arten. Das Ausfingern der Linien bezeichnet das Variieren von Arten in der Geschichte der Generationen, das abrupte Ende von Linien markiert ihr Aussterben. Dort, wo die Linien mit einem Querstrich abschließen, sind es rezente, d.h. noch lebende Arten. [...] Der Mechanismus, dessen Wirken das Aufeinandertreffen und Abreißen von Linien bezeichnet, heißt nach der Lektüre von Thomas Robert Malthus ›natürliche Selektion‹ (Voss, 2007, 96–97). Anhand von Darwin lässt sich diskutieren, welche Rolle die verästelte, gewachsene Struktur für seine Theorie der Evolution besaß. So realisiert die in der Struktur verkörperte Logik des Wachsens die Vorstellung von Abzweigungen, Endpunkten, Eindimensionalität sowie eine klare Hierarchie (Tafel 23 u. 29). Ein Zurückwachsen oder wieder Anwachsen, wie es die Graphen- oder Netztheorie kennt, ist nicht möglich. (Lit.: Bredekamp, 2005; Voss, 2007)

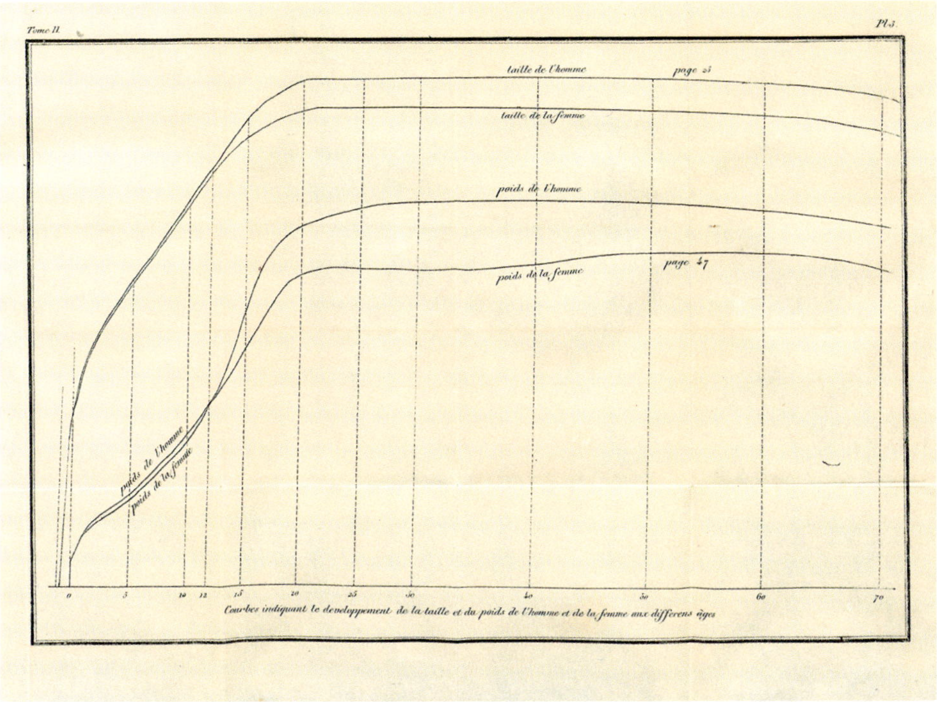

Tafel 13 In seiner sozialen Physik aus dem Jahr 1835 zeichnete der belgische Statistiker Adolphe Quetelet zahlreiche Graphiken, die Themen der belgischen Bevölkerungsentwicklung im Durchschnitt zeigen. Die Tafel veranschaulicht anhand von vier Kurven Körpergröße und Gewicht im Verhältnis. Die unteren zwei Kurven markieren die Veränderungen des Gewichts im Verlauf des Lebens von Männern und Frauen im Vergleich, das obere Kurvenpaar zeigt die Veränderung der Körpergröße mit zunehmendem Alter. Im Vergleich der Kurven zeichnet sich ab, wie sich das Wachstum von Männern und Frauen erst nach dem zwölften Lebensjahr unterschiedlich entwickelt. Dabei ließ Quetelet die Ordinate, auf der die Größen abgetragen sind, unbeschriftet. Allen Graphiken Quetelets wohnt ein großes Vertrauen in die Aussagekraft von Durchschnitten inne, ein wissenschaftliches Ideal, das seit dem 19. Jahrhundert immer weitere Bereiche des Lebens erfasste. Später wurde dieses Ideal mit den Begriffen »Trust in numbers« (Porter, 1996) bzw. »Normalismus« (Link, 1998) analysiert. Die Kurven wirkten zurück in die Gesellschaft, wo sie eine normierende Kraft entfalteten. Auf diese Weise leistete Quetelet einen Beitrag zur Vorstellung eines Normalgewichts und einer Normalgröße, zu der sich Einzelpersonen ins Verhältnis setzen, aber auch zur Normierung von Konfektionsgrößen, wie sie in Folge der Kleiderfabrikation Standard wurden. (Lit.: Döring, 2011; Link, 2002)

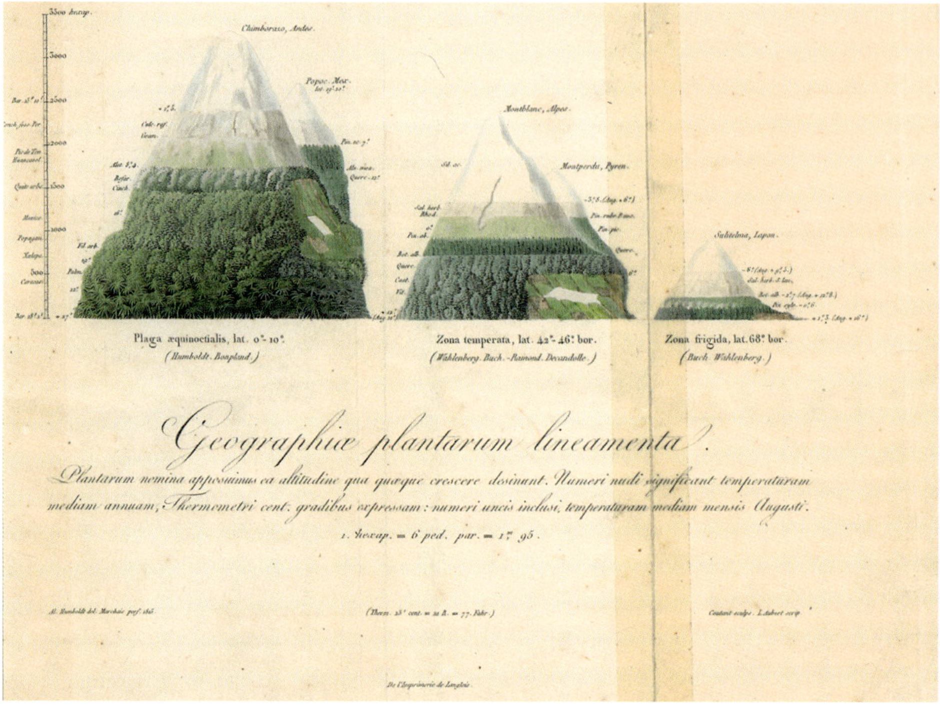

Tafel 14 Alexander von Humboldt entwickelte eine reliefartige Darstellungsweise, um die Verteilung der Klimazonen in der Vertikale darstellen zu können. Die Tafel stammt aus der *Geographica Plantarum* (Geographie der Pflanzen) von 1817. Dargestellt sind drei Berge aus drei Erdteilen, die in der Graphik nebeneinander gerückt wurden. Flankiert werden sie von jeweils einer Ordinate, auf der ihre Höhe verzeichnet ist, die Abszisse ist nach Breitengraden geordnet. Bei den Bergen handelt es sich um den Chimborazo in Ecuador, den Monte Perdido in den Pyrenäen sowie um den Sulitjelma in Lappland. Insbesondere an den Anden faszinierte Humboldt, dass man hier »alle Gestalten der Pflanzen und alle Gestirne des Himmels gleichzeitig [...] schauen« könne. Dort »sind die Klimate, wie die durch sie bestimmten Pflanzen-Zonen schichtenweise übereinandergelagert«. Die vertikalen Klimazonen folgen also einer Ordnung wie die Stockwerke eines Hauses. Der unterschiedliche Aufbau dieser Stockwerke wird in der Nebeneinanderstellung graphisch ins Verhältnis zu ihrer Lage auf dem Globus gesetzt. Pflanzlicher Bewuchs, Geologie und Schneegrenzen werden so zu einem direkten Spiegel der verschiedenen klimatischen Bedingungen, die am Äquator oder am nördlichen Polarkreis herrschen. Derartige Bergprofile im Vergleich blieben bis ins frühe 20. Jahrhundert wichtiger Bestandteil geographischer Atlanten, welche die Vielgestalt der Erde anhand von Berghöhen und Flusslängen synoptisch nebeneinander darstellten. (Lit.: Debarbieux, 2012; Schneider, 2012 u. 2013)

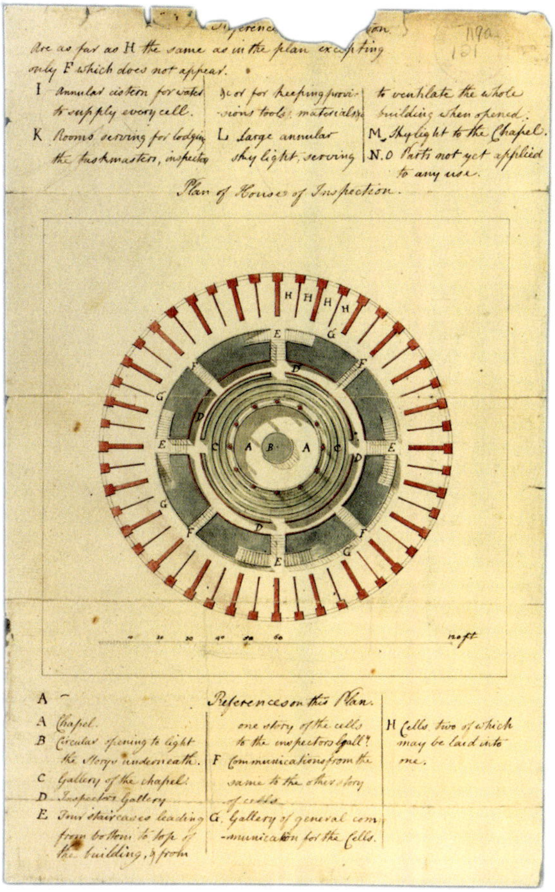

Tafel 15 Der Plan für Gefängnisse des britischen Philosophen und Sozialreformers Jeremy Bentham (1748–1832), wie es zum Vorbild für zahlreiche Gefängnisbauten des 18. und 19. Jahrhunderts wurde, besticht durch seine Kreisstruktur, eine Ordnung, die aufgrund ihrer perfekten Symmetrie wie die Natürlichkeit einer kosmischen Ordnung aufscheint. Alle Gefängnisinsassen sind auf den Mittelpunkt (B) dieser Architektur ausgerichtet, den Bentham die »Kapelle« (chapel) nennt; wie die Pupille eines Auges leitet dieses Zentrum das Sonnenlicht ins Innere des Gebäudes. Um die Kapelle herum verlaufen zwei Galerien, in denen die Aufpasser ihre Kontrollgänge absolvieren. Aufgrund seiner Überwachungsstruktur trägt der Plan den Namen »Panoptikum« (wörtl. »alles sehen«). Am Beispiel von Benthams Panoptikum-Konzept für eine neue Gefängnisarchitektur schlug Michel Foucault vor, dieses »als ein verallgemeinerungsfähiges Funktionsmodell zu verstehen, das die Beziehungen der Macht zum Alltagsleben der Menschen definiert« (Foucault, 1975, 263). Ein auf eine ideale Form reduzierter Machtmechanismus, der so abstrakt und allgemein funktioniert, dass er von seiner architektonischen Gestalt abgelöst betrachtet werden kann und sich als Desiderat des Ordnungs- und Kontrollprinzips von Gesellschaften verstehen lässt. »Das Diagramm selbst impliziert Macht« (Gehring, 1992, 93; ➛ Strukturen und Ordnungssysteme). Ausgehend vom Gedanken gebauter Diagramme lässt sich fragen, wie ArchitektInnen ganz allgemein diagrammatisch planen. Am deutlichsten wird diese Arbeitsweise bei infrastrukturellen Verteilerstrukturen oder der Organisation von räumlichen Funktionen. Insbesondere bei den architektonischen Zeichnungen von Cedric Price oder Daniel Liebeskind erscheint Architektur als gebautes Gefüge angelegt, das als räumliches Diagramm auf seine Besucher wirkt.

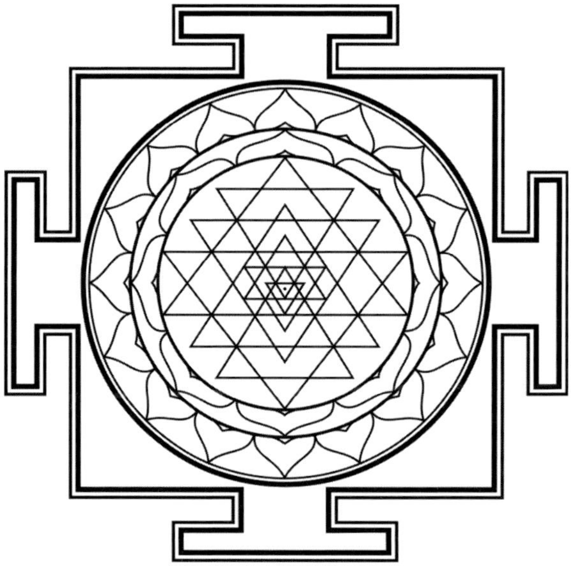

Tafel 16 In der Religionspraxis des Tantrismus spielen geometrische Strukturen eine wichtige Rolle, um die Konzentration auf kosmische Ewigkeit und Zeit und damit das Göttliche zu verstärken, wie beim hinduistischen Shri-Yantra. Das Wort Shri-Yantra impliziert einen instrumentellen Gebrauch: »yantra denotes [...] a pre-industrial, pre-technical machine: a dam to collect water for irrigation, to catapult, to hurl stones agains a fort [...]. In Hindu devotional tradition, ›yantra‹ is the general term for instruments of worship, namely, idols, pictures, or geometric diagrams« (Magnani zit. Heinrich Zimmer, 2001, 18). So lässt sich das Yantra in der buddhistischen Kultpraxis als dynamisches Instrument mit diagrammatischer Anordnung betrachten, das innere Visionen evozieren kann. In der Regel ist ein Yantra quadratisch oder kreisrund und auf die Mitte hin angelegt. Alle geometrischen Formen, Zahlen, Größen und Anordnungen haben eine festgelegte symbolische Bedeutung. Stark vereinfacht kann die äußere Struktur als Tempel mit vier Eingängen interpretiert werden, der kosmische Blumen folgen, die dann im mittleren Teil, in dem sich die Dreiecke schneiden, Gottheiten, das Kosmische und Prinzipien des Männlichen und Weiblichen thematisieren. Ein Yantra erfordert eine bestimmte Form der Aufmerksamkeit, die sich signifikant von den europäischen Betrachtungsmodi von Diagrammen unterscheidet und doch auch Ähnlichkeiten aufweist: Das Auge wandert kontemplativ durch die geometrischen Strukturen, kreist entlang der Formen spiralförmig von außen nach innen und vermittelt so zwischen innerem und äußerem Bewusstsein. Im Meditationsprozess können die diagrammatischen Ordnungen eines Yantras auf diese Weise schwer vorstellbare religiöse Zusammenhänge des Absoluten erfahrbar machen. Aus diesem Grund besitzen Yantras auch keine Beschriftung, da sie eine Kontemplation ohne Begriffe und eine Realität jenseits von Form und Raum erkennbar machen sollen. (Lit.: Magnani, 2001)

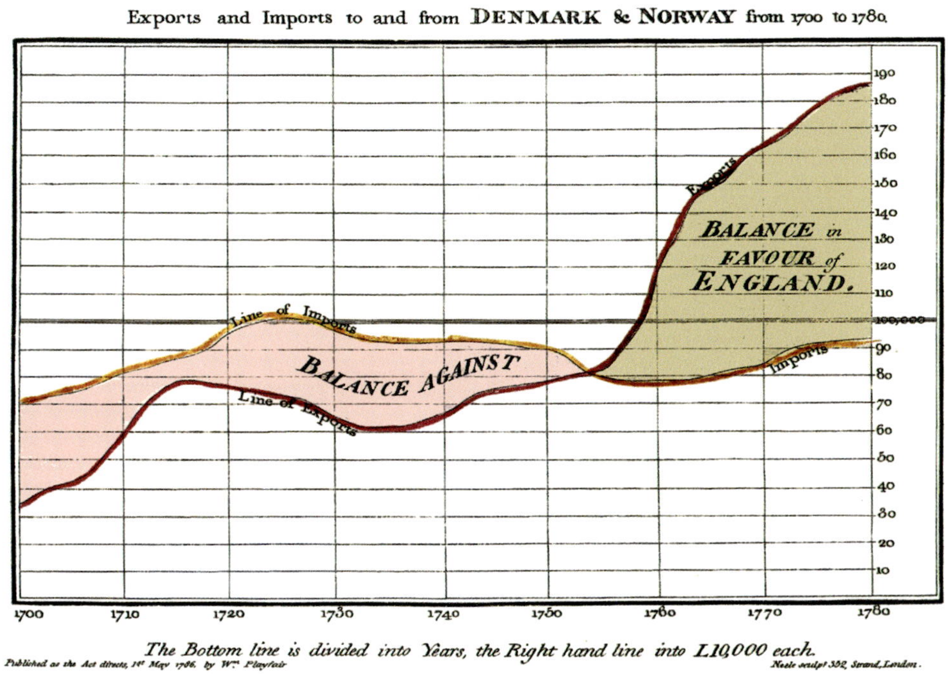

Tafel 17 William Playfair visualisierte in dieser Kurvengraphik die Exporte und Importe zwischen Großbritannien, Dänemark und Norwegen von 1700 bis 1780. Die Graphik ist Bestandteil seines *Statistischen Atlas*, den Playfair seit 1786 in mehreren Auflagen publizierte (➛ Operationalität und Optimieren). In diesem präsentierte Playfair mehrere Dutzend Graphiken, die die Staatsfinanzen des Königreichs Großbritannien in Linien übersetzen. Sein Atlas gilt als einer der frühesten Versuche einer umfassenden Datenvisualisierung. Playfair konnte auf keine direkten Vorbilder für die Idee einer solchen Datengraphik der Staatsökonomie zurückgreifen. Als Einfluss nannte der Ingenieur die im 18. Jahrhundert stark verbreiteten chronographischen Tafeln, die historische Ereignisse und Staatsgeschichte im Fluss einer Synopse vereinen (Tafel 20). In einem kurzen Text erläuterte Playfair die Implikationen zu jeder graphischen Darstellung, wobei er nicht verrät, wie es um die Datenlage im Hintergrund seiner Kurven steht. Was an den Kurvendarstellungen auffällt, ist einerseits der weiche, fließende Verlauf der gelb kolorierten »Line of Imports« und der roten »Line of Exports«. Zwar legen die Beschriftung von Abszisse (Jahreszahlen) und Ordinate (Britische Pfund) sowie das Linienraster den Anspruch nach Exaktheit nahe, die freihändig anmutende Gestalt der Linien widerspricht jedoch dem späteren Ideal exakt konstruierter Datenlinien. Auch die Einfärbung der Flächen zwischen den beiden Kurven in rot (»Balance against«) und grün (»Balance in favour of England«) sind für spätere BetrachterInnen ungewöhnlich. Sie betonen jedoch die ökonomische Kernaussage der Publikation: Übersteigen die Importe die Exporte, ist dies schlecht für das Empire. (Lit.: Tufte, 1997)

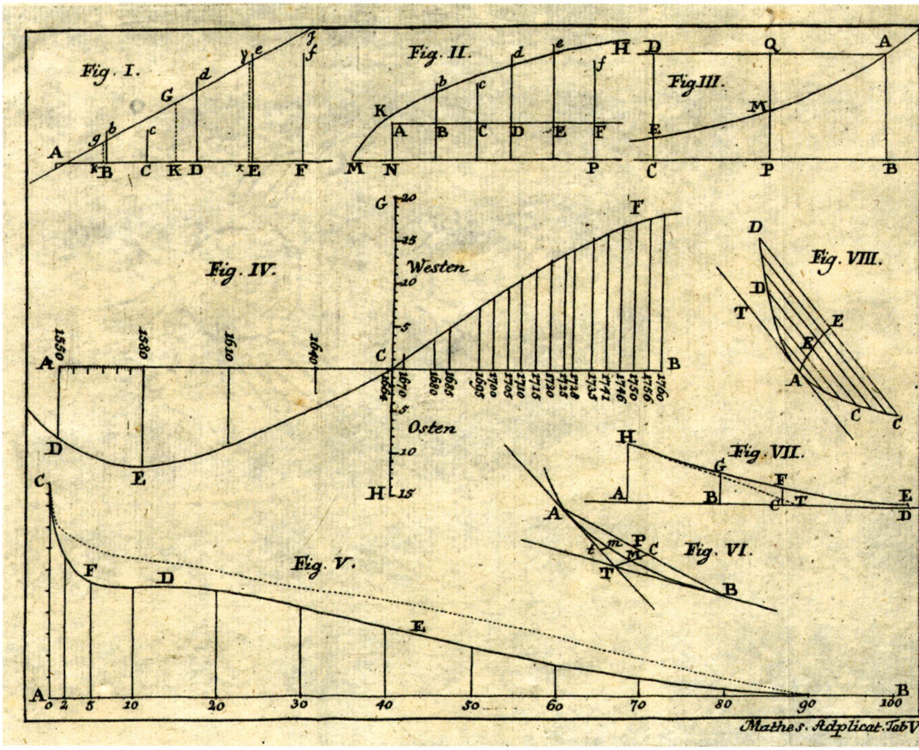

Tafel 18 Die Abbildung stammt aus der Schrift *Theorie der Zuverlässigkeit der Beobachtungen und Versuche* (1765) von Johann H. Lambert, in der dieser die Möglichkeiten der Geometrie für die Auswertung von Beobachtungsdaten unter Verwendung von Methoden der Mittelung kritisch betrachtete. Nur durch Verfahren der Mittelung, so Lambert, lassen sich aus vereinzelten Beobachtungsdaten zuverlässige Erkenntnisse über ihre Entwicklung im Verlauf der Zeit generieren. Die Beispiele, die Lambert hier anführt, sind vielfältig. Neben Temperaturveränderungen, Barometerständen und astronomischen Beobachtungen zeichnete er eine frühe Kurve der Sterblichkeit in London für die Jahre 1753 bis 1758 (Fig. V). In Fig. IV wiederum visualisierte Lambert die Veränderung des Erdmagnetfeldes nach Osten bzw. Westen für 210 Jahre seit dem Jahr 1550. Für die wenigen Jahre, für die Lambert Messungen vorlagen, hat er vertikale Linien gezogen; ihre Endpunkte hat er mit einer Kurve »von freyer Hand« verbunden, die für ihn das Beispiel einer gemittelten Linie ist. Sie gleicht ungenaue Daten an die zuverlässigen Daten an wie z. B. den Beobachtungswert des Jahres 1640: »Ich glaubte besser zu thun, diese Beobachtung für ungewiß anzusehen, als daß ich derselben zu gefallen der Linie EC daselbst eine anomalistische Wendung hätte geben sollen […]« (Lambert, 1792, 477). Auch wenn es im 18. Jahrhundert bereits die theoretischen, in der Mathematik entwickelten Möglichkeitsbedingungen gab (➛ Oresme, S. 188 ff.), Beobachtung oder Messung sich wandelnder Intensitäten in einem kartesischen Koordinatensystem zu visualisieren, etablierte sich diese Praxis in der Forschung erst nach 1800. Bis dahin blieb es Standard, experimentelle Beobachtungen und Messwerte in Tabellen darzustellen, da den Kurven aufgrund ihrer Verschleierungstendenz der lückenhaften Datenlage dahinter zu wenig vertraut wurde. Lamberts kritische Evaluierung der Datenvisualisierung mittels Kurven sind deshalb das isolierte Beispiel einer frühen Kurvenpraxis, mit der er den epistemischen Mehrwert von Kurven und Zeitstrahlgraphiken für die Analyse von Daten und die Überprüfung von Theorien untersuchte. (Lit.: Tilling, 1975; Vogelsang 2012)

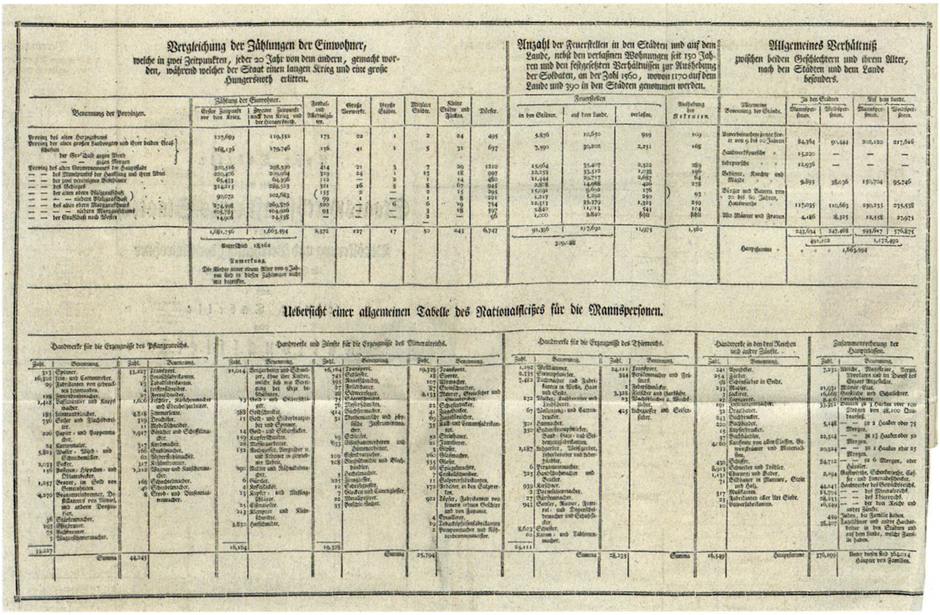

Vergleichung der Zählungen der Einwohner, welche in zwei Zeitpunkten, jeder 20 Jahr von dem andern, gemacht worden, während welcher der Staat einen langen Krieg und eine große Hungersnoth erlitten.

Anzahl der Feuerstellen in den Städten und auf dem Lande, nebst den verlaßnen Wohnungen seit 150 Jahren und den festgesetzten Verhältnissen zur Aushebung der Soldaten, an der Zahl 1560, wovon 1170 auf dem Lande und 390 in den Städten genommen werden.

Allgemeines Verhältniß zwischen beiden Geschlechtern und ihrem Alter, nach den Städten und dem Lande besonders.

Anmerkung. Die Kinder unter einem Alter von 9 Jahren sind in diesen Zählungen nicht mit begriffen.

Uebersicht einer allgemeinen Tabelle des Nationalfleißes für die Mannspersonen.

Tafel 19 Tabellenwerk des sächsischen Staates aus dem Jahr 1786 nach dem Konzept des Verwaltungsfachmannes, Staatsdieners und Ökonomen Friedrich Anton von Heinitz. Staatstafeln gewannen parallel zur Statistik mit der Gründung souveräner Staaten im 17. Jahrhundert an Bedeutung. Seit diesem Zeitpunkt wurden in Europa Daten oder »Nachrichtungen«, wie Gottfried W. Leibniz (➤ Operationalität und Optimieren) die Informationen nannte, gesammelt, die meist in Form von Zahlen Eingang in die Tabelle fanden und über einzelne Landesregionen, deren Produktion und Bevölkerung Auskunft gaben. Die Regierungsstatistik bediente sich mithin Methoden der Datenerhebungen, -verarbeitung und -sammlung sowie der statistischen Auswertung dieser Daten. Das zentrale Ordnungssystem für Daten bis heute sind Tabellen, also gerasterte und genormte Formulare aus Zeilen und Spalten, die ein gewissenhaftes Ausfüllen durch die neuen Beamten verlangen. Das Ziel der Tafelwerke bestand darin, dem Herrscher in konzentrierter und übersichtlicher Form ein umfassendes Bild der eigenen Landesressourcen zu liefern (Siegert, 2003; Schneider, 2005; Segelken, 2010). Gleichzeitig wird mit den Tabellen das Ideal einer auf Zahlen gegründeten Landeserkenntnis festgelegt, weil fortan wirtschaftliche, gesellschaftliche und politische Verhältnisse gleichermaßen in messbare Größen übersetzt wurden. Die Perspektive auf die »graphic forms«, wie sie Jack Goody auf Tabellen und Listen richtete, lässt aber auch in einem generelleren Sinn untersuchen, wie graphische Ordnungssysteme das, was gedacht und gewusst werden kann, jeweils verändern (Goody, 1977, 112, ➤ Strukturen und Ordnungssysteme).

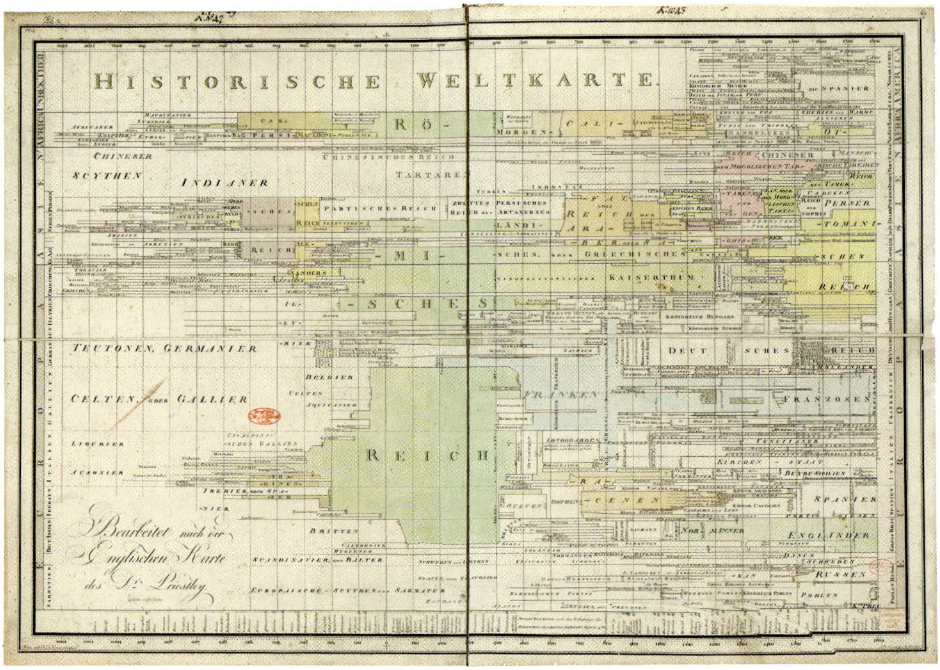

Tafel 20 Die Chronographie *A New Chart of History* von Joseph Priestley wurde im Jahr 1769 als ausfaltbare Tafel publiziert. Sie gehört zum Feld der Synopsen (wörtl. Gleichschau, Zusammenschau), wie sie seit dem 18. Jahrhundert erzeugt wurden, um das damals herrschende Geschichtsbild darzustellen und didaktisch zu vermitteln. Der Zeitstrahl ist in ein zeitliches Raster eingeteilt, die Farben markieren wie auf politischen Landkarten Völker und Reiche. Die Chronographien reagierten auf die anschwellende Masse an historischen Informationen, die sich in den Archiven ansammelten. Eine Möglichkeit, um der Fülle dieses Wissens Herr zu werden, war die Auswertung historischer Daten in Form von Übersichtstafeln. Die Synopsen stehen damit für den Versuch, in den disparaten Daten der geschichtlichen Archive Muster zu erkennen und die geschichtlichen Verläufe in graphischer Form vorstellbar und vergleichbar zu machen. Durch die graphische Darstellung historischer Verläufe entlang einer strengen linearen Zeitachse wird jedoch ein bestimmtes Geschichtsbild vermittelt: Dieses erzählt eine Weltgeschichte von Großreichen und ihren Herrschern aus der Sicht Europas, die den Aufstieg und den Verfall von Staaten in den Blick rückt. Insbesondere der Erfolg und die Dauer bestimmter Reiche werden plastisch, wenn diese sich in expandierenden Formen über das Blatt ausbreiten und so auch eine zukünftige Geopolitik andeuten. (Lit.: Rosenberg/Grafton, 2010)

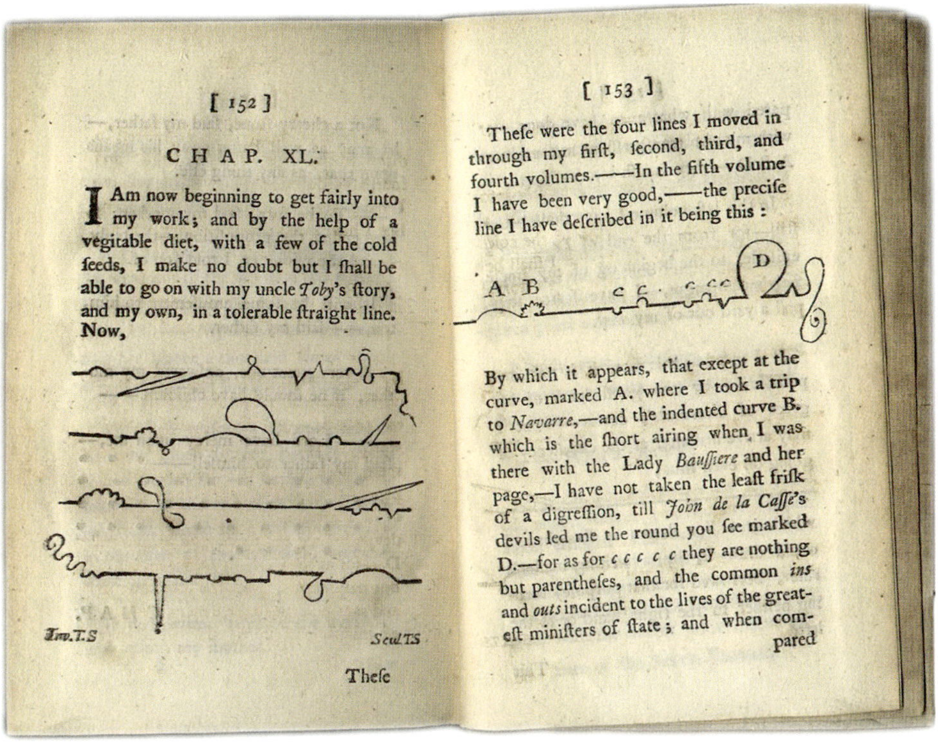

[152]

C H A P. XL.

I Am now beginning to get fairly into my work; and by the help of a vegitable diet, with a few of the cold ſeeds, I make no doubt but I ſhall be able to go on with my uncle *Toby*'s ſtory, and my own, in a tolerable ſtraight line. Now,

Inv.T.S Scul.T.S

Theſe

[153]

Theſe were the four lines I moved in through my firſt, ſecond, third, and fourth volumes.——In the fifth volume I have been very good,——the preciſe line I have deſcribed in it being this:

By which it appears, that except at the curve, marked A. where I took a trip to *Navarre*,—and the indented curve B. which is the ſhort airing when I was there with the Lady *Bauſſiere* and her page,—I have not taken the leaſt friſk of a digreſſion, till *John de la Caſſe*'s devils led me the round you ſee marked D.—for as for *c c c c c* they are nothing but parentheſes, and the common *ins* and *outs* incident to the lives of the great-eſt miniſters of ſtate; and when com-pared

Tafel 21 Abbildung aus Laurence Sternes Roman *The life and opinions of Tristram Shandy* (1762). Das Beispiel zeigt eine literarische Adaption diagrammatisch aufgeladener Linienornamentik. Das Buch erzählt in neun aufeinander folgenden Bänden (1759–1767) die Lebensgeschichte des Tristram Shandy als autobiographischen Roman, wobei Sterne jedoch die Vorstellung einer Chronologie oder eines roten Fadens, den eine Lebensgeschichte – oder ein Buch – erwarten lässt, systematisch untergräbt. Stattdessen verwendet er unterschiedliche Techniken, um im Medium des Buches und des Schreibens die Linearität der Handlung bzw. des Lesens immer wieder zu durchkreuzen. So bestehen einzelne Kapitel aus nur einer Zeile, nummerierte Kapitel fehlen und sind an falschen Stellen eingefügt oder Sätze werden erst im nächsten Band beendet. Der Ich-Erzähler des Buches wird schließlich überhaupt erst am Ende des 3. Bandes geboren. Die Struktur des Werkes auf der Ebene von Layout und Abfolge der Handlung sowie von Medium und Inhalt wurden von Sterne gleichwertig behandelt. Um die Struktur des Buches seiner Leserschaft zu veranschaulichen, zeichnete Sterne im 6. Band verschiedene arabeskenförmige Kurven. Diese sollen die Handlungsverläufe von Band 1 bis 5 darstellen, sind also eine diagrammatische Veranschaulichung des Romans und seiner verschränkten und springenden Zeit-, Handlungs- und Raumebenen. Der Erzähler Shandy verlässt hier die Handlung und begibt sich auf die Metaebene der Romanstruktur, die er mit der Semantik von Beschriftungen, Schnörkeln, zickzackförmigen und ausgestülpten Linien karikiert – wobei die Diagramme eine Klarheit erzeugen, die sie beim zweiten Blick sogleich wieder verdunkeln. Es bleibt die Frage, ob ein Lebenslauf nicht eher aus nachträglichen Meinungen und Zufällen zusammengesetzt ist, als aus Chronologie, Planungen und logischen Abfolgen.

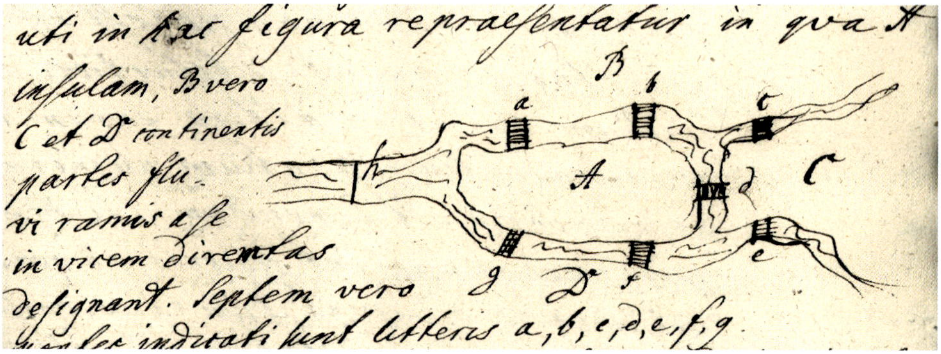

Tafel 22 »Das Problem, das angeblich recht bekannt ist, war folgendes: Im preußischen Königsberg gibt es eine Insel A, genannt der Kneiphof, und der Fluss, der sie umfließt, teilt sich in zwei Arme, wie dies an der ersten Figur zur erkennen ist. Über die Arme dieses Flusses führen sieben Brücken a, b, c, d, e, f und g. Nun galt es die Frage zu lösen, ob jemand seinen Spazierweg so einrichten könne, dass er jede dieser Brücken einmal und nicht mehr als einmal überschreite« (Euler, 1736, zit. n. Velminski, 2008). Im Kern dieser unterhaltsamen Knobelfrage steht das generelle Problem, wie ein gegebenes Wegenetz möglichst schnell vollständig durchlaufen werden könne. Die Universalität, die dieser Frage zugrunde liegt, ließ den Lösungsweg auf Netze aller Art übertragen, die aus Knoten und Strecken gebildet werden, wie Straßen, Telegraphenlinien, Eisenbahn- und U-Bahnnetze oder Schaltpläne (vgl. Gießmann, 2014). Eine erste Skizze, die Euler für den Brief an einen italienischen Kollegen anfertigte, ist topographisch detailliert. Sie verzeichnet nicht nur die Brücken und die Insel, sondern auch die Stromrichtung des Flusses sowie die Namen der sieben Brücken. Doch beim Lösen des Problems löste sich Eulers Blick ab von der Topographie, um die Raumbeziehungen in eine Buchstabenfolge zu transformieren, die nun nicht mehr die Brücken, sondern die Räume dazwischen mit den Buchstaben A, B, C, D codierte. Ab hier verfährt Euler operativ mit Charakteren, »ohne auf figürliche und perspektivische Darstellungen angewiesen zu sein« (Velminski, 2008, 157). Durch seine Methode der Buchstabenverkettung ermittelte Euler allein auf Basis der Zeichen, dass es keinem Spaziergänger möglich ist, alle Brücken nacheinander nur einmal zu überqueren. So wurde ein verzweigtes Diagramm vom Spaziergangsrätsel Königsbergs zum konkreten Quellpunkt der abstrakten Theorie der Graphen.

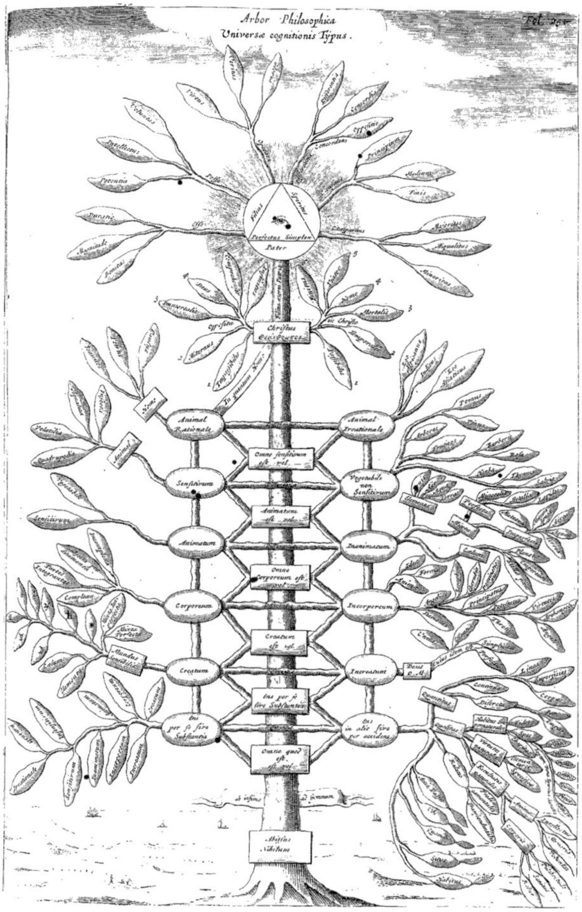

Tafel 23 Der Baum des Wissens besitzt eine Tradition, die bis auf die Antike zurück geht. In Form einer Baumstruktur wurden die aristotelischen Kategorien ebenso geordnet wie im Mittelalter das Wissen über das Seiende im sogenannten »Porphyrianischen Baum«. Hier gezeigt ist ein Arbor Philosophica des Jesuiten Athanasius Kircher aus der *Ars magna lucis et umbrae* von 1646, der die Baumstruktur ebenfalls als epistemologisches Schema zur Welterkenntnis verwendet. Ein derartiges Ordnungssystem wurde insbesondere durch Raimundus Lullus verbreitet, der im Jahr 1295 eine Reihe von Baumdiagrammen veröffentlichte, mit denen er das Wissen der Welt in Seinsbereiche wie Botanik, Tiere, Moral oder Gesellschaftslehre sowie mit Beispielen und Sprichwörtern systematisierte (Tafel 25). Mit der Baummetapher verbunden ist eine hierarchische Klassifikationsmethode, die oftmals verwendet wurde, um Abstammungs- und Unterartverhältnisse zu veranschaulichen. Insofern ist der Wissensbaum ein ausgesprochenes Ordnungsdiagramm, das strenge Beziehungen und Verhältnisse zwischen den als Wurzeln, Baumstamm, Ästen, Blättern und Früchten dargestellten Begriffen zeigt. Die Baummetapher hatte zwischen 1200 und 1800 ihre Hochzeit, doch auch im 19. und 20. Jahrhundert spielte sie eine wichtige Rolle, als sie zur Festschreibung von Ordnungen in der Kunst oder für die graphische Veranschaulichung einer Entstehung der Arten verwendet wurde (Tafel 12). Mit der Gegenfigur eines horizontal wuchernden Rhizoms wurden hierarchisch-vertikale, dialektische Baumstrukturen in ihrer dichotomischen Anordnung durch Gilles Deleuze und Felix Guattari in Frage gestellt. (Lit.: Deleuze/Guattari, 1977; Siegel, 2004; Schmidt-Burkhardt, 2005; Lima, 2014).

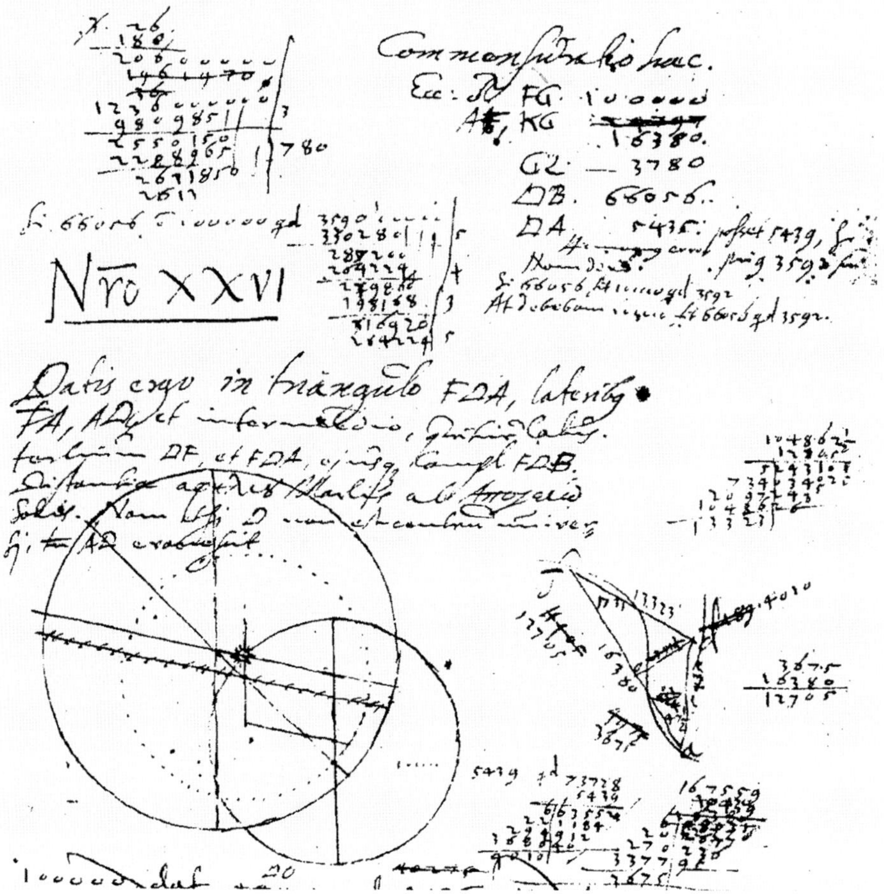

Tafel 24 Skizze aus Johannes Keplers Mars-Arbeitsbuch (1600). Ein produktives Beispiel für diagrammatisches Denken ist Johannes Keplers Herleitung der Ellipsenform der Planetenbahnen (Bauer, 2005). Kepler leitete seine Erkenntnisse maßgeblich aus den von Tycho Brahe gewonnenen Beobachtungsdaten ab. Zur Veranschaulichung der in Zahlenkolonnen erfassten Planetenpositionen zeichnete Kepler Diagramme, wodurch die in den abstrakten Daten verborgenen Beziehungen zwischen den Himmelskörpern eine visuelle Gestalt erhielten. Diagramme dienten Kepler als Raum für Gedankenexperimente – gleichsam als Spielfelder für Inferenzen. Bei der hier abgedruckten Seite handelt es sich um eine Skizze der Marsbahn, wobei die größte und die kürzeste Distanz des Planeten zur Sonne dargestellt ist (Lemcke, 1995). Kepler setzt diese Achse in Beziehung zu zwei Sonnenpositionen. Einmal zur ›mittleren‹ Sonne, von der auch Nikolaus Kopernikus und Tycho Brahe ausgingen, bei der die Position der Sonne als das Zentrum der Erdbahn definiert wird. Im Diagramm findet sich diese Position als kleine Kreuzung von Linien in der Mitte des gepunkteten Kreises, der die Erdbahn repräsentiert. Und einmal in Beziehung zur tatsächlichen Position der Sonne, die in der Skizze als funkelnder Stern erscheint (Lemcke, 1995, 67). Diagramme erlaubten Kepler also ein vergleichendes ›Zusammensehen‹ verschiedener Konstellationen zum Zweck der Prüfung seiner Hypothesen. (Lit.: Bauer, 2005)

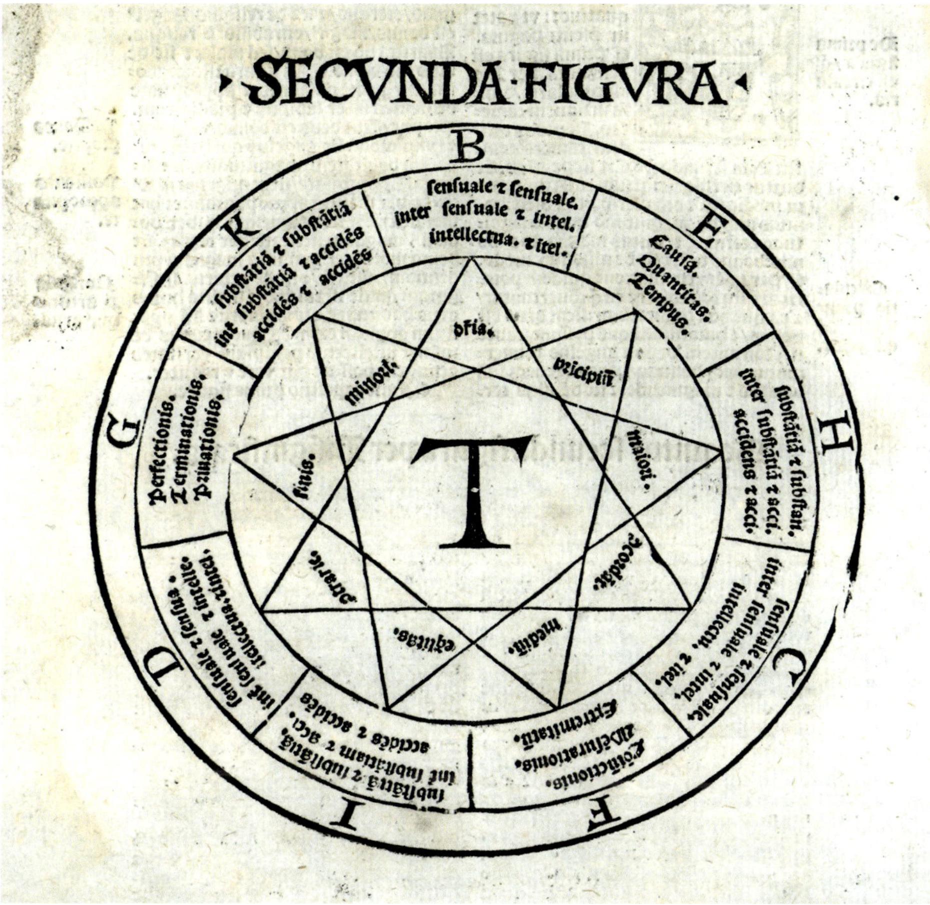

Tafel 25 Das Kreisdiagramm entstammt der »Ars Brevis« von Raimundus Lullus aus dem Jahr 1578. Lullus war ein katalanischer Philosoph und Theologe. Unter dem Begriff »Ars Magna« fasste er ein diagrammatisches Verfahren, mit dem er wahre Aussagen von unwahren unterscheiden wollte. Vermutlich nahm er kabbalistische Schemata und die arabische Astronomie zum Vorbild für seine Methode. Das Diagramm entfaltet seinen Zweck erst, wenn es operativ gemacht wird: Die zentrisch gegeneinander drehbaren Kreisscheiben dienten als mechanisches Instrument, um durch die Kombinatorik von Begriffen auf der Basis logischen Schließens theologische Fragestellungen zu den Tugenden beantworten zu können. Wie eine logische Maschine sollten die Beziehungen zwischen den neun absoluten Prinzipien (Außenkreis) und den neun relativen Prinzipien (innere Kreise) operabel gemacht werden, wobei die Verknüpfung der Begriffe nicht nur beim tatsächlichen Drehen der Scheiben, sondern auch im Kopf vollzogen werden konnte.

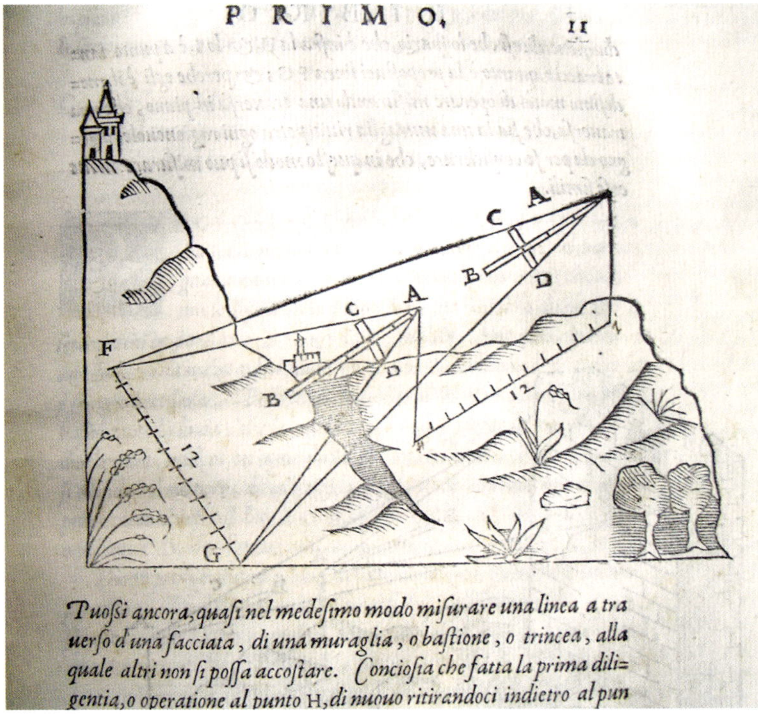

Tafel 26 Zeichnung zur Veranschaulichung der Landvermessung mit dem Jakobsstab von Cosimo Bartoli, Venedig, 1564. Die Landvermessung benötigt Messinstrumente und geometrische Methoden, um ihre Kunst betreiben zu können. Sie ist eine wichtige Methode der Landwirtschaft, des Städtebaus und der Staatsverwaltung. Zu sehen ist, wie mit Hilfe des Jakobsstabes virtuelle Linien über die Oberfläche der Landschaft gelegt werden. Die Länge oder Höhe eines Bergrückens lässt sich so genau ausmessen. Im Verbund von Instrumenten und Verfahren wird Landschaft diagrammatisch betrachtet und im Prozess handhabbar gemacht. Was Leonardo da Vinci für die Astronomie festmacht, gilt auch für die Vermesser der Erde: »und sie kann […] allein für sich ohne Linien nicht betrieben werden. In diese Linien sind alle die Figuren der von Natur hervorgebrachten Körper eingeschlossen; ohne sie ist die Kunst des Geometers blind« (*Trattato della Pittura*, 1651, Kap. 11). Das Interessante an dem Blatt ist die verschränkte Darstellung von Instrument, graphischer Methode, virtuellen Linien und Landschaft, die die praktische Kunst der Geometrie als Medium der Welterzeugung ausweist. Ersichtlich wird, wie sich der Zugriff auf den Raum durch die geometrischen, diagrammatischen Verfahren verändert. Die Methode transformiert die Landschaft in einen durchmessenen Handlungs- und Operationsraum, der nun Ansatzpunkte für bauliche, rechtliche oder ökonomische Zugriffe bereitstellt. (Lit.: Frieß, 1993; Wittmann/Hoffmann 2011)

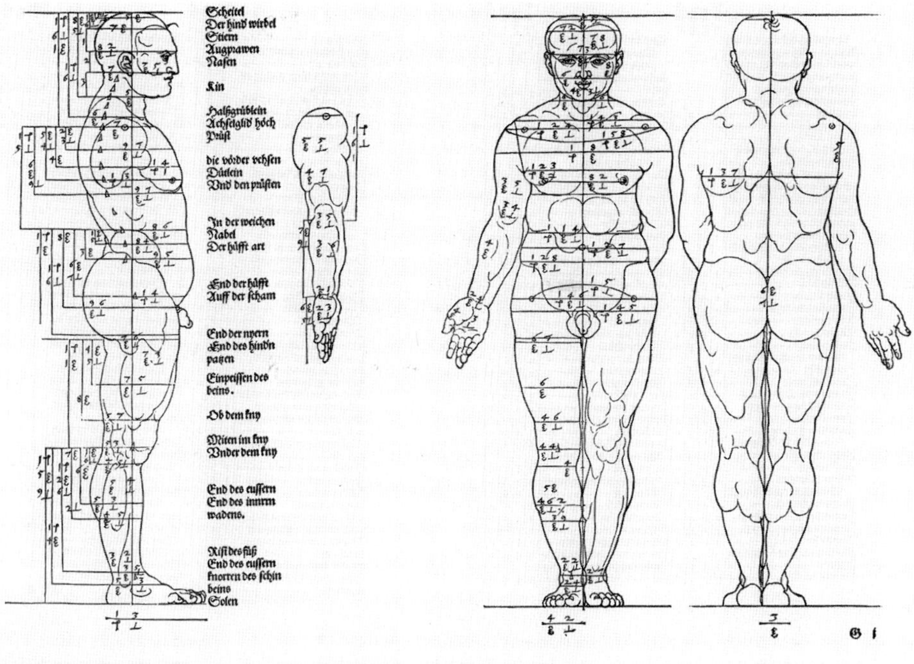

fol. F6v (Nr. 277.31) fol. G1r (Nr. 277.32)

Tafel 27 In seinem Werk *Vier Bücher von menschlicher Proportion* aus dem Jahr 1528 analysierte Albrecht Dürer den weiblichen und männlichen Körperbau lehrbuchartig in all seinen wichtigen Proportionen nach Typen. Gleichzeitig lieferte er eine Methode zur zeichnerischen Kreation eigener Körper. Dürer gibt keine Maße, sondern allein Verhältnisse von Zahlen zur Erfassung der menschlichen Figur, so dass Maler den Körper leicht für ihre Ziele skalieren konnten. Die Tafeln sind diagrammatisch im operativen Sinn der Geometrie. Die Proportionslehre Dürers lässt sich wie ein kombinatorisches Spiel zur Kreation von neuartigen Menschenkörpern verwenden, das auch dazu einlädt, die menschliche Gestalt jenseits des Schönen oder Gewohnten auszuloten. Während Dürer im ersten Teil seiner Proportionslehre ideale Körper zeichnet, treibt er im zweiten Teil die Vielfalt menschlicher Körper durch geometrische Operationen wie Stauchung und Streckung an ihre Grenzen. Das Ergebnis sind gedrungene, dünne, lange, dicke, schmale Körper, Sitzriesen, Kleinköpfige und Langbeinige, die nicht an einem Durchschnitt, wie er später Adolphe Quetelet interessierte (Tafel 13), orientiert sind. Dürers System ermöglicht so die Kreation von ganz neuen, im Leben gar nicht existierenden Körpern, weshalb er vor einer all zu freien Anwendung seiner geometrischen Konstruktionsmethode warnt. »Eine solche Vermischung ergibt seltsame Resultate, und besonders merke dir: Du musst darauf achten, daß du keine Ungestalt produzierst.« (Lit.: Dürer, 2011)

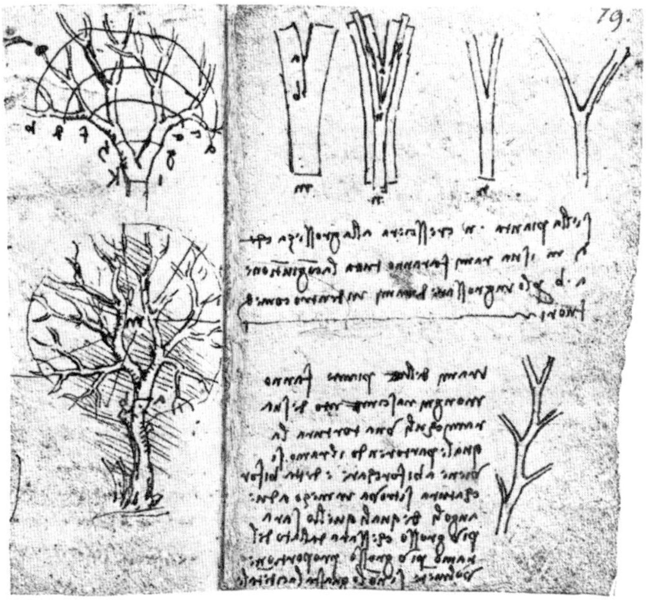

Tafel 28 Die Zeichnung zeigt Leonardo da Vincis Versuch, den Wuchs von Bäumen diagrammatisch zu abstrahieren. Die Skizze stammt aus einem seiner Notizbücher, wobei der Wuchs der Bäume einerseits Teil der Grundlagen der Malerei ist, für die da Vinci im Kapitel 8 eine Botanik für Maler entfaltet. Der Wuchs von Bäumen ist aber auch im Notizbuch zur Botanik behandelt, woraus die Abbildung stammt (Manuskript M, Folio 78v–79r). Auf mehreren Seiten legt da Vinci Regeln der Verzweigung und des Wachsens von Bäumen dar, die er aus dem genauen Studium von Bäumen abgeleitet hat, um diese zeichnerisch nach der Natur konstruieren zu können. Eine zentrale Regel lautet: »Alle Zweige eines Baumes weisen an jedem Punkt der Höhe zusammengenommen jeweils dieselbe Dicke auf wie der Stamm (direkt darunter).« Der Baum ist eine grundlegende Metapher, um Wissen zu klassifizieren, denn seine Struktur bildet ein allgemein bekanntes, natürlich-biologisches Schema, das kausale und hierarchische Beziehungen darstellen lässt. Leonardo da Vinci ist nicht an der diagrammatischen Wissensstruktur von Bäumen interessiert, erforscht jedoch mit seinen Skizzen schematische Konstruktionsregeln für Baumstrukturen. (Lit.: Lima, 2014)

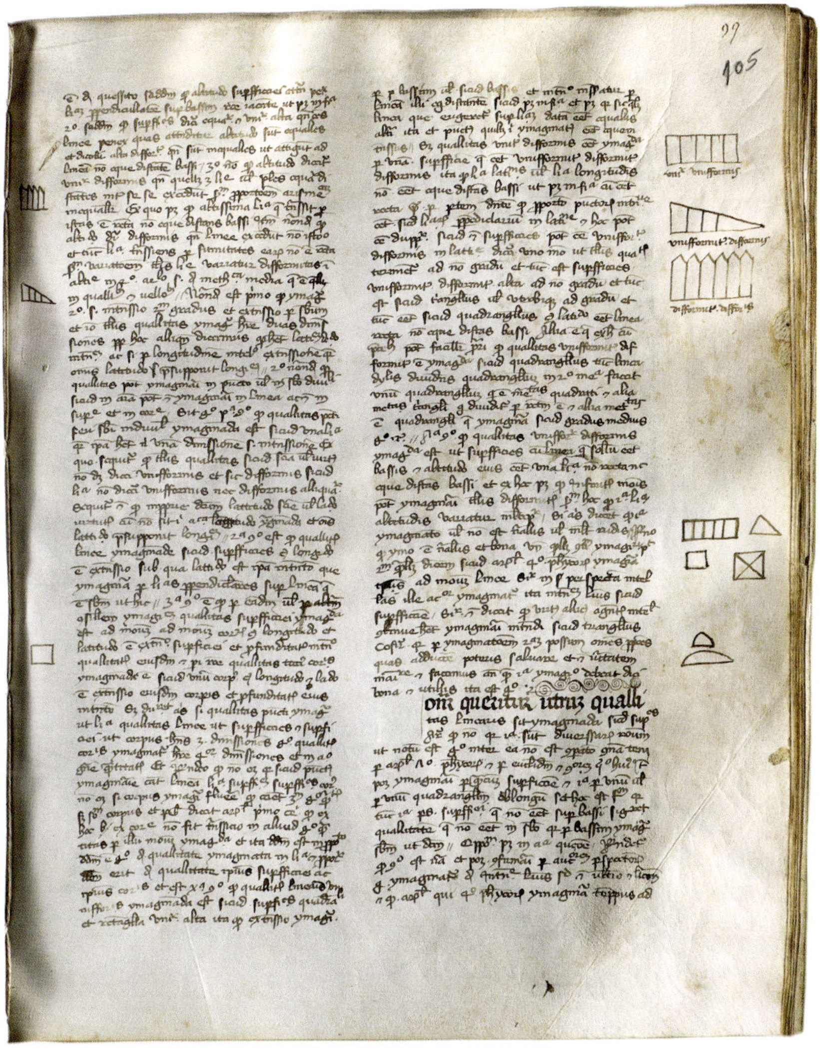

Tafel 29 Das hier abgedruckte Blatt stammt aus dem Manuskript *Tractatus philosophici, physici et geometrici* von Nicole Oresme, der es in der zweiten Hälfte des 14. Jahrhunderts verfasste. Das Manuskript ist für die Geschichte der Diagramme von großer Bedeutung, weil es einer der frühesten bekannten und in dieser Zeit wohl singuläre Versuch ist, zunehmende und abnehmende Daten graphisch darzustellen und dies auch theoretisch zu begründen. Der Kleriker Oresme entwarf ein System zur Verknüpfung von Länge (longitudo) und Höhe (altitudo) wie in einem Koordinatensystem, um den zeitlichen Prozess sich verändernder Qualitäten vorstellbar zu machen (➛ Operationalität und Optimieren). Oresme schreibt, in dem zweidimensionalen System ließe sich jedwede »forma« veränderlicher Größe wie Wachstum, Temperaturen, Bewegungen von naturwissenschaftlichen Erscheinungen aber auch von Nächstenliebe oder Schmerz von der Abszisse aus auf der Ordinate konstruieren; die so gewonnenen Punkte können zu signifikanten Kurven verbunden werden, die sich dann vergleichen lassen, wobei die Randskizzen in Oresmes Manuskript noch nicht an die später verwendeten Kurven, sondern an geometrische Flächenformen in der Form von Balken, Zaunlatten oder Rampen denken lassen. (Lit.: Wöpking, 2016)

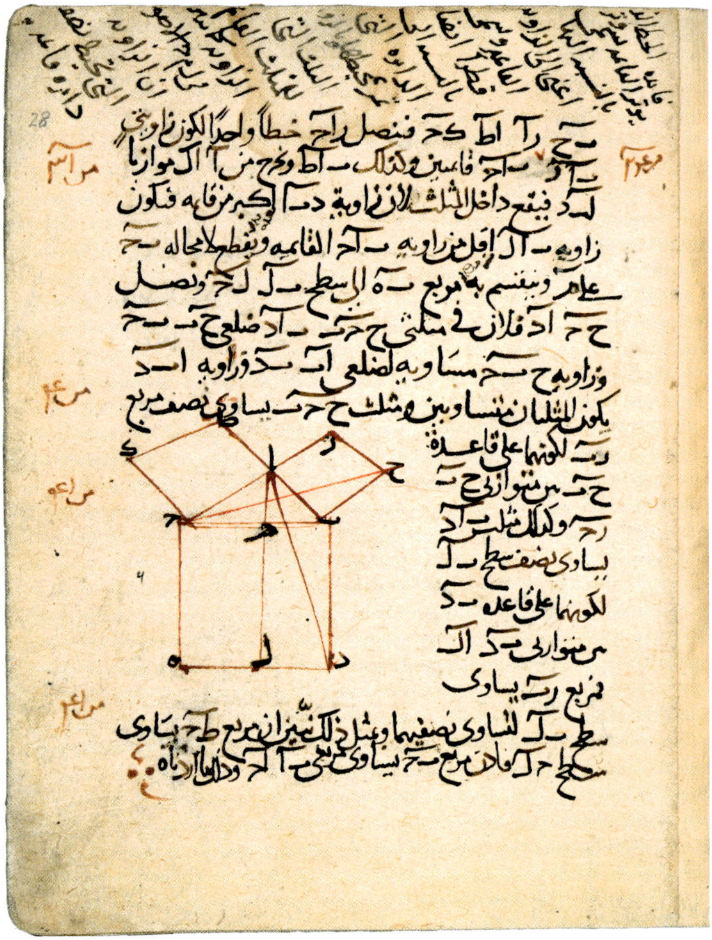

Tafel 30 Das Blatt zeigt das pythagoräische Theorem des griechischen Mathematikers Euklid in einer arabischen Übersetzung des Persers Nasir ad-Din at-Tusi (1201–1274) aus dem 13. Jahrhundert. At-Tusi war ein schiitischer Theologe, Mathematiker und Astronom, der zahlreiche ältere arabische Übersetzungen griechischer Geometrie und Trigonometrie studierte, übersetzte und weiterentwickelte, da die griechischen Quellen im Original nicht mehr existierten. Auf der übersetzten Version at-Tusis sowie weiteren arabischen Versionen gründeten die ersten Übersetzungen der Elemente Euklids ins Lateinische im 13. Jahrhundert; Euklids Elemente kamen mithin über die arabischen Wissenschaften nach Europa. Aufgrund seiner definitorischen Systematik und Axiomatik wurden die Elemente Euklids über mehrere Jahrhunderte in gleicher Form als Lehrbuch benutzt. Der Satz des Pythagoras, den die Tafel 30 zum Thema hat, ist einer der fundamentalsten Sätze der Geometrie. Er war bereits zu babylonischer Zeit bekannt und ist auch Teil der chinesischen sowie der indischen Mathematik. Neben den praktischen Anwendungen zur Bestimmung der Diagonalen von Rechtecken oder von Luftlinien in der Landvermessung, wurde durch die Geometrie die philosophische Frage aufgeworfen, in welchem Verhältnis die ideellen geometrischen Körper zur Wirklichkeit stehen. Dem Wissenschaftsphilosophen Michel Serres zufolge waren für Euklid die Figuren der Geometrie näher an den Ideen als beispielsweise in den Sand gezeichnete Kreise und Dreiecke, die immer nur Abbildungen dieser reinen Ideen sein können. (Lit.: Serres, 1994; ➛ Diagrammatische Schlüsselszenen)

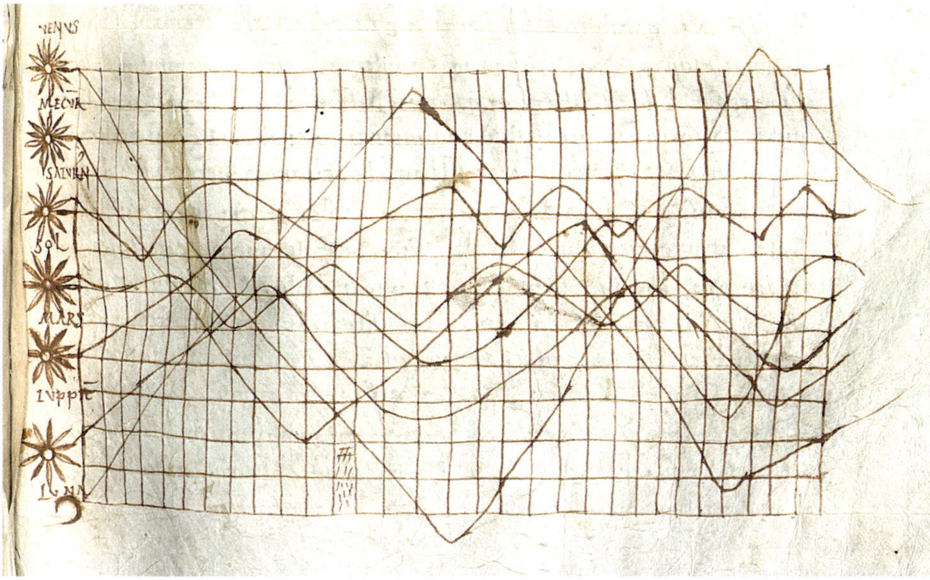

Tafel 31 Die Graphik aus dem 11. Jahrhundert zeigt, wie die Planeten (dargestellt in Sternform) und der Mond auf sieben Sphären durch den Tierkreis (dargestellt als Gitter) wandern. Die Darstellung steht im Kontext der Astronomie, in der elaborierte Aufschreibesysteme entwickelt wurden, um Beobachtungen festhalten und mit Kollegen teilen zu können. Das Besondere an der Darstellung ist das regelmäßige Raster im Hintergrund der Kurven, welches ein Koordinatensystem vorweg nimmt und die Bewegung der Planeten als Funktion der Zeit auf der Horizontalen anzeigt (vermutlich eingeteilt in Jahre). Die Graphik steht im Zeichen des geozentrischen Weltbildes, innerhalb dessen auch Sonne und Mond als Planeten angesehen wurden. In diesem Fall wird die Venus als der entfernteste Planet dargestellt. Sie durchquert die gesamte Höhe des Rasters mit zwei Wendepunkten. Den kleinsten Ausschlag hat die Sonne, die in der gleichen Zeit zehn Wendepunkte durchschreitet. Die Linien scheinen mit Tinte freihändig über die Kästchen gezogen zu sein, aber auch die Gitterstruktur ist ohne Lineal angesetzt. In den zwei untersten Zeilen des Rasters sind kleine Strichelungen zu sehen, die auf eine besondere Beobachtung hindeuten. Der Historiker und Mathematiker Howard Gray Funkhauser (1898–1984), der in den 1930er Jahren viele der heute als kanonisch zu bezeichnenden Diagramme bekannt gemacht hat, beschrieb diese Graphik als frühestes ihm bekanntes Zeitstrahldiagramm (Funkhouser, 1937). Es entstammt einem anonymen Manuskript mit dem Titel *Rhetorica ad Herennium. Macrobii in Somnium Scipionis libri II* (Frankreich und Regensburg). Im Manuskript wird der Traum des Scipio als die älteste vollständig erhaltene rhetorische Prosaschrift in lateinischer Sprache wiedergegeben, der im Mittelalter zu den beliebtesten antiken Werken zählte und das astronomische Wissen der Zeit enthält. Beigebunden ist ein Appendix mit dem Titel »De cursu per zodiacum«, das wohl vom Kopisten des antiken Werkes stammt. In diesem findet sich die Graphik.

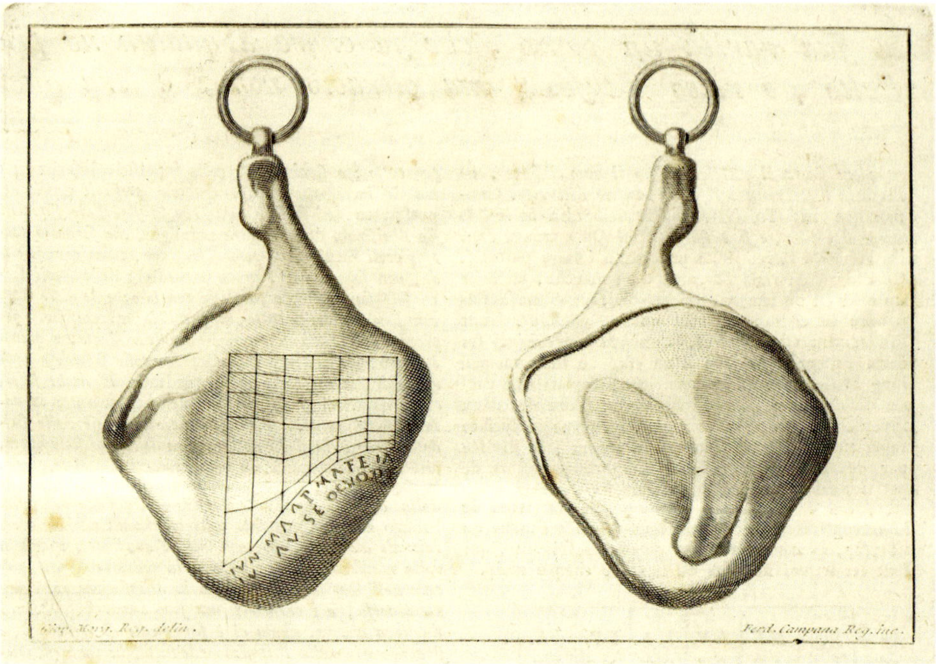

Tafel 32 Die Sonnenuhr ist Prototyp eines wissenschaftlichen Messgeräts. Sie bringt Zeit in eine räumliche Darstellung. Aufgrund ihrer komplexen Semiotik und ihrer diagrammatischen Funktionsweise wurden Sonnenuhren wie Gnomons als frühe Beispiele diagrammatischer Verfahren angeführt und diskutiert. Die hier gezeigte antike Sonnenuhr ist aufgrund ihrer sonderbaren Form unter dem Namen »Schinken von Portici« bekannt. Steffen Bogen nahm sie als Beispiel, um zu zeigen, wie sich »beim Diagramm die Funktion der Referenz von einem einfachen Begriff der Ähnlichkeit löst« (Bogen, 2005, 160). Statt einfachen Ähnlichkeitsverhältnissen würden Sonnenuhren Charles S. Peirces Aussage gerecht, die besagt: »[v]iele Diagramme ähneln im Aussehen ihren Objekten überhaupt nicht. Ihre Ähnlichkeit besteht nur in den Beziehungen ihrer Teile« (Peirce, 1895; ➛ Zeichen und Zeichenhaftigkeit). Bogen wendete diese Betrachtungsweise auf die Sonnenuhr an, indem er feststellt, dass der Schatten auf der Uhr weder der Lichtquelle noch dem Himmel ähnelt, doch gleichzeitig zu einem Zeiger auf der Uhr wird, der den Lauf der Sonne »in ein kulturelles Zeitschema einordnet« (Bogen, 2005, 160). Bogen nimmt das Beispiel der Sonnenuhr jedoch noch grundsätzlicher für die Bestimmung einer Diagrammatik, wenn er an ihr darlegt, wie ein Diagramm keine abgeschlossene Form sei, »sondern ein Prozess, in dem das Verhältnis von Formen bestimmt werden kann«, wobei sich typischerweise Gebrauchs-, Produktions- und Betrachtungsweisen miteinander verbinden. (Lit.: Serres, 1994; Bogen, 2005)

Strukturen und Ordnungssysteme

Strukturen und Ordnungssysteme. Einleitung

Birgit Schneider

Die unter dem Stichwort *Strukturen und Ordnungssysteme* versammelten Texte entstanden alle in einem relativ kurzen Zeitraum zwischen den Jahren 1975 und 1993; mit einer Ausnahme lassen sie sich dem poststrukturalistischen Ansatz zuordnen: Jack Goodys Forschungen entwickeln eine Schrift- und Handlungstheorie, haben aber in ihrer Frage nach der Rolle von Medialität große Schnittmengen mit den übrigen Texten dieser Rubrik. Unter dem Stichwort Poststrukturalismus werden vor allem in Frankreich entstandene Denkhaltungen und Sichtweisen gefasst, die sich seit den 1960er Jahren kritisch mit dem Verhältnis von (sozialer) Wirklichkeit und Zeichenpraxis auseinandersetzen. Die AutorInnen hinterfragten insbesondere, wie Sinnhaftigkeit mittels Texten und Sprache im Prozess hergestellt wird und welchen wandelbaren Konventionen diese Prozesse unterliegen. Ihr Anspruch ist eher, Perspektiven zu eröffnen und Wissen in die Schwebe zu bringen, als Begriffe festzulegen; im Fokus steht die Suche nach den Brüchen, Reibungen, Ungewissheiten und den Auflösungen von Begriffen, die einer rein hermeneutischen Analyse entgehen. Ausgehend von diesem Ansatz rückten Zeichenpraktiken generell ins Blickfeld, da sie Fragen nach den Formationen und Instrumenten des Wissens und der Materialität von semiotischen Prozessen stellen lassen. Ausgangspunkt der Analyse ist die Materialität der Medien – und sind so auch die Ordnungen von Diagrammen.

Diagrammatische Ordnungen bilden im Denken vieler PoststrukturalistInnen einen wichtigen Bezugspunkt, weil Diagramme in ihrer Strukturbildlichkeit ein besonders fruchtbares Beispiel für das vorgängige Ziehen von Differenzen zur Etablierung von Wissensordnungen bieten. Anhand von Diagrammen lassen sich die Produktionsbedingungen von Wissen und Herrschaft sowie die Konstruktionsbedingungen von Sinn offen legen und kritisch hinterfragen. Nicht nur Sprache und Schrift, auch Diagramme berühren den Kern der epistemologischen Frage nach den medialen und technologischen Bedingungen von Wissen und Erkenntnis. Im Zentrum dieser Perspektive steht die Umkehrung des oftmals eindimensional gedachten Verhältnisses von Inhalt und Form, Idee und Medium. Die poststrukturalistische Analyse setzt nicht am Subjekt, am Autor oder am »Geist« an, wie Petra Gehring zum Diagrammkonzept des Poststrukturalismus schreibt, sondern an den materiellen Grundlagen, den Medien und ihrem Eigensinn.[1] Diagramme selbst stellen eine Realität her, sie bilden sie

1 Gehring, Petra: »Paradigma einer Methode. Der Begriff des Diagramms im Strukturdenken von M. Foucault und M. Serres.« In: Gehring, Petra/Keutner, Thomas/Maas, Jörg F./Ueding, Wolfgang Maria

nicht nur ab. Sie sind ein »Ort und Verfahren des Denkens in der Schrift«, sie verkörpern eine »implizite Erkenntnistheorie«.[2]

Wissen entwickelt sich im Kreuzungspunkt von Institutionen, Verfahren, Technologien und Medien. Die Ordnungsmechanismen einer Gesellschaft manifestieren sich in Artefakten. Die Regeln des Diskurses schreiben sich mithin auch in Diagramme ein, die einen Teil der Systeme von Kontrolle und Regulierung ausmachen. Das Wissen der Diagramme ist strukturiertes Wissen, der Effekt von Diagrammen ist es, bestimmte Kategorien und Ordnungen wie beispielsweise die taxonomische Logik zu bedingen. Das Wissen wird in bestimmten Ordnungen angeordnet, die jedoch dem Wissen oftmals vorgängig sind; es sind diese Strukturen, in denen Wissen zu diagrammatischen Ordnungen aushärtet – sie schreiben Grenzziehungen und Ordnungen, Hierarchien und Klassifizierungen räumlich fest. Das Diagramm erscheint so als eine gleichzeitig strukturierende wie wandelbare Folie, auf deren Ordnung hin sich Denken, Wissen, Argumente und Begriffe, aber auch Institutionen, Körper, Bauten oder Graphiken ausrichten können, vergleichbar mit Metallspänen, die sich in Feldlinien um einen Hufeisenmagneten formieren.

Aufgrund der weiten Metaphorik des Diagramms, die auch sozio-politische Machtverhältnisse einschließt, ist der poststrukturalistische Zugang zu Diagrammen der politischste, den dieser Reader anbietet. Fragen nach den gegenwärtigen Feldlinien der Kräftekonstellationen und primären Strukturen der Macht sind auch heute virulent, indem zum Beispiel die diagrammatischen Systeme der Kontrolle mittels Netzen und Karten kritisch analysiert werden. Die hier versammelten Texte geben keine klare Antwort auf die Frage ›Was ist ein Diagramm‹ und liefern auch keine kohärente Theorie der Diagrammatik. Stattdessen fragen sie, was ein Diagramm in der Anwendung bedingt, ermöglicht oder erzwingt. Teilweise tendiert die Verwendung des Diagrammbegriffs ins Metaphorische und fungiert als heuristisches Denkbild, um wirkmächtige Strukturen fassen zu können. Mitunter werden Diagramme in den poststrukturalistischen Texten sogar zur Metapher der eigenen Methode, fungieren also als Chiffre für ein dezentrales und transversales Denken und Schreiben. Insofern operieren die in dieser Sektion versammelten Autoren an den Grenzen des Diagrammbegriffs und bieten einen offenen Begriff von Diagrammen. Anstatt auf eine Definition des Diagramms im gattungstheoretischen Sinn abzuzielen, dient ihnen das Diagramm dazu, Fragen nach grundsätzlichen Ordnungsstrukturen zu stellen.

Die Produktivität dieses Ansatzes liegt darin, die historisch immer wieder neu zu bestimmende Machtstruktur sichtbar zu machen, die Diagramme im Diskurs entfalten. Das vermeintlich Feste an der Sinnproduktion erscheint in der poststrukturalistischen Analyse flüssig und wandelbar; die Prozesse der Sinnzuweisung sind dynamisch, sie kristallisieren sich innerhalb eines Feldes von Kräften, eines Gefüges der Macht. Insofern liefern die hier

(Hg.): *Diagrammatik und Philosophie. Akten des 1. Interdisziplinären Kolloquiums der Forschungsgruppe Philosophische Diagrammatik.* Amsterdam (Rodopi) 1992, S.89–105. Vgl. Pias, Claus: »Poststrukturalistische Medientheorien.« In: Weber, Stefan (Hg): *Theorien der Medien. Von der Kulturkritik bis zum Konstruktivismus*. München (UVK Verlagsgesellschaft) 2003, S. 277–293.

2 Gehring: *Paradigma einer Methode*, S. 89.

versammelten Texte Beispiele für eine Perspektive, die Diagramme in ihrer Wirkmacht als ordnende Strukturen des Denkens ernst nimmt und diese im Prozess wie in der Herstellung kritisch zu reflektieren vermag. Eine Diagrammatik, so unser Vorschlag, muss auch diese Verwendung des Diagramms einbeziehen. Hier zeigt sich das Potenzial dieses Blickwinkels in der Scharnierfunktion zwischen den ausgehärteten, festen Diagrammen und den flüssigen, veränderlichen Diagrammstrukturen, »ein Machtmechanismus, der auf eigentümliche Weise diesseits wie jenseits des untersuchten Materials angesiedelt ist.«[3]

Textauswahl

Der erste Text dieser Sektion stammt von dem britischen Sozialanthropologen Jack Goody (1919–2015). Dieser erforschte in seinem Buch *The Domestication of the Savage Mind* (1977, frz. *La Raison Graphique*) die medialen Grundlagen sozialer und kognitiver Strukturen und ihren Wandel. Ausgangspunkt des Textes bildete Goodys Kritik gegenüber der verbreiteten Praxis seines eigenen Faches, Begriffe und Mythen oraler Kulturen medientechnisch in Tabellen und Diagrammen zu kategorisieren. Durch diese Anordnung würde ein System der Kategorisierung aufgepfropft, das aus der Kultur der Beobachter komme und in den Denkstrukturen der Beobachteten so nicht gegeben sei. Damit steht er für die in der Anthropologie bereits sehr früh ausformulierte Medientheorie, die problematisieren ließ, wie Medientechniken das Objekt, das sie zu beobachten helfen, immer verändern oder sogar erst erzeugen. Diese Gedanken führten Goody zu einer allgemeineren Analyse der Kategorisierungsmacht von schriftlichen und graphischen Medien und welche Effekte derartige Systeme der Kategorisierung auf das Denken haben. Das Aufkommen neuer Kommunikationsmedien wie Listen, Tabellen und Diagramme habe das, was gedacht und gewusst werden kann, signifikant verändert. Die Perspektive auf die »graphic forms« des Denkens eröffnet so einen Blick auf Diagramme in der Praxis, ohne dabei all zu monokausal zu verfahren; gleichzeitig lieferte Goody Ansätze für die Erforschung einer parallelen Evolution des Denkens und seiner Techniken, was ihn für die Medientheorie so interessant machte. In seiner Analyse der »technologies of the intellect«[4] suchte er jedoch nicht, wie Claude Lévi-Strauss, nach universellen Strukturen, sondern nach den Belegen ihrer Kontextgebundenheit und Veränderlichkeit.

Von Michel Serres (*1930), dem französischen Philosoph und Wissenschaftshistoriker, der die Kommunikationstheorie und den mathematischen Strukturalismus stark in sein Denken einband, haben wir den einleitenden Text *Das Kommunikationsnetz: Penelope* (1964) aus seinem ersten Hermès-Band ausgewählt. Michel Serres' Arbeit ist durch ein Interesse an diagrammatischen Strukturen wie Netzen, Schaltkreisen, geometrischen Zeichnungen und Karten geleitet, wobei er feststellt, dass die Organisations- und Darstellungsform von

3 Gehring: *Paradigma einer Methode*, S. 94.
4 Goody, Jack: *The Domestication of the Savage Mind*. London (Cambridge University Press) 1977, S. 10.

Netzwerken generell diagrammatisch sei.[5] Der Diagrammbegriff wird von ihm also mit einer Beschreibung der Eigenschaften und der Dynamik von netzförmigen Strukturbildungs- und Strukturierungsprozessen verschränkt. Um das Besondere seines Begriffs des Netzes bzw. Netzwerkes – verstanden als ›abstrakte philosophische Struktur‹ – hervortreten zu lassen, wählt Serres die Dialektik als Kontrastfolie. Dialektische Operationen könnten nur eine begrenzte Auswahl möglicher Verbindungen realisieren und denkbar machen.[6] Gegenüber der ›Linearität‹ des dialektischen Denkens erfasst das in räumlich-visuellen und geometrischen Begriffen organisierte Netzwerk-Diagramm die komplexere »Tabularität« möglicher »Vermittlungen«. Netzwerk-Diagramme zeichnen sich unter anderem dadurch aus, dass ein Ziel auf mehreren alternativen Wegen erreicht werden kann. Damit sind sie die privilegierten Formen für ›multi-‹ und ›nicht-lineare‹ Strukturprozesse, für Polyvalenzen, heterogene Verbindungen und komplexe Differenzierungen. Serres leitete aus diesen Charakteristika »ein ganzes theoretisches Konzept von dem Grundmotiv«[7] ab. Sein Text legte so wichtige Grundlagen für darauffolgende poststrukturalistische Arbeiten, um den Zusammenhang von Netzwerk und Diagramm sowohl theoretisch als auch empirisch weiterzuentwickeln.

Der dritte ausgewählte Textausschnitt stammt aus dem Buch *Überwachen und Strafen* (1975), in dem Michel Foucault (1926–1984) die Entstehung moderner Disziplinierungsverfahren untersuchte. Foucault betrachtete hierzu Diagramme der Macht und der politischen Technologie, die eine jede Zeit hervorbringt. Am Beispiel vom Panoptikum-Konzept des britischen Philosophen und Sozialreformers Jeremy Bentham (1748–1832) für eine neue Gefängnisarchitektur schlug Foucault vor, dieses »als ein verallgemeinerungsfähiges Funktionsmodell zu verstehen, das die Beziehungen der Macht zum Alltagsleben der Menschen definiert«. Ein auf eine ideale Form reduzierter Machtmechanismus, der so abstrakt und allgemein funktioniert, dass er von seiner architektonischen Gestalt abgelöst betrachtet und als Desiderat des Ordnungs- und Kontrollprinzips von Gesellschaften verstanden werden kann. »Das Diagramm selbst impliziert Macht«.[8] Foucault nennt dieses Diagramm ein »Regierungsinstrument«;[9] er beschreibt es als eine Technik, deren Struktur Machtbeziehungen reguliert, aber auch auf die Körper einer Gesellschaft disziplinierend einwirkt. »Weniger ›hinter‹ solchen Phänomenen, wie dem Panoptikum, als vielmehr in den sublimen Formen ihrer funktionsträchtigen Gegenwart steckt für die historische Analyse das, worum es ihr geht, nämlich das charakteristische Bild einer beschreibbaren Kräftekonstellation von für die

5 Vgl. Gießmann, Sebastian: *Die Verbundenheit der Dinge. Eine Kulturgeschichte der Netze und Netzwerke*. Berlin (Kadmos) 2014, zur Theorie der Netzwerke S. 117–134, zum Netzwerkdiagramm S. 211–260, mit Blick auf Serres' *Kommunikationsnetz: Penelope* speziell auch S. 219–221.

6 Vgl. Gehring: *Paradigma einer Methode*, insb. S. 97–102.

7 Gehring: *Paradigma einer Methode*, S. 97.

8 Gehring: *Paradigma einer Methode*, S. 93.

9 Foucault, Michel: *Überwachen und Strafen. Die Geburt des Gefängnisses.* Frankfurt a. M. (Suhrkamp) 1976, S. 265; Leibniz bezeichnete Staatstafeln ebenfalls als Regierungsinstrumente (➛ S. 195 in diesem Buch). Vgl. hierzu auch Schäffner, Wolfgang: »Diagramme der Macht. Festungsbau im 16. und 17. Jahrhundert.« In: Jöchner, Cornelia (Hg.): *Politische Räume. Stadt und Land in der Frühneuzeit.* Berlin (Akademie-Verlag) 2003, S.133–143.

jeweiligen Gesellschaftsformen typischer Art und Weise.«[10] Für Foucault geht es in der Analyse mithin um das Aufdecken »geschichtlich singulärer Beziehungen und Beziehungsbedingungen.«[11] Die Diagramme lassen Machtstrukturen sowie dominante Denkordnungen in ihrer typischen Ordnung (Tabelle, Baum, Panoptikum) erkennen und historisch verorten; sie oszillieren zwischen Materialisierungen von Diagrammen und ihren immateriell wirksamen Ordnungseffekten und Wirkmächten. Der gezeichnete Plan des Panoptikums (Tafel 15), seine graphisch festgehaltene Struktur, ist dann lediglich eine mögliche temporäre Materialisierung oder Aushärtung der beschriebenen Kräftekonstellationen.

Der Text *Vom Archiv zum Diagramm* (1986), den wir von Gilles Deleuze (1925–1995) in dieser Sektion abdrucken, entwickelt den Gedanken des Panoptismus in einer Antwort auf Foucault weiter. In Deleuzes Denken spielten diagrammatische Figuren ebenfalls eine zentrale Rolle, wenn er beispielsweise das Bild eines rhizomatischen Wurzelgeflechts als offene und wildwuchernde Denkstruktur den aufsteigenden, dichotomischen Bäumen und Graphen entgegenstellt, die das enge Idealbild des logischen Schließens und der Dialektik strukturieren (Tafel 28).[12] Deleuze kehrte mit dem Gegenbild des Rhizoms Foucaults Betrachtung des Diagramms in seiner repressiven Wertigkeit um – das rhizomatische Diagramm ist stattdessen ein kreativer Mechanismus der Sinnproduktion. Im Gegensatz zum Rhizom-Text, den wir hier nicht abdrucken, liefert Deleuze in seiner Antwort auf Foucault eine genauere Theorie dessen, was er unter einem Diagramm versteht. Auch er will das Diagramm in Bezug auf unsere »modernen Disziplinargesellschaften« lesen. »Es ist eine abstrakte Maschine. Indem sie sich durch informelle Funktionen und Materien definiert, ignoriert sie jede Formunterscheidung zwischen einem Inhalt und einem Ausdruck, zwischen einer diskursiven Formation und einer nicht-diskursiven Formation.«

Mit Bruno Latours (*1947) Text *Zirkulierende Referenz* aus *Die Hoffnung der Pandora* (1993/1999) haben wir einen relativ jungen Primärtext ausgewählt, der in Tradition der Semiotik sowie des linguistischen Poststrukturalismus und der poststrukturalistischen Soziologie steht; viele seiner Gedanken sind von Michel Serres angeregt, aber auch Jack Goody bildet einen wichtigen Bezugspunkt. Die Grundfrage, die im Rahmen der Diagrammatik interessiert, ist: Was ist die Bedeutung bestimmter Medien, wie z. B. Diagrammen, für die Entwicklung der modernen Wissenschaften? Diese Frage hat Latour außer in dem hier abgedruckten Text auch in *Visualisation and Cognition. Thinking with Eyes and Hands* (1986) ausführlich behandelt, wo er, aufbauend auf Jack Goodys Frage, die Eigenschaft des »unveränderlich Beweglichen« (»immutable mobile«) beschrieb, die den Mehrwert von Bildern und Graphiken allgemein ausmacht: Graphiken sind Kondensate, die von einem Ort an

10 Gehring: *Paradigma einer Methode*, S. 92.

11 Gehring: *Paradigma einer Methode*, S. 93.

12 Vgl. Deleuze, Gille/ Guattari, Félix: *Rhizom.* Berlin (Merve) 1977. Vgl. neben Gehring: *Paradigma einer Methode* auch Reichert, André: *Diagrammatik des Denkens. Descartes und Deleuze*. Bielefeld (transcript) 2013; Siegel, Steffen: »Wissen, das auf Bäumen wächst. Das Baumdiagramm als epistemologisches Dingsymbol im 16. Jahrhundert.« In: *Frühneuzeit-Info*, 15, 2004, S. 42–55.

den anderen kommuniziert werden können, ohne ihre signifikante Gestalt zu verlieren.[13] In *Zirkulierende Referenz* stehen folgende Fragen im Zentrum: Wie ist der Prozess der Sinn- und Wissensproduktion gestaltet? Wie wird Wissen in der Praxis strukturiert und welche Rolle spielen Medien hierbei? Latour geht den Weg der medienkritischen Anthropologie konsequent weiter und wendet den ethnographischen Blick auf die modernen Wissenschaften selbst. In seinem Aufsatz beschreibt Latour die vielen Schritte, die Wissenschaftler vollziehen müssen, um wissenschaftliche Erkenntnisse (»Tatsachen«) für eine Publikation zu erzeugen, beginnend bei einer Bodenprobe aus dem brasilianischen Regenwald. Was er dabei offenlegt, ist, wie sehr die Wissenschaft auf die disziplinierte Produktion von Karten, Markierungen, Messstandards und Rastern angewiesen ist. Für sein gewähltes Beispiel gilt: Es gibt kein Wissen außerhalb dieser Zeichenpraktiken und Strukturierungen, die wiederum historisch veränderbar sind. WissenschaftlerInnen müssen auf eine Karte oder ein Diagramm zeigen können, um mehr Wissen zu erreichen. Eingebettet ist Latours Produktionsbeschreibung eines wissenschaftlichen Diagramms in die philosophische Fragestellung nach der Referenz. Kaskaden von Übersetzungen, Abstraktionen, Transformationen, Herleitungen und Fingerzeige werden nachvollziehbar, wenn man versucht, die Herstellung eines Diagramms als einen Endpunkt dieses Prozesses in den Blick zu bekommen. Der Text ist aber auch für die pragmatischen Fragen der Diagrammatik wichtig, weil er die Produktion von Diagrammen und ihren Erkenntnissen wie eine Kette Glied für Glied nachvollziehbar macht. Im Zentrum steht abermals die Materialität des Diagramms und seiner Produktion.

13 Latour, Bruno: »Visualisation and Cognition: Drawing Things Together.« In: Kuklick, Henrika (Hg.) *Knowledge and Society of Culture Past and Present*, Nr. 6, Greenwich (JAI Press) 1986, S. 1–40 oder Lynch, Michael E./Woolgar, Steve (Hg.): *Representation in Scientific Practice*. Cambridge/Mass. (MIT Press) 1990, S. 19–68.

Jack Goody

Schreiben und Auflisten (1977)

Die Art, wie Wörter (oder ›Dinge‹) in einer Liste angeordnet werden, ist selbst eine Art der Klassifikation oder der Eingrenzung eines ›semantischen Feldes‹, denn der Vorgang impliziert, daß einzelne Elemente ein- und andere ausgeschlossen werden. Darüber hinaus findet auch eine Hierarchiebildung statt, wenn etwa die ›höchsten‹ Elemente auch an oberster Stelle stehen und die ›geringsten‹ ganz unten. Zudem können der geordneten Liste Logogramme mit bestimmten Zahlwerten beigefügt werden. Durch die Nummerierung von oben bis unten kann jeder einzelne Eintrag über eine Nummer von 1 bis n erschlossen werden.

Doch Klassifizierung und Hierarchisierungen können durch das Schreiben auch radikalere Formen annehmen: solche, die parallel zu den elementaren semantischen Klassifizierungen beispielsweise von Tieren oder Früchten verlaufen, solche, die diese unterstützen und erweitern, aber auch solche, die den Klassifizierungen zuwiderlaufen. Wir haben bereits gesehen, daß das Onomastikon des Amenop[I] *Rubriken* enthält; auf der ersten Seite zum Beispiel wird das Wort für ›Tau‹ (Nr. 18) durch eine Rubrik hervorgehoben. Diese schließt die Reihe mit Phänomenen des Himmels ab und leitet über zu solchen der Erde. Offensichtlich handelt es sich um eine Art ›Mediator‹ zwischen den beiden Klassen.

Eine andere Weise, auf die eine Klasse in hieroglyphischen Schriften eigens hervorgehoben werden kann, wird durch die zweite Gruppe angezeigt, die fortgesetzt wird, bis das rubrizierte Wort *dbw* den Anfang zu einer Reihe von Landtypen bildet. Denn die Kategorie, die mit ›Tau‹ betitelt ist, wird durch ein gemeinsames *Determinativ* gekennzeichnet, das darauf hinweist, daß die entsprechenden Einträge alle eine Beziehung zum Wasser oder zur Feuchtigkeit unterhalten.[*] Ein derartiger Einsatz von Determinativen ist eine Form der Klassifizierung, die das Schreiben gegenüber dem Sprechen auszeichnet

I Anm. der Hrsg.: Ein Onomastikon ist die altägyptische Sammlung von Fachwissen in schriftlicher Form. Bei Goodys Beispiel handelt es sich um einen Papyrus von ca. 1100 v. Chr. des Verfasser Amenopě aus der späten 20.–22. Dynastie. In diesem wird die Welt auf eine Liste abgebildet, indem Wissenswertes mit dem Ziel eines Überblicks in verschiedene, zusammenhängende Themengebiete klassifiziert wird. Der erhaltene Papyrus besitzt 610 Listeeinträge, war aber ursprünglich länger. Die Einträge sind geordnet in die Bereiche Himmel, Wasser und Erde; göttliche Dinge, Könige; Völker und Menschen; Städte; Gebäude und Landtypen; Agrarisches, Getreide; der Ochse und seine Teile. Der hier thematisierte Begriff stammt aus der ersten Rubrik der Liste (Himmel, Wasser, Erde).

* Vgl. Gardiner, Alan Henderson: *Ancient Egyptian Onomastica*, 3 Bde. London (Oxford Univ. Press) 1947, Bd.1, S. 36 (Anm. d. Übers.).

und zur Geltung bringt; es handelt sich um ein visuelles Zeichen, das die gemeinsamen Eigenschaften einer Reihe von Objekten oder Handlungen kennzeichnet.

So wie Wörter durch spezielle Farben oder schrifttypische Formen gekennzeichnet werden können, so können auch Anfang und Ende einer Gruppe von Einträgen eigens markiert werden: durch räumliche Abstände, durch Einfügungen oder diakritische Zeichen sowie auf viele andere Arten. Und so wie die Einträge innerhalb einer Liste allein schon durch die Anordnung (die ferner durch Nummern ergänzt werden kann) einer zumindest impliziten Hierarchie folgen, so können auch die auf einer ersten Ebene versammelten Einträge insgesamt wiederum unterteilt und gruppiert werden, und zwar entweder durch die Einführung weiterer Gliederungsebenen (so wie bei Baumdiagrammen, die zum Formenrepertoire vieler Wissenschaftler gehören) oder durch Bildung einer einfachen linearen Hierarchie, die den einzelnen Gruppierungen und den darin enthaltenen Elementen eine umfassendere Ordnung geben.

Die Klassifizierungssysteme, die in diesen Listen zum Vorschein kommen, unterscheiden sich also in einigen Punkten von denen, die in der mündlichen Rede implizit vorhanden sind. Das Schreiben bringt jenen Prozeß voran, den Jerome S. Bruner für die menschliche Sprache insgesamt als kennzeichnend erachtet und den er als ›symbolische Repräsentation‹ bezeichnet hat – im Unterschied zur ›ikonischen Repräsentation‹, die auf wahrnehmbaren Ähnlichkeiten (Bildern) beruht. »Sprache bricht [...] die natürliche Einheit der Wahrnehmungswelt auf – oder zwingt ihr mindestens eine andere Struktur auf«, sind Phoneme, Morpheme und die übrigen »Komponenten« der Sprache doch allesamt diskontinuierlich organisiert.[1] Das Schreiben zeichnet aus, verdichtet und erweitert diese Diskontinuität, indem es auf der visuellen, der räumlichen Anordnung insistiert, die dann zum Gegenstand möglicher Neuanordnungen wird. Die explizite Ausformulierung von Systemen, die der Kategorisierung dienen, oder von semantischen Feldern nach dem Muster von Verwandtschaftsbeziehungen, zoologischen Arten oder literarischen Gattungen ist Folge eines Reduktionsprozesses, der im Schreiben durch die Klassifizierung von Begriffen stattfindet. Dabei geht es nicht einfach um das lineare Schreiben, sondern um ein Schreiben, in dem die Wörter aus dem Kontext mündlicher Rede herausgelöst und, derart abstrahiert, in eine gleichwertige Beziehung zu anderen Wörtern (Konzepten oder Morphemen, lexikalischen Einheiten, möglichen Sätzen) gesetzt werden, die als einer ähnlichen ›Klasse‹ zugehörig angesehen werden können, motiviert z.B. durch bestimmte gemeinsame Merkmale, die sich auf die Natur (Tiere oder Bäume etwa) oder auf andere Gebiete beziehen können.

Ich möchte nicht so weit gehen und dafür argumentieren, daß derartige Systeme durch das Schreiben selbst erst geschaffen werden, gehört doch das Klassifizieren offensichtlich bereits zu den Bedingungen der Sprache wie des Wissens. Allerdings ist auch

1 Bruner, Jerome S. u.a.: *Studien zur kognitiven Entwicklung. Eine kooperative Untersuchung am »Center for Cognitive Studies« der Harvard-Universität. Aus dem Amerikanischen von Gertrud Juzi und Hans Aebli.* Stuttgart (Klett) 1971, S. 66.

klar, daß es wohl selten vorkommt und sicherlich merkwürdig wäre, wenn in einer Gesellschaft Individuen in einer primär durch Mündlichkeit bestimmten Situation eine erschöpfende Klassifikation von Begriffen beispielsweise für Bäume oder Verwandte formulieren würden. Damit ist nicht gesagt, daß derartige Systeme der Klassifizierung linguistischer Einheiten auf einer anderen (›tieferen‹, ›unbewußteren‹) Ebene gar nicht existieren und daß die entsprechenden Klassen in einigen Fällen (z.B. bei bestimmten Substantivklassen, Arten der Pluralbildung etc.) nicht auch konkrete linguistische Formen annehmen. Doch werden auch diese Formen erst durch das Schreiben, und vielleicht nur durch das Schreiben, explizit gemacht.

Listen werden durch das Schreiben geformt, wobei sie ihrerseits Reihen und Klassen formen. Mir der ›Formung von Reihen‹ meine ich schlicht die Tatsache, daß die Wahrnehmung von Mustern primär (wenn auch nicht ausschließlich) über den Gesichtssinn verläuft. In bestimmten Gebieten, z.B. im Hinblick auf Zahlen, wäre es äußerst schwierig, Reihen zu bilden, wenn es zuvor nicht eine Übertragung akustischer Informationen in visuelle gegeben hätte. Schließlich verläuft die Musterung von Information über den Gesichtssinn doch recht anders als über den Gehörsinn.

Wenn gesagt wird, daß Listen Klassen formen (oder ihnen zumindest Ausdruck verleihen), dann meine ich damit, daß sie die Notwendigkeit von Grenzziehungen mit sich bringen – die Notwendigkeit eines Anfangs und eines Endes. In mündlicher Rede wird es, wenn überhaupt, kaum vorkommen, daß jemand sich genötigt sieht, Listen von Gemüsen, Bäumen oder Früchten aufzusagen. Man kann sich gewiß Situationen vorstellen, in denen jemand Listen von Sippenmitgliedern, Dörfern oder Stämmen aufsagt, die zu einer größeren Gemeinschaft gehören: In diesen Fällen mag es vorkommen, daß die Vorstellung eines erschöpfenden und ausschließenden Gebrauchs von Listen mit binären Entscheidungsmustern präsent ist (gehört etwas oder jemand zu einer Klasse oder nicht?). Doch wäre die Frage, ob eine Tomate eine Frucht oder ein Gemüse ist, in mündlichen Kommunikationssituationen sinnlos oder zumindest belanglos (und für die meisten von uns tatsächlich trivial). Für die Ausbildung eines systematischen Wissens über Klassifikationen und Prozesse der Entstehung natürlicher Arten kann die Frage hingegen von entscheidender Bedeutung sein. Es sind Fragen dieser Art, die durch das Schreiben von Listen provoziert werden.

Den Prozeß, der hier abläuft, könnte man als einen Prozeß der Übergeneralisierung bezeichnen. Dabei ist schnell zu sehen, wie dieser Prozeß vor sich geht. In mündlicher Rede ist es ohne weiteres möglich, »Tau« in einem bestimmten Kontext als ein Phänomen der Erde und in einem anderen Kontext als eins des Himmels zu behandeln. Wenn man jedoch damit konfrontiert ist, daß das Wort in einer bestimmten Untergruppe einer Liste oder einer bestimmten Spalte innerhalb einer Tabelle stehen soll, hat man zwischen zwei Möglichkeiten eine Wahl zu treffen: Das Wort muß entweder oben oder unten oder in einer rechten oder linken Spalte eingereiht werden. Allein schon die Tatsache, daß das Wort in einer Liste platziert und somit aus dem Kontext mündlicher Rede herausgelöst wird, verleiht dem Ergebnis einer solchen Wahl einen Grad an Allgemeinheit, den es sonst nicht hätte. Dabei scheint die Wahlmöglichkeit von dem Moment an radikal eingeschränkt, in dem das Wort an einem Ort in einer Liste festgeschrieben wird, die wiederum von politischen oder religiösen Mächten ›autorisiert‹ wird. Darüber hinaus steht die Liste dann auch einer Verwendung für Lehr- und Lernzwecke offen, so daß schließlich jedem Schulkind (obschon es davon keineswegs viele gab) klarwerden kann, wo »Tau« im Verhältnis zum Himmel oder zur Erde hingehört. Durch eine Reihe forcierter binärer Entscheidungen verhalf die Schriftlichkeit dem Schema der ›Über-Generalisierung‹ zu seinem Sieg. Gewiß handelt es sich dabei nicht um ein Spiel um alles oder nichts. Doch werden auf diese Weise Fragen ermöglicht und vielleicht auch Antworten darauf gegeben und bewahrt, die man im Kontext mündlicher Rede nicht erwarten würde.

Man mag meine Betonung der Deutlichkeit, die durch das Schreiben als Bedingung für den Gewinn an Wissen motiviert wird, für trivial erachten. Für die Theorie, die ich verfolge, ist sie jedoch zentral. Tatsächlich wird das, was ich über den Zusammenhang von Kategorienbildung und Erkenntniserwerb zu sagen habe, auch durch Arbeiten im Bereich der lexikalischen Forschung, vor allem jene von Ken Hale zur Warlpiri-Sprache, gestützt.[II] Hale hebt hervor, daß die Angehörigen des australischen Warlpiri-Stammes trotz der Tatsache, daß sie nur über eine sehr einfache Terminologie für Farben verfügen, in der Lage sind, viele weitere Farbkategorien wahrzunehmen; und obwohl es bei ihnen nur ein sehr einfaches Zahlensystem gibt, sind sie ohne weiteres in der Lage zu zählen, auch in anderen Systemen wie dem unsrigen. Paul Kay weist in seinem Kommentar zu den Arbeiten von Hale darauf hin, daß diese eine sehr allgemeine Hypothese über die Entwicklung der Sprache enthalten, nämlich die, daß »man den Prozeß der sprachlichen Entwicklung an den lexikalischen und syntaktischen Vorkehrungen erkennen« könne, und zwar an jenen, »die den *expliziten Ausdruck* einiger bestimmter universaler semantischer Kategorien und Beziehungen ermöglichen oder erfordern, die *implizit* in allen Sprachen und Kulturen präsent« seien.[2] Ich selbst würde den Bezug zum Universellen als unnötig erachten; aber der Prozeß, den Hale beschreibt, scheint doch zu jenem zu passen, den ich mit der Einführung und der Entwicklung des Schriftsystems in Verbindung bringe.

Etwas an diesem Prozeß der Transformation einer Klasse oder einer Struktur (einem System, zumindest im Sinne Piagets, das man definiert, um es für analytische Zwecke nutzen zu können) könnte einige der Probleme klären helfen, die das Studium der Verwandtschaftsbegriffe einschränken. Dabei dürfte es kaum notwendig sein, darauf hinzuweisen, daß es ohne Grapheme auch keine Diagramme dieser Art gäbe (Abb. 1).

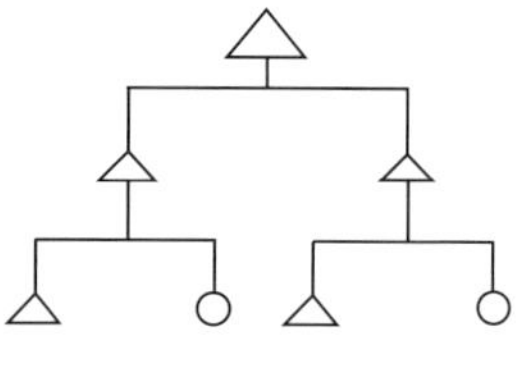

II Anm. d. Hrsg.: Gemeint sind der Sprachforscher Kenneth Locke Hale und seine linguistischen Untersuchungen der Sprache Warlpiri, die von einem Stamm der Aborigines in Zentralaustralien gesprochen wird.

2 Kay, Paul: »Language Evolution and Speech Style.« In: Blount, Ben G./Sanches, Mary (Hg.): *Sociocultural Dimensions of Language Change*. New York (Academic Press) 1977, S. 21–33, hier S. 11f.

Führen nicht Diagramme dieser Art dazu, daß der Bereich von Verwandtschaftsbeziehungen als klar unterschieden definiert wird von dem Bereich, in dem Verwandtschaftsbegriffe bloß verwendet werden? Möglich werden durch solche Diagramme z.B. Unterscheidungen von Elementen erster und zweiter Ordnung, von Haupt- und Nebenbedeutungen, von ›eigentlichen‹ und ›uneigentlichen‹ Wortverwendungen. Wären solchen wahrnehmbaren Grenzziehungen im bloßen Sprachgebrauch möglich?

Ich möchte nicht so weit gehen und behaupten, daß beispielsweise alle Arten, den englischen Ausdruck für »Bruder« zu verwenden, eine einheitliche Gestalt bilden, die man nicht weiter unterteilen könnte. Ich meine bloß, daß graphische Repräsentationen dazu zwingen, in einer binären Form Entscheidungen darüber zu treffen, ob etwas einem Bereich oder einer Klasse zugeordnet werden kann oder nicht (allenfalls das Mengendiagramm offeriert hier teilweise Alternativen). Jedenfalls unterscheidet sich die Ausgangssituation eines derartigen Entscheidungsprozesses deutlich von jener, in der sich ein Sprecher befindet, dessen Wahrnehmungsfeld homogener und weniger scharf differenziert ist als dasjenige eines schreibkundigen Lesers.

Diese Ausgangssituation hat sowohl Vor- als auch Nachteile. Die schärfere Definition der Begriffe und Klassen ist ein frühes Beispiel für die steigende Präzision, die durch den Wechsel von einer losen mündlichen Artikulationsweise zu einer präzisen Formalisierung erreicht wird, so wie sie etwa auch bei mathematischen Berechnungen oder Computersimulationen Verwendung findet. »Bei verbalen Modelldarstellungen ist es leicht, Komplikationen zu übersehen, die sich aus den Folgerungen von als klar und unzweideutig erscheinenden Erklärungen ergeben. Mathematische Modelle erlauben dergleichen Spielraum nicht: Unklarheiten bedürfen hier einer Lösung, wenn das Modell funktionieren soll. Diese Formalisierung hat ihre guten als auch ihre schlechten Seiten.«[3]

Quelle

Goody, Jack: *The Domestication of the Savage Mind*. London (Cambridge University Press) 1977], S. 338–396, hier Ausschnitt S. 384–390. Die deutsche Übersetzung stammt von Sandro Zanetti und ist entnommen aus: Goody, Jack: »Woraus besteht eine Liste?.« In: Sandro Zanetti (Hg.): *Schreiben als Kulturtechnik. Grundlagentexte*. Berlin (Suhrkamp) 2012, S. 384–390.

3 Norman, Donald A.: *Aufmerksamkeit und Gedächtnis. Eine Einführung in die menschliche Informationsverarbeitung*. Aus dem Amerikanischen von Rolf H. Piquardt. Weinheim, Basel (Beltz) 1973, S. 203.

Michel Serres

Das Kommunikationsnetz: Penelope (1964)

> Bevor Persephone von Zeus in Gestalt einer Schlange verführt wurde und von ihm den Dionysos empfing, webte sie in der Grotte der Cyane, bei der Demeter sie zurückgelassen hatte, an einem Teppich, auf dem das ganze Universum abgebildet sein sollte. *(Nach orphischen Erzählungen)*

Stellen wir uns ein *netzförmiges* Diagramm vor, das in einen Darstellungsraum eingezeichnet ist. Zu einem bestimmten Zeitpunkt (wie wir noch sehen werden, repräsentiert das Netz den je spezifischen Zustand einer veränderlichen Situation) besteht es aus einer Mehrzahl von Punkten (Gipfeln), die untereinander durch eine Mehrzahl von Verzweigungen (Wegen) verbunden sind. Jeder Punkt repräsentiert eine These oder ein eindeutig definierbares Element einer wohlbestimmten empirischen Menge. Jeder Weg steht für eine Verbindung oder Beziehung zwischen zwei oder mehreren Thesen oder für einen Determinationsfluß[1] zwischen zwei oder mehreren Elementen dieser empirischen Situation. Dabei ist *per definitionem* kein Punkt gegenüber einem anderen privilegiert, und keiner ist einseitig einem anderen untergeordnet; jeder Punkt hat seine eigene Kraft (die in der Zeit möglicherweise variiert), seinen eigenen Wirkungsbereich oder sein eigenes Determinationsvermögen. So ist es zwar nicht ausgeschlossen, daß Punkte miteinander identisch sind, doch im allgemeinen werden sie verschieden sein. Dasselbe gilt für die Wege; sie transportieren Determinationsflüsse, die sich jeweils voneinander unterscheiden und in der Zeit variieren. Schließlich besteht noch eine tiefgreifende Reziprozität oder, wenn man so will, eine Dualität zwischen den Gipfeln und den Wegen. Die Gipfel können als Schnittpunkte zweier oder mehrerer Wege angesehen werden (eine These kann sich als Schnittpunkt mehrerer Relationen konstituieren; ein Situationselement kann plötzlich aus dem Zusammenfluß mehrerer Determinationen hervorgehen); entsprechend können wir einen Weg als eine Determination begreifen, die dadurch zustande kommt, daß zwei vorgegebene Gipfel in ein Verhältnis zueinander gebracht werden (zwei Thesen werden zueinander in Beziehung gesetzt, zwischen zwei Situationen wird eine Wechselbeziehung hergestellt usw.). Es handelt sich also um ein Netz, dessen interne Differenzierung sich nach Belieben steigern läßt; um ein Diagramm, das durch die denkbar größte Unregelmäßigkeit gekennzeichnet ist. Ein regelmäßiges Netzwerk mit identischen

1 Wenn wir von Determination sprechen, so verstehen wir darunter ganz allgemein Relation oder Wirkung; dabei kann es sich um eine Analogie, eine Deduktion, eine Einwirkung, einen Gegensatz, eine Reaktion usw. handeln.

Gipfelpunkten und konvergierenden, parallelen oder senkrecht zueinander verlaufenden, äquivalenten Wegen wäre ein Sonderfall dieses »ungleichseitigen« Netzes.[2] Ebensogut könnte man auch von einem regelmäßigen Netz ausgehen; dann bräuchte man lediglich die Gipfelpunkte und Wege zu differenzieren und variieren zu lassen, bis sich das hier vorgeschlagene Modell ergibt. Andererseits gehen wir davon aus, daß es sich um die formale Darstellung einer veränderlichen Situation handelt, also einer Situation, die sich im Laufe der Zeit global verändert, zum Beispiel wechselt ein Punkt oder Gipfel des Netzes plötzlich seinen Ort (wie eine Figur mit einer bestimmten Bedeutung – König, Dame, Läufer usw. – auf einem Schachbrett), und das gesamte Netz verwandelt sich in ein neues Netz, das sich vom alten durch die Lage der Punkte zueinander wie auch durch die Mannigfaltigkeit der Wege unterscheidet. Mit diesem Modell wollen wir uns nun abstrakt auseinandersetzen, und in jeder Phase dieser Untersuchung werden wir es mit der traditionellen dialektischen Argumentation vergleichen:

1. Zwischen zwei Thesen oder zwei Situationselementen, das heißt zwei Gipfelpunkten, gibt es nach Auffassung der Dialektik einen und nur einen Weg, auf dem man vom einen zum anderen gelangen kann; dieser Weg ist »logisch« notwendig und verläuft durch einen ganz bestimmten Punkt, den der Antithese oder der entgegengesetzten Situation. In dieser Hinsicht ist die dialektische Argumentation einlinig; sie ist dadurch gekennzeichnet, daß es nur einen Weg gibt, daß dieser Weg einfach und der Determinationsfluß, den dieser Weg transportiert, eindeutig ist. Das oben beschriebene Modell ist dagegen durch die Vielfalt und Komplexität der vermittelnden Wege charakterisiert. Hier gibt es, wie man auf den ersten Blick erkennt, zwar nicht beliebig viele Wege, die von einem Gipfelpunkt zum anderen führen, wohl aber eine große Zahl von Wegen, sofern die Zahl der Gipfel endlich ist. Es liegt auf der Hand, daß der Weg durch beliebig viele und im Grenzfall durch sämtliche Punkte führen kann. Keiner dieser Wege kann für sich beanspruchen, der »logisch« notwendige zu sein; es mag durchaus vorkommen, daß der kürzeste Weg zwischen den beiden fraglichen Punkten am Ende der schwierigere oder weniger interessante (weniger praktikable) ist als ein anderer, der zwar länger ist, aber ein höheres Maß an Determination transportiert oder zum betreffenden Zeitpunkt aus diesen oder jenen Gründen offen steht.[3] Der eine Weg (oder die Gesamtheit der Wege), den die Theorie, die Entscheidung oder die Geschichte einschlägt – oder auch jede spezielle Entwicklung einer veränderlichen Situation –, ist unter anderen möglichen Wegen ausgewählt, wurde innerhalb einer Verteilung bestimmt, die auch zufälliger Natur sein kann. An die Stelle der starren Notwendigkeit einer einzigartigen Vermittlung tritt die Selektion einer Vermittlung unter anderen Vermittlungen. Und das stellt einen beachtlichen Vorteil dar, denn es handelt sich um eine bessere Annäherung an reale Situationen, deren Komplexität

2 Allgemeiner Fall 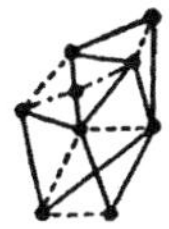 – Sonderfall 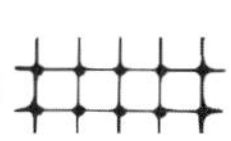

3 Diese Unbestimmtheit des Weges ist die Voraussetzung der *List*.

häufig auf der Vielzahl denkbarer praktikabler Vermittlungsmöglichkeiten beruht; und dieser Vorteil verdankt sich der Überlegenheit eines *tabulatorischen Modells* über ein *lineares Modell* oder auch der Tatsache, daß eine Argumentation mit mehreren Eingängen und *vielfältigen Verknüpfungen* reicher und flexibler ist als eine *lineare Verkettung* von Gründen, ganz gleich, ob diese Verkettung nun auf Deduktion, Determination, Entgegensetzung usw. beruht. Insbesondere wird das dialektische Argument hier zu einem Spezialfall des allgemeinen tabulatorischen Netzes; um es wiederzufinden, brauchen wir das Netz lediglich zu homogenisieren und eine bestimmte Sequenz mit festgelegtem Determinationsfluß herauszugreifen, oder wir projizieren es auf eine einzige Linie. In all diesen Fällen erhalten wir das dialektische Argument als Spezialfall, als Projektion aus einer eingeschränkten Perspektive. Wir gelangen also zu einer Pluralisierung und Generalisierung der dialektischen Sequenz, indem wir auf der Ebene des formalen Modells von der Linie zum Raum übergehen: Das Modell wechselt die Dimension. Die Dialektik glaubte, sie hätte alle früheren Argumentationen flexibler gemacht und verallgemeinert, indem sie aus der geraden Linie eine gebrochene Linie machte; doch so sehr und so oft die Linie auch gebrochen sein mag, sie bleibt dennoch immer innerhalb ihrer Dimension.[4]

2. Beim Übergang von der Linearität zur »Tabularität« vergrößert sich die Zahl der möglichen Vermittlungen, und zugleich werden diese Vermittlungen flexibler. Wir haben es nicht mehr mit einem und nur einem Weg zu tun, sondern mit einer bestimmten Zahl von Wegen oder einer Wahrscheinlichkeitsverteilung. Doch andererseits sorgt das vorgeschlagene Modell nicht nur für eine verfeinerte Differenzierung der Verbindungen zwischen zwei oder mehreren Thesen (bzw. zwischen den Elementen realer Situationen), es eröffnet auch die Möglichkeit, nicht nur die Zahl, sondern auch die *Natur* und die *Kraft dieser Verknüpfungen* zu differenzieren. Das dialektische Argument zum Beispiel transportiert entlang seiner Linearität nur einen *eindeutigen Typ von Determination*, Negation, Gegensatz, Überschreitung, dessen Kraft durchaus existiert, aber nicht *bewertet* wird.[5] Deshalb läßt sich unser Modell keinesfalls auf ein komplexes Gewebe aus mehreren dialektischen Folgen reduzieren, denn solch ein Gewebe wäre nur ein Spezialfall unseres Modells. Trotz der *Multilinearität seiner Wege* fehlt ihm die *Mehrdeutigkeit der Relationstypen*, und es fehlt ihm die *Bewertung ihrer jeweiligen Kraft*, ganz zu schweigen von einer differenzierten Bewertung. Da jeder Weg für eine Relation oder Korrespondenz im allgemeinen steht, transportiert er jeweils einen *bestimmten Fluß von Wirkung* oder Gegenwirkung: Kausalität, Deduktion, Analogie, Reversibilität, Einwirkung, Widerspruch usw., die jeweils für sich zumindest theoretisch *quantifiziert* werden können. Andererseits kann

4 Bei dieser Dimension handelt es sich meist um die Zeit. Daher das große philosophische Problem der Tradition: Logik oder Zeitlichkeit? Das hier analysierte Modell bricht diese Alternative zwischen Konsequenz und Sequenz, zwischen logischer und zeitlicher Folge, auf.

5 Diese Kraft wird nicht quantifiziert, weil sie stets als eine global determinierende Kraft gilt; sie wird deshalb immer in grober Weise maximiert. Aber die Erfahrung lehrt uns, daß es Schwellen gibt, unterhalb deren eine entgegengesetzte Kraft gar nichts determiniert. Der antithetische Charakter der Antithese reicht da nicht aus; das wissen wir von den Dialektikern.

jeder dieser Flüsse am Ende auf ein und demselben Weg Reziprozität erlangen, ein Umstand, den keine dialektische Folge vorauszusehen vermag: Zwei Gipfelpunkte können in der Tat untereinander in einem Verhältnis wechselseitiger Verursachung, wechselseitiger Einwirkung, äquivalenter Wirkung und Gegenwirkung, ja sogar in einem Rückkopplungsverhältnis stehen (dem Feedback der Kybernetiker). Und schließlich kann ein Gipfel zugleich Objekt (oder *Ausgangspunkt*) mehrerer Determinationen sein, die sich nach ihrer Qualität, nach der Art ihrer Kraft und nach der Quantität ihrer Wirkung voneinander unterscheiden. Statt eines eindeutigen Gegensatzes haben wir hier also eine Differenzierung der Determination nach Art und Stärke, wobei jeder Gipfel Ausgangs- oder Endpunkt einer Mehrzahl von Determinationsflüssen ist; das dialektische Argument erfährt damit eine Verallgemeinerung hinsichtlich der Grundlage und der Dynamik seiner Determinationsprozesse.

3. Wenn aber jeder Gipfel mehrfach determiniert (und aufgrund quantitativer Variation auch unterdeterminiert, überdeterminiert usw.) sein kann, das heißt, wenn er als Schnittpunkt oder Zusammenfluß von Linien oder Wirkungen unterschiedlichster Art verstanden werden kann, von Wirkungen, die unter anderem auch in einem relativen oder absoluten Widerspruch zueinander stehen mögen (Kausalität, Unabhängigkeit [sic!], Bedingungsverhältnis, Widerspruch, Analogie, bloße Andersheit usw.), dann ist es unmöglich, für diese Punkte Äquivalenz – *das heißt Äquipotenz* zu postulieren, ganz gleich, ob sie nun jeweils als Ausgangs- oder Endpunkt, als Empfänger oder Quelle verstanden werden. Deshalb läßt sich dieses Netz recht gut mit einem Schachbrett vergleichen. Auf dem Schachbrett gibt es Figuren, die theoretisch dieselben Fähigkeiten besitzen, deren aktuelle Fähigkeiten jedoch von ihrer gegenwärtigen Stellung im Hinblick auf andere Figuren, auf die Gesamtheit der übrigen Figuren mit und auf deren komplexe Verteilung im Vergleich mit dem gegnerischen Spielnetz abhängen, es gibt jedoch auch Figuren mit unterschiedlichen Fähigkeiten (König, Dame, Turm, Läufer ...), die *per definitionem* oder aufgrund ihres Charakters Quelle (oder Empfänger) unterschiedlicher, an vorgegebene Wege gebundener Determinationen sind (Waagerechte, Diagonale, Senkrechte, abgewinkelte Bahn), deren Fähigkeiten aber ebenfalls (wie die der Figuren mit gleicher Fähigkeiten) von ihrer jeweiligen Stellung und der Verteilung der Figuren zum betreffenden Zeitpunkt abhängen. Auf dem Schachbrett gibt es also wie in unserem Modell Determinationen, die sich nach ihrer Qualität und nach der Quantität bzw. der Richtung des Determinationsflusses unterscheiden, und entsprechend gibt es determinierende (oder determinierte) Elemente, die sich nach Qualität und Lage voneinander unterscheiden. Es ist so, als wäre mein Netz ein kompliziertes, in ständiger Entwicklung begriffenes Gebilde, das eine instabile Machtsituation darstellt, welche ihre Waffen oder Argumente feinstens in einem unregelmäßig gescheckten Raum verteilt. Das dialektische Argument ist dann nur noch der ausgesprochen ärmliche und äußerst beschränkte Fall eines Kampfes, der in konstanter, wenngleich gebrochener Richtung zwischen zwei einzelnen und gleichmächtigen Figuren, das heißt zwischen zwei Elementen, ausgefochten wird, die durch einen bestimmten und hinsichtlich einer privilegierten Richtung konstanten Abstand getrennt sind und in dem Augen-

blick in offenen Konflikt miteinander geraten, da eines von beiden vermittels Arbeit und Kultur zur Äquipotenz mit dem anderen gelangt (woraus sich die erstaunliche Tatsache ergibt, *daß es das Spiel des anderen nicht durchschaut*), und sein Ende findet dieser Konflikt mit der Einnahme eines privilegierten Punktes, den zuvor der nun besiegte Gegner besetzt hatte (und der eine Sackgasse darstellt, wodurch die lineare Sequenz abgebrochen wird). Der Fall ist so ärmlich, daß man ein Paradigma dafür allenfalls in der unspezifischen Allgemeinheit des biologischen Lebens finden könnte, im Muskelspiel eines Kampfes um Leben und Tod zwischen zwei Gegnern, zwischen Herrscher und Beherrschtem, in einem Augenblick gleicher Stärke und Bewaffnung, einem Augenblick, der durch die Schwächung des Herrschers und den Aufstieg des Beherrschten gekennzeichnet ist: Herr und Knecht. Allgemeiner ausgedrückt, *vermischt* sich hier ein differenziertes und instabiles Machtnetz mit einem gleichfalls instabilen und differenzierten Machtnetz (der Abstand ist aufgehoben), und dies *in alle Richtungen des Raumes*. Eine komplexe Strategie, welche die Zahl der Kombattanten erhöht, deren Macht differenziert (zwei Kuratier besiegen jeweils zwei Horatier, doch durch List nimmt ein Horatier es mit drei Kuratiern auf), eine Strategie, welche die jeweilige Lage der Kombattanten mit der Zeit variieren läßt und damit (wie der letzte Horatier) Macht durch Variation der Situation zu maximieren vermag, ersetzt den biologischen Kampf auf Leben und Tod, die unendliche Vielzahl der möglichen Listen ersetzt die eine und einzige List der tödlichen Konfrontation, die grobschlächtige List des Todesmutes, die das Leben gewinnt, weil sie sich den Anschein der Todesverachtung gegeben hat.

4. Doch bevor wir diesen Gedanken weiterverfolgen, sei angemerkt, daß unser Netzmodell ein neues Situationselement zum Ausdruck bringt, das der dialektischen Argumentation entgeht. In der Tat eröffnen uns die pluralistische Differenzierung und die Unregelmäßigkeit der räumlichen Verteilung der Gipfelpunkte und Wege die Möglichkeit, uns lokale und momentane Verknüpfungen von speziellen Punkten und Verbindungen vorzustellen (und auszuprobieren), die eine wohldefinierte Familie mit eigenständiger determinierender Kraft bilden. Anders gesagt, es ist möglich, aus der Totalität des Netzes begrenzte Teilmengen auszusondern, die lokal gut organisiert sind, so daß deren Elemente sich leichter auf diesen Teil als auf das Ganze beziehen lassen (obwohl sie natürlich immer noch Bezug zum Ganzen haben). Indem diese Elemente sich als Teile organisieren, bilden sie eine Familie, deren lokales Determinationsvermögen größer ist als die bloße Summe aus den einzelnen Determinationskräften. Auf diese Weise definiert man hochgradig organisierte lokale Gruppierungen, die mit anderen Gruppierungen dieser Art koexistieren und auf komplexe Weise *interferieren* können, wobei man sie von der Gesamtheit des Netzes unterscheidet. Diese Unterscheidung zwischen lokalen Teilen und dem Ganzen, zwischen Gesamtmenge und Teilmenge, läßt sich bei Spielen wie Dame, Schach oder auch einfachen Kartenspielen gut beobachten, eine bestimmte Verteilung bildet hier eine aus Elementen zusammengesetzte Grundgesamtheit, und einige dieser Elemente können zu Dreier-, Vierer-oder Fünfergruppen zusammengefaßt werden (Dreierpasch, Viererpasch, Fullhouse), die ein größeres Determinationsvermögen besitzen als die Summe der einzel-

nen Elemente. So können auch innerhalb der Gesamtmenge weitere lokale Obermengen auftreten, die ihrerseits untereinander differenziert sind und ebenso zahlreiche Beziehungen miteinander unterhalten wie die Elemente. In den Sternenraum können wir lokale Konstellationen, Milchstraßen, Sonnensysteme usw. einzeichnen. Die Dialektik ist offensichtlich zu schwach, um eine Trennung zwischen Lokalem und Globalem vorzunehmen, sie vermag lediglich diffizile Totalitäten zu schaffen, die im übrigen erst noch präzise zu definieren wären. Während wir nun wissen, daß eine These (oder ein Situationselement) ganz unterschiedliches Gewicht haben kann, je nachdem, ob sie sich auf sich selbst, auf eine lokale Teilmenge oder auf die Totalität des Netzes bezieht, ist die Dialektik unfähig, ihre Analyse so weit zu verfeinern, daß sie über das Begriffspaar Totalität-Widerspruch hinaus gelangte, wobei das eine ein Moment des anderen ist und umgekehrt. So haben wir uns denn ein weiteres Mal durch Verfeinerung und Komplizierung des Modells der Realität angenähert, indem wir die methodische Technik generalisierten. Man kann in Ruhe nachprüfen, daß die eine dieser Techniken eine bessere Annäherung an historische Situationen erlaubt als die andere. Die Vorstellung einer Mehrzahl urspünglicher Teilgesamtheiten hat dabei offenkundig zentrale Bedeutung: Sie ermöglicht eine feinere Annäherung als die grobschlächtigen Thesen der Ereignisgeschichte oder der globalen Gesetzmäßigkeiten, des epistemologischen Atomismus oder eines deduktiven Enzyklopädismus.

5. Das netzförmige Diagramm bildet eine – theoretische oder reale – Situation durch räumliche Ausbreitung und Verteilung von Thesen oder Ereignissen ab. Innerhalb dieser räumlichen Auffächerung, im Schoße dieser Verteilung, kommt es zu Stellungswechseln, zu Abwandlungen des Determinationsflusses, zur Gruppierung lokaler Teilmengen usw., die zugleich im Raum (daher die Differenzierung des Netzes zu jedem gegebenen Zeitpunkt) und in der Zeit stattfinden. Wir haben es also gewissermaßen mit einer Transformation, einer globalen Evolution der Situation in einem Raum-Zeit-Kontinuum zu tun. Über diese Transformation läßt sich zumindest eine Aussage machen, die allen anderen Erkenntnismethoden gewöhnlich entgeht. Greifen wir zu diesem Zweck noch einmal das Paradigma des SPIELS auf. Auf dem Schachbrett erleben wir den Kampf zweier verschiedener differenzierter Netze, in dessen Verlauf *die beiden Netze sich wechselseitig aufs engste durchdringen.* Im Raum-Zeit-Kontinuum des Spiels erfährt jedes der beiden Netze eine Transformation, und zwar jedes für sich und jedes aufgrund der Transformation des anderen Netzes. Die Gesamtsituation ist daher durch eine derart komplexe Veränderlichkeit und Mobilität gekennzeichnet, daß sich praktisch unmöglich voraussehen läßt, was nach zwei Spielzügen geschehen wird. Daraus wird man den Schluß ziehen, daß es undenkbar ist, für reale Situationen, die noch komplexer sind als die des Schachspiels, Gesetze aufzustellen, mit denen die Entwicklung der Situation sich voraussagen ließe. Dagegen kann man allerdings einwenden, daß sich zumindest zwei Typen *von Situationen* unterscheiden lassen; sie zeigen sich im Schachspiel ebenso wie in historischen Situationen, die sich im Wandel befinden, oder auch in Entwicklungen aller Art, welche die Geschichte des Wissens betreffen. Zum einen finden wir dort *globale Situationen vorbereitenden Charakters,*

die unterdeterminiert (und im Grenzfall bisweilen *indeterminiert*) sind, zum anderen *globale Situationen entscheidenden Charakters, die überdeterminiert* (und im Grenzfall gelegentlich sogar *pandeterminiert*) sind. Innerhalb eines bestimmten zeitlichen Zyklus nähern die beiden Spielnetze sich langsam und auf probabilistische Weise einander an; in dieser Phase herrschen Unterdeterminierung und die Gesetze des Zufalls; im Grenzfall (der Indetermination) kann man für manche Spiele sagen, daß es vollkommen gleichgültig ist, mit welchem Zug man beginnt. Mit der Zeit erfährt der Raum der wechselseitigen Durchdringung beider Spielnetze eine immer stärkere Strukturierung, ganz so, als hätten wir es hier mit einer *fortschreitenden Realisierung des Konzepts der Determinierung* zu tun. So kommt es zunächst zu einigen Zügen, die im Hinblick auf die Gesamtheit ein mittleres Maß an Determinierung besitzen, dann zu weiteren, die ein immer höheres Maß an Determinierung aufweisen, bis dann das Spiel mit dem entscheidenden Zug innerhalb einer lokalen Teilgesamtheit mit *höchstrangiger Bedeutung* seinen Abschluß im Schachmatt findet. Dieser letzte Zug ist die obere Grenze der Überdeterminierung, während der erste Zug die untere Grenze der Unterdeterminierung darstellt. Unser Modell gestattet mithin eine *Abstufung der Determinierung in einem Raum-Zeit-Kontinuum*, eine Abstufung, die von maximaler Zufallsabhängigkeit bis hin zur eindeutigen Notwendigkeit reicht. Doch darüber hinaus gestattet es auch, den *Gradienten dieser Abstufung* zu variieren. Denn in der Tat können wir mit unter unterschiedlicher Geschwindigkeit vom Wahrscheinlichen zum Entscheidenden, vom bloß Vorbereitenden zum Abschließenden übergehen; bei gleicher Ausgangslage kann man mit fünf, vier oder auch drei Zügen zum »Schachmatt« gelangen. Die fortschreitende Realisierung des Konzepts der Determinierung kann blitzschnell, mehr oder weniger beschleunigt, schnell, verzögert, langsam oder im Grenzfall gar nicht erfolgen. In der Tat kommt es vor, daß man von der anfänglichen Indeterminiertheit über eine Folge beliebig vieler Veränderungen der globalen Situation zu einer neuen, abschließenden Indeterminiertheit gelangt; in diesem Falle sagt man dann, das Ergebnis sei gleich Null. Anders ausgedrückt, der *Anstieg* des historischen Fortschritts hin zu einer entscheidenden Verteilung kann gleich Null oder von mittlerer Stärke oder stark sein oder sogar asymptotisch anwachsen und so weiter: Mehr oder weniger rasch gelangt man dann zu einer *Krise*, die eine historische Situation bzw. ein Ensemble von Erkenntnissen lokal oder, sofern sie entscheidend ist, global restrukturiert. Zum selben Ergebnis käme man auch, wenn man als Beispiel eine komplexe elektrische Schaltung wählte, die aus veränderbaren Widerständen, Spulen, Kondensatoren usw. der unterschiedlichsten Art aufgebaut wäre, wobei man dann zeigte, daß man diese Schaltung auf n verschiedene Weisen manipulieren kann, bevor man zu dem überdeterminierten Fall des Kurzschlusses gelangt.

Interessant ist also nicht so sehr die anfängliche Unterscheidung zwischen zwei verschiedenen Situationstypen, einem vorbereitenden und einem entscheidenden, als vielmehr die vielfältigen Wege, auf denen die Gesamtsituation von Situationen des ersten zu Situationen des zweiten Typs übergeht (oder zuweilen auch nicht übergeht). Anscheinend haben wir hier die beiden Enden einer Kette in Händen, die von den Geschichtsphilosophen schon vor langer Zeit zerbrochen worden ist: auf der einen Seite prinzipielle Nichtvorhersehbarkeit in der unendlichen Mannigfaltigkeit der Ereignisse, auf der anderen Seite die souveräne Formulierung von Gesetzen und die strenge Verkettung von Momenten einer zeitlichen Folge. Es ist ganz so, als gelänge es einerseits einer komplexen räumlichen Verteilung nicht, sich auf organisierte Weise in Bewegung zu setzen, als berücksichtigte sie alles, verlöre sich dabei jedoch in den allzu feinen Differenzierungen der Synchronie, und als gelangte man zu Gesetzen nur durch die willkürliche Auswahl von entscheidenden Momenten einer bis auf ihr Skelett reduzierten Diachronie, wobei nur ein Minimum an Dingen berücksichtigt werden kann. Danach hätten wir nur die Wahl, im Rahmen einer Philosophie des Zufälligen zu bleiben oder uns mit Gesetzen zu begnügen, die keine große Aussagekraft besitzen, aber eine eindeutige und festliegende Determinierung zum Ausdruck bringen. Zwischen beiden »Sichten« läßt sich endlos streiten. Der Pluralist hat leichtes Spiel, wenn er dem Dialektiker die Armut seiner Strukturen und den stets aufs neue begangenen Fehler in seiner Vorausschau vorwirft (und wenn die Wissenschaftsgeschichte irgend etwas zeigt, dann, wie sehr doch der Prophet oder Dogmatiker der Zukunft desavouiert wird, denn er ignoriert die Erkenntnis der Mathematik, wonach unsere Vorausschau auf höchstens zwei Züge beschränkt ist). Der Dialektiker läßt sich von der Erfahrung eines Besseren belehren, leert den Kelch der Schande bis zur bitteren Neige und verwandelt seine Gesetze in Anpassungsgesetze, das heißt, er akzeptiert den Wandel als solchen und bekehrt sich zur Ereignisgeschichte hinsichtlich der zeitlichen Folge, wie der Pluralist dies hinsichtlich der räumlichen Verteilung schon immer getan hat. Wenn wir beide Enden der Kette in Händen behalten wollen, müssen wir verstehen lernen, *wie eine bestimmte Transformation vom Wahrscheinlichen ins Überdeterminierte übergeht.* Statt willkürlich eine Folge fixer und erschöpfender Determinierungen herauszugreifen, müssen wir auf der linken Seite den fixen, unveränderlichen Charakter der Determinierung hin zur Pluralität möglicher Unterdeterminierungen öffnen und auf der rechten Seite die Eindeutigkeit der Determinierung hin zur Überdeterminierung. Danach vermag sich ein realer Prozeß (wenn man einmal von geringfügigen Variationen des Gesetzes absieht) nur zwischen zwei Grenzen der Determination (zwischen schwacher und starker Determinierung) zu entwickeln, und das heißt im einfachsten Falle: von der Wahrscheinlichkeit hin zur Überdeterminierung, von einem Zustand statistischer Verteilung hin zu einem Entscheidungsknoten, von einer aleatorischen Spielsituation hin zu einem notwendigen (und Notwendigkeit erzeugenden) Spielzug. Man kann auch sagen: *Dies ist das Gesetz des elementaren Zyklus eines Prozesses*. Und dieses elementare Gesetz besagt: Eine allgemeine Situation wandelt sich stets in der Weise, daß sie von der Wahrscheinlichkeit zur Überdeterminierung übergeht.

6. Unter diesen Umständen ist es unvermeidlich, auf die traditionellen Begriffe der Ursache, der Bedingung, der Wirkung usw. zurückzukommen, kurz: auf jene von der klassischen Philosophie so häufig analysierte Theorie, zu der sich unsere Zeit so merkwürdig schweigsam verhält: die Kausalitätstheorie. Betrachten wir einmal einen beliebigen Schnitt durch unser Netz; dann sehen wir sogleich, daß die Zeit, die ein beliebiger

Fluß auf einem beliebigen Weg (oder auf mehreren Wegen) von einem Gipfel zu einem anderen (oder von mehreren Gipfeln zu mehreren anderen) benötigt, die unterschiedlichsten Werte annehmen kann. Welche Zeit im Einzelfall benötigt wird, hängt von den Verzögerungen ab, die der Fluß auf seinem Weg erfährt.[6] Die Zeit, die er benötigt, kann unendlich oder begrenzt – sehr lang, sehr kurz – und im Grenzfall gleich Null sein. Damit haben wir nun erstmals die Möglichkeit, uns eine Ursache ohne Wirkung – eine Information, die sich verliert, eine verlorene Ursache – oder auch eine Ursache vorzustellen, die zeitgleich mit ihrer Wirkung ist.[7] Doch die Vielzahl der Verbindungen zwischen den Gipfeln führt unweigerlich zur Vorstellung einer Rückwirkung, bei der die Wirkung unmittelbar auf ihre Ursache zurückwirkt oder besser: bei der ein Empfängergipfel auf den Quellgipfel zurückwirkt. Der Kausalstrom ist nicht mehr kausal, weil Kausalität nicht mehr irreversibel ist: Wer etwas beeinflussen will, wird plötzlich selbst durch das Ergebnis seines Einflusses beeinflußt. Wir können diesen Sachverhalt auch in anderen Modellen zum Ausdruck bringen: Zwischen den beiden Polen kommt es zu Induktionsströmen, zu einer Hysterese, zu Störungen, zu Phänomenen mit den unterschiedlichsten Zeiten, deren Dauer im Grenzfall gegen Null gehen kann, es kommt zu einem Feedback, einer Rückkopplung, zwischen Sender und Empfänger. Wir müssen daher die Struktur des Komplexen mit allen ihren Bestimmungen auf den Begriff der Kausalität anwenden und *Formen semizyklischer Kausalität* definieren. Für solch eine Theorie der semizyklischen Kausalität eröffnen sich zahlreiche und vielfältige Anwendungsmöglichkeiten. Sie hat den Vorzug, daß sie sowohl mit der logischen Irreversibilität der (logischen) Folge als auch mit der zeitlichen Irreversibilität der (zeitlichen) Folge bricht: Sender und Empfänger gleichermaßen, Wirkung und Ursache zugleich.

Damit haben wir die wichtigsten Merkmale unseres Netzes skizziert. Es dürfte nicht schwer sein zu erkennen, daß es sich dabei um eine abstrakte philosophische Struktur handelt, für die man zahlreiche verschiedene Modelle finden kann. Wenn man den Elementen, Gipfeln, Wegen, Kommunikationsflüssen einen bestimmten Inhalt gibt, dann zeigt sich, daß wir hier über eine Methode verfügen, die wirkungsvoll eingesetzt werden kann. Um dies zu begreifen, genügt es schon, wenn wir uns klarmachen, daß man die genannten Ausdrücke einerseits mit abstrakten, andererseits mit empirischen Inhalten füllen kann. Auf dem abstrakten Pol entsteht auf diese Weise eine Mathematik, eine Kurventheorie, eine kombinatorische Topologie oder eine Theorie der Schemata; auf dem empirischen Pol bietet sich uns ein ausgezeichnetes Organon für ein Verständnis historischer Phänomene. Das ist nur deshalb möglich, weil hier endgültig mit der *Linearität* der traditionellen Konzepte gebrochen worden ist. Komplexität ist nun kein Hindernis für die Erkenntnis und erst recht kein bloß deskriptives Urteil mehr; vielmehr ist sie zu einem ausgezeichneten Hilfsmittel des Wissens und der Erfahrung geworden.

6 Der Begriff der Verzögerung in der Kommunikation ist ein zentraler Begriff, den wir an anderer Stelle noch gesondert entwickeln werden.

7 Ein Kommunikationsfluß kann im übrigen auch transitiv oder intransitiv sein.

Quelle

Serres, Michel: *Kommunikation. Hermes I.* Berlin (Merve) 1991 [frz. Originalausgabe 1968, der abgedruckte Textabschnitt ist hier auf 1964 datiert], S. 9–23.

Michel Foucault

Der Panoptismus (1975)

[...] Das *Panopticon* von Bentham ist die architektonische Gestalt dieser Zusammensetzung. Sein Prinzip ist bekannt: an der Peripherie ein ringförmiges Gebäude; in der Mitte ein Turm, der von breiten Fenstern durchbrochen ist, welche sich nach der Innenseite des Ringes öffnen; das Ringgebäude ist in Zellen unterteilt, von denen jede durch die gesamte Tiefe des Gebäudes reicht; sie haben jeweils zwei Fenster, eines nach innen, das auf die Fenster des Turms gerichtet ist, und eines nach außen, so daß die Zelle auf beiden Seiten von Licht durchdrungen wird. Es genügt demnach, einen Aufseher im Turm aufzustellen und in jeder Zelle, einen Irren, einen Kranken, einen Sträfling, einen Arbeiter oder einen Schüler unterzubringen. Vor dem Gegenlicht lassen sich vom Turm aus die kleinen Gefangenensilhouetten in den Zellen des Ringes genau ausnehmen. Jeder Käfig ist eine kleines Theater, in dem jeder Akteur allein ist, vollkommen individualisiert und ständig sichtbar. Die panoptische Anlage schafft Raumeinheiten, die es ermöglichen, ohne Unterlaß zu sehen und zugleich zu erkennen. Das Prinzip des Kerkers wird umgekehrt, genauer gesagt: von seinen drei Funktionen – einsperren, verdunkeln und verbergen – wird nur die erste aufrechterhalten, die beiden anderen fallen weg. Das volle Licht und der Blick des Aufsehers erfassen besser als das Dunkel, das auch schützte. Die Sichtbarkeit ist eine Falle. [...]

[...] Dank seinen Beobachtungsmechanismen gewinnt es an Wirksamkeit und dringt immer tiefer in das Verhalten der Menschen ein; auf jedem Machtvorsprung sammelt sich Wissen an und deckt an allen Oberflächen, an denen sich Macht entfaltet, neue Erkenntnisgegenstände auf.

Die Unterschiede zwischen der verpesteten Stadt und der panoptischen Anstalt sind beträchtlich. Sie bezeichnen die Transformationen des Disziplinarprogramms über anderthalb Jahrhunderte hinweg. Das eine Mal handelt es sich um eine Ausnahmesituation: die Macht formiert sich zur Abwehr eines außerordentlichen Übels; sie macht sich überall gegenwärtig und sichtbar; sie erfindet neue Räderwerke; sie errichtet Barrieren und Blockaden, mit denen sie den Raum durchsetzt; sie baut für eine gewisse Zeit eine Gegengesellschaft auf, die zugleich vollkommene Gesellschaft ist; sie etabliert ein ideales Funktionssystem, das sich jedoch letzten Endes ebenso wie das von ihm bekämpfte Übel auf den einfachen Dualismus Leben/Tod reduziert: was sich noch regt, ist dem Tode verfallen und wird in den Tod gestoßen. Das Panopticon hingegen ist als ein verallgemeinerungsfähiges Funktionsmodell zu verstehen, das die Beziehungen der Macht zum Alltagsleben der Menschen definiert. Zwar wird es von Bentham als eine besondere, in sich geschlossene Institution präsentiert, weshalb man auch oft eine Utopie der perfekten Einsperrung daraus gemacht hat: gegenüber den verfallenden und von Gemarterten wimmelnden Kerkern Piranesis erscheint das Panopticon als ein unerbittliches und wohldurchdachtes Gehäuse: ein wissenschaftliches Gefängnis. Daß es bis heute zu zahlreichen projektierten oder realisierten Variationen Anlaß gab, beweist die Kraft seiner Einbildungsmacht seit bald zwei Jahrhunderten. Aber das Panopticon ist nicht als Traumgebäude zu verstehen: es ist das Diagramm eines auf seine ideale Form reduzierten Machtmechanismus; sein Funktionieren, das von jedem Hemmnis, von jedem Widerstand und jeder Reibung abstrahiert, kann zwar als ein rein architektonisches und optisches System vorgestellt werden: tatsächlich ist es eine Gestalt politischer Technologie, die man von ihrer spezifischen Verwendung ablösen kann und muß.

Das Panopticon ist vielseitig einsetzbar: es dient zur Besserung von Sträflingen, aber auch zur Heilung von Kranken, zur Belehrung von Schülern, zur Überwachung von Wahnsinnigen, zur Beaufsichtigung von Arbeitern, zur Arbeitsbeschaffung für Bettler und Müßiggänger. Es handelt sich um einen bestimmten Typ der Einpflanzung von Körpern im Raum, der Verteilung von Individuen in ihrem Verhältnis zueinander, der hierarchischen Organisation, der Anordnung von Machtzentren und -kanälen, der Definition von Instrumenten und Interventionstaktiken der Macht – und diesen Typ kann man in den Spitälern, den Werkstätten, den Schulen und Gefängnissen zur Anwendung bringen. Wann immer man es mit einer Vielfalt von Individuen zu tun hat, denen eine Aufgabe oder ein Verhalten aufzuzwingen ist, kann das panoptische Schema Verwendung finden. Unter dem Vorbehalt notwendiger Anpassungen erstreckt sich seine Anwendbarkeit »auf alle Anstalten, in denen innerhalb eines nicht allzu ausgedehnten Raumes eine bestimmte Anzahl von Personen unter Aufsicht zu halten ist«.[1]

In jeder dieser Anwendungen ermöglicht es die Perfektionierung der Machtausübung: weil es die Möglichkeit schafft, daß von immer weniger Personen Macht über immer mehr ausgeübt wird; weil es Interventionen zu jedem Zeitpunkt erlaubt und weil der ständige Druck bereits vor der Begehung von Fehlern, Irrtümern, Verbrechern wirkt; ja weil unter diesen Umständen seine Stärke gerade darin besteht, niemals eingreifen zu müssen, sich automatisch und geräuschlos durchzusetzen, einen Mechanismus von miteinander verketteten Effekten zu bilden; weil es außer einer Architektur und einer Geometrie kein physisches Instrument braucht, um direkt auf die Individuen einzuwirken. Es »gibt dem Geist Macht über den Geist«. Das panoptische Schema ist ein Verstärker für

1 Bentham, Jeremy: »Panopticon versus New South Wales.« In: Bowring, John (Hg.): *The Works of Jeremy Bentham*, vol. 4 (Panopticon, Constitution, Colonies, Codification). Edinburgh 1843, S. 40. Originaltitel: *Panopticon versus New South Wales; or, The panopticon penitentiary system and the colonization system compared.* London (Robert Baldwin) 1812. Bentham hat das Beispiel der Strafanstalt vorrangig behandelt, weil diese Anstalt zahlreiche Funktionen wahrzunehmen hat (Überwachung, automatische Kontrolle, Einsperrung, Einsamkeit, Zwangsarbeit, Unterweisung).

jeden beliebigen Machtapparat: es gewährleistet seine Ökonomie (den rationellen Einsatz von Material, Personal, Zeit); es sichert seine Präventivwirkung, sein stetiges Funktionieren und seine automatischen Mechanismen. Es ist eine Methode der Machterlangung »in einem bisher beispiellosen Ausmaß«, »ein großes und neues Regierungsinstrument …; seine Außerordentlichkeit besteht in der großen Kraft, die es jeder Institution, auf welche man es anwendet, zu geben imstande ist«.[2]

Also so etwas wie ein Ei des Kolumbus im Bereich der Politik. Das Panopticon kann sich wirklich in jede Funktion integrieren (Erziehung, Heilung, Produktion, Bestrafung); es kann jede Funktion steigern, indem es sich mit ihr innig vereint; es kann ein Mischsystem konstituieren, in welchem sich die Macht- (und Wissens-)beziehungen genauestens und bis ins Detail in die zu kontrollierenden Prozesse einpassen; es kann eine direkte Beziehung zwischen der Machtsteigerung und der Produktionssteigerung herstellen. Die Machtausübung setzt sich somit nicht von außen, als strenger Zwang oder drückendes Gewicht, gegenüber den von ihr besetzten Funktionen durch, vielmehr ist die Macht in den Funktionen so sublim gegenwärtig, daß sie deren Wirksamkeit steigert, indem sie ihren eigenen Zugriff verstärkt. Die panoptische Anlage ist nicht einfach ein Scharnier oder ein Austauschregler zwischen einem Machtmechanismus und einer Funktion; sie bringt Machtbeziehungen innerhalb einer Funktion zur Geltung und steigert dadurch diese Funktion. Der Panoptismus ist imstande, »die Moral zu reformieren, die Gesundheit zu bewahren, die Ökonomie wie auf einen Felsen zu bauen, den Gordischen Knoten der Armengesetze zu entflechten anstatt zu durchhauen – und all das dank einer einfachen architektonischen Idee«.[3]

Quelle

Foucault, Michel: *Überwachen und Strafen. Die Geburt des Gefängnisses.* Frankfurt a.M. (Suhrkamp) 1976 [französische Originalausgabe 1975], Ausschnitte S. 256–257 und 263–266.

2 Ebd., S. 66.
3 Ebd., S. 39.

Gilles Deleuze

Vom Archiv zum Diagramm (1986)

[...] Gewiß, das Gefängnis als Inhaltsform verfügt über eigene Aussagen, eigene Vorschriften. Gewiß, das Strafrecht als Ausdrucksform, als Aussagen über Delinquenz, hat eigene Inhalte: und sei es nur in Gestalt eines neuen Typus von Verstößen, die jetzt eher in Übergriffen auf das Eigentum als in Angriffen gegen Personen bestehen.[1]

Beide Formen treten unablässig miteinander in Berührung, durchdringen sich wechselseitig und entreißen einander ihre Bestandteile: das Strafrecht erneuert beständig das Gefängnis und liefert Gefangene, während das Gefängnis unablässig die Delinquenz reproduziert, sie zum „Objekt" macht und die Zielsetzungen realisiert, die das Strafrecht auf andere Weise ins Auge faßte (Verteidigung der Gesellschaft, Umwandlung des Verurteilten, Veränderung der Strafen, Individuation).[2] Beide Formen setzen sich wechselseitig voraus. Und dennoch gibt es keine gemeinsame Form, keine Konformität, ganz zu schweigen von einer Korrespondenz. An diesem Punkt stellt *Überwachen und Strafen* zwei Fragen, die die *Archäologie* noch nicht formulieren konnte, weil sie beim Wissen und beim Primat der Aussage innerhalb des Wissens stehenblieb. Zum einen: gibt es im allgemeinen und außerhalb der Formen eine gemeinsame, dem sozialen Feld immanente Ursache? Wie sind zum anderen die Einrichtung, die Anpassung der beiden Formen, ihre wechselseitige Durchdringung auf variable Weise in jedem konkreten Fall gewährleistet?

Die Form bestimmt sich in zwei Richtungen: sie formt oder organisiert Materien, sie formt oder finalisiert Funktionen, gibt ihnen Ziele vor. Nicht nur das Gefängnis, sondern auch das Hospital, die Schule, die Kaserne, die Werkstatt sind geformte Materien. Strafen ist eine formalisierte Funktion, und ebenso das Pflegen, Erziehen, Drillen und Arbeitenlassen. Die Tatsache ist die, daß es einen Raum der Korrespondenz gibt, obgleich beide Formen nicht aufeinander zurückführbar sind (tatsächlich ist die Pflege im 17. Jahrhundert nicht Aufgabe des Hôpital général, und das Strafrecht bezieht sich im 18. Jahrhundert nicht seinem Wesen nach auf das Gefängnis). Wie läßt sich nun diese wechselseitige Anpassung erklären? Wir können uns die reinen Materien und die reinen Funktionen abstrahiert von den Formen vorstellen, in denen sie sich verkörpern.

1 Foucault, Michel: *Überwachen und Strafen*. Frankfurt a.M. (Suhrkamp) 1976, S. 95 ff. (zur Entwicklung und zum Wandel der Verstöße).

2 Foucault: *Überwachen und Strafen*, Vierter Teil, 1. und 2. Kapitel: wie das Gefängnis erst zu einem späteren Zeitpunkt sich durchsetzt und zum Strafsystem in Wechselbeziehung tritt, um die Delinquenz zu »produzieren« und ein »Delinquenz-Objekt« zu konstituieren.

Wenn Foucault den Panoptismus definiert, so bestimmt er ihn bald konkret als optische oder Lichtanordnung, die das Gefängnis charakterisiert; bald bestimmt er ihn abstrakt als eine Maschine, die nicht nur ganz allgemein auf sichtbare Materie Anwendung findet (Werkstatt, Kaserne, Schule, Hospital und ebenso das Gefängnis), sondern auch ganz allgemein alle aussagbaren Funktionen durchzieht. Die abstrakte Formel des Panoptismus ist folglich nicht mehr »sehen, ohne gesehen zu werden«, sondern lautet: *irgendeiner menschlichen Mannigfaltigkeit eine Verhaltensweise aufzwingen.* Es wird lediglich präzisiert, daß die jeweilige Mannigfaltigkeit reduziert werden muß, in einen eingeschränkten Raum gefaßt werden muß und daß die Durchsetzung einer Verhaltensweise durch die eine räumliche Verteilung erfolgt, durch zeitliche Ordnung und Reihung, durch raum-zeitliche Zusammensetzung ...[3] Es ist eine unbestimmte Liste, die jedoch stets nicht-formierte, nicht organisierte Materien und nicht formalisierte, nicht finalisierte Funktionen betrifft, wobei beide Variablen unauflöslich miteinander verknüpft sind. Wie soll man diese neue informelle Dimension bezeichnen? Foucault gibt ihr an einer Stelle einen präzisen Namen; sie ist ein »Diagramm«, das heißt »ein Funktionieren, das von jedem Hemmnis, von jedem Widerstand und jeder Reibung abstrahiert ... es (ist) eine Gestalt politischer Technologie, die man von ihrer spezifischen Verwendung ablösen kann und muß«.[4] Das *Diagramm* ist nicht mehr das audio-visuelle Archiv, es ist die Karte, die Kartographie, koextensiv zur Gesamtheit des sozialen Feldes. Es ist eine abstrakte Maschine. Indem sie sich durch informelle Funktionen und Materien definiert, ignoriert sie jede Formunterscheidung zwischen einem Inhalt und einem Ausdruck, zwischen einer diskursiven Formation und einer nicht-diskursiven Formation. Es ist eine beinahe stumme und blinde Maschine, obgleich sie es ja ist, die zum Sehen oder Sprechen bringt.

Wenn es viele diagrammatische Funktionen und sogar Materien gibt, so deshalb, weil jedes Diagramm eine raum-zeitliche Mannigfaltigkeit ist. Aber auch deshalb, weil es in der Geschichte ebensoviele Diagramme gibt wie soziale Felder. Wenn Foucault sich auf den Begriff des Diagramms beruft, so geschieht dies in bezug auf unsere modernen Disziplinargesellschaften, in denen die Macht eine rasterförmige Erfassung des gesamten Feldes bewirkt: wenn es hier ein Modell gibt, so ist es das der »Pest«, das die gesamte erkrankte Stadt bis ins winzigste Detail hinein reguliert und parzelliert. Betrachtet man jedoch demgegenüber die alten Souveränitäts-Gesellschaften, so sieht man, daß auch sie Diagramme besaßen, auch wenn diese aus anderen Materien und anderen Funktionen bestanden: auch dort wirkt eine *Kraft* auf andere Kräfte ein, jedoch eher um abzuschöpfen als um zu kombinieren und zusammenzusetzen; eher um die Massen zu teilen als um das

3 Diese Präzisierungen sind um so notwendiger, als *Der Wille zum Wissen* ein weiteres Paar aus reiner Materie und reiner Funktion entdecken wird: diesmal ist die unbestimmte Mannigfaltigkeit zahlreich, in einem offenen Raum, und die Funktion besteht nicht darin, ein Verhalten zu erzwingen, sondern darin »das Leben zu verwalten«. *Der Wille zum Wissen* konfrontiert die beiden Paare (vgl. S. 166 ff.); wir werden auf diesen Punkt zurückkommen.

4 Foucault: *Überwachen und Strafen*, S. 264. Dazu präzisiert Foucault, daß das Strafsystem nur unzureichend definiert ist, solange man es allein als »architektonisches und optisches System« begreift.

Detail zu zergliedern; eher um zu exilieren als um zu kontrollieren (es handelt sich um das Modell der »Lepra«).[5] Es ist ein anderes Diagramm, eine andere Maschine, die dem Theater näher steht als der Fabrik: andere Kräfteverhältnisse. Darüber hinaus erkennt man intermediäre Diagramme als Übergänge von einer Gesellschaft zur anderen: so das napoleonische Diagramm, bei dem sich die Disziplinarfunktion mit der Souveränitätsfunktion verbindet; es „steht an dem Punkt, wo sich der monarchische und rituelle Vollzug der Souveränität mit dem hierarchischen und steten Vollzug der unbegrenzten Disziplin trifft".[6] Das Diagramm ist grundlegend instabil oder fließend und wirbelt unaufhörlich die Materien und die Funktionen so durcheinander, daß sich unentwegt Veränderungen ergeben. Schließlich ist jedes Diagramm intersozial und im Werden begriffen. Es funktioniert niemals so, daß es eine präexistierende Welt abbildet; es produziert einen neuen Typus von Realität, ein neues Modell von Wahrheit. Weder ist es Subjekt der Geschichte, noch überragt es die Geschichte. Es macht die Geschichte, indem es die vorherigen Realitäten und Bedeutungen auflöst und dabei ebensoviele Punkte der Emergenz oder der Kreativität, der unerwarteten Verbindungen und der unwahrscheinlichen Übergänge bildet. Es fügt der Geschichte ein Werden hinzu.

Jede Gesellschaft besitzt ihr Diagramm oder ihre Diagramme. Da Foucault bestrebt war, über genau bestimmte Serien zu arbeiten, hat er sich niemals direkt mit sogenannten primitiven Gesellschaften befaßt. Sie wären hier indes nicht weniger als Beispiel geeignet, ganz im Gegenteil. Weit davon entfernt, ohne Politik und Geschichte zu sein, verfügen sie nämlich über ein Netz aus Allianzen, die sich nicht aus der Verwandtschaftsstruktur ableiten noch auf Austauschbeziehungen zwischen Abstammungslinien reduzieren lassen. Die Allianzen verlaufen über kleine lokale Gruppen, konstituieren Kräfteverhältnisse (Gaben und Gegengaben) und steuern die Macht. Das Diagramm manifestiert hier seinen Unterschied zur Struktur, insofern die Allianzen ein dehnbares und transversales Netz weben, das senkrecht zur vertikalen Struktur steht, eine Praxis, ein Verfahren oder eine Strategie definieren, die verschieden sind von jeder Kombinatorik, und ein instabiles, in permanentem Ungleichgewicht befindliches physisches System bilden anstelle eines geschlossenen Austauschsystems (daher die Polemik von Leach gegen Lévi-Strauss oder auch die Soziologie der Strategien von Pierre Bourdieu). Wir sollten hieraus nicht folgern, daß die Konzeption der Macht bei Foucault in besonderem Maße auf primitive Gesellschaften paßt, über die er ja gar nicht spricht, sondern daß die modernen Gesellschaften, von denen er spricht, ihrerseits Diagramme entwickeln, die ihre Kräfteverhältnisse oder ihre spezifischen Strategien herausstellen. In der Tat lassen sich hinter den großen Gesamtheiten, seien es primitive Abstammungslinien oder moderne Institutionen, stets Mikro-Beziehungen finden, die sich nicht von jenen herleiten, sondern sie im Gegenteil

5 Zur Konfrontation der beiden Typen vgl. Foucault, Michel: *Der Wille zum Wissen*. Frankfurt a. M. (Suhrkamp) 1977, S. 161 ff., und zur exemplarischen Gegenüberstellung von Lepra und Pest *Überwachen und Strafen*, S. 251 ff.

6 Foucault: *Überwachen und Strafen*, S. 279.

konstituieren. Als Gabriel Tarde seine Mikrosoziologie begründete, tat er nichts anderes: er erklärte nicht das Soziale durch das Individuelle, sondern trug den großen Ganzheiten Rechnung, indem er auf infinitesimale Beziehungen verwies, die „Imitation" als Ausbreitung eines Stromes von Überzeugungen oder von Begehren (Quanta), die „Erfindung" als Zusammentreffen zweier Imitationsströme ... Es handelte sich um echte Kräfteverhältnisse, insoweit diese über die schlichte Gewalt hinausgehen.

Was ist ein Diagramm? Es ist die Darstellung der Kräfteverhältnisse, die gemäß dem Charakter der vorangegangenen Analysen die Macht konstituieren. »Die panoptische Anlage ist nicht einfach ein Scharnier oder ein Austauschregler zwischen einem Machtmechanismus und einer Funktion, sie bringt Machtbeziehungen innerhalb einer Funktion zur Geltung und steigert dadurch diese Funktion.«[7] Wir haben gesehen, daß die Kräfte- oder Machtverhältnisse mikrophysisch, strategisch, multipunktuell und diffus waren, daß sie die Singularitäten bestimmten und reine Funktionen bildeten. Das Diagramm oder die abstrakte Maschine ist die Karte der Kräftebeziehungen, der Dichteverhältnisse, der Intensitäten, die über die nicht-lokalisierbaren primären Verbindungen wirksam wird und jeden Augenblick durch jeden Punkt „oder vielmehr in jeder Beziehung zwischen Punkt und Punkt" verläuft.[8] Gewiß, es hat nichts zu tun mit einer transzendenten Idee oder mit einem ideologischen Überbau; ebensowenig mit einer ökonomischen Basis, die bereits in ihrer Substanz bestimmt und in ihrer Gestalt und Anwendung definiert wäre. Nichtsdestoweniger wirkt das Diagramm als eine immanente, nicht vereinheitlichende Ursache, die dem gesamten sozialen Feld koextensiv ist: die abstrakte Maschine ist gleichsam die Ursache der konkreten Anordnungen, die deren Beziehungen herstellen; und diese Kräfteverhältnisse verlaufen „nicht oberhalb", sondern im Geflecht der Anordnungen selbst, die sie produzieren. [...]

Quelle

Deleuze, Gilles: *Foucault.* Frankfurt a. M. (Suhrkamp) 1987 [französische Originalausgabe 1986], S. 50–56.

7 Foucault: *Überwachen und Strafen*, S. 265 f.

8 Foucault: *Der Wille zum Wissen*, S. 114 (»Nicht weil sie alles umfaßt, sondern weil sie von überall kommt, ist die Macht überall«).

Bruno Latour

Zirkulierende Referenz. Bodenstichproben aus dem Urwald am Amazonas (1993)[I]

[...] Die mit Bodenproben gefüllten Schachteln haben Zeichencharakter angenommen. Aber man weiß, daß die leeren Gevierte einer solchen Tafel, gleich ob es sich um eine so bescheidene wie diese oder eine so berühmte wie die von Mendelejew handelt, immer die wichtigsten sind.[1] Die leeren Schachteln zeigen uns, was uns noch fehlt. Sie geben uns einen Vorgeschmack der Arbeit von morgen. Dank ihrer sehen wir die Leerstellen unseres Protokolls. In den Worten Renés: »Der Pedokomparator *sagt* uns, ob man mit dem Querschnitt fertig ist.«

Der erste erstaunliche Vorteil des Komparators, der ebenso »rentabel« ist wie die Klassifizierung der Botaniker auf Abbildung 3, besteht darin, daß alle Sondierungspunkte in allen Tiefen zugleich sichtbar werden. Während der ganzen Woche, in der wir diese Bodenproben aushoben, konnten wir sie niemals synoptisch erfassen. Dank dem Komparator bilden ihre Farbunterschiede nun ein Tableau oder eine Tabelle. Der Übergang vom Wald zur Savanne stellt sich nun als eine Graduierung von Braun und Beige in Spalten und Reihen dar, er wird faßbar durch den Zugriff, den uns das Instrument erlaubt.

Man betrachte René: Er beherrscht die unsichtbare Erscheinung, die noch vor wenigen Tagen im Boden verborgen lag und in einem Kontinuum aufging. Ich bin noch nie einer Wissenschaft begegnet, sei sie nun reich oder arm, hart oder weich, heiß oder kalt, die nicht die Stunde ihrer Wahrheit auf einer planen Fläche von ein oder zwei Quadratmetern gefunden hätte, welche ein Forscher, den Bleistift in der Hand, mit dem Auge inspizieren kann (siehe auch Abbildung 2 und 3). Der Pedokomparator hat aus dem Übergang Wald/Savanne ein Laborphänomen gemacht. Es ist fast ebenso flach wie ein Diagramm, ebenso leicht zu beobachten wie eine Karte, ebenso leicht zu mischen wie ein Kartenspiel und ebenso leicht transportierbar wie ein Koffer. René kann sich nun in Ruhe Notizen machen und seine Pfeife rauchen, nachdem er geduscht und den Staub und die Erde von sich abgewaschen hat, die nun nicht mehr gebraucht werden.

I Anm. d. Hrsg.: Der Text verweist bei mehreren Begriffen auf ein Glossar, das wir hier weglassen. Außerdem haben wir die Nummerierung der Bilder angepasst.

1 Bensaude-Vincent, Bernadette: »Mendeleev's periodic system of chemical elements.« In: *British Journal for the History of Science* 19 (1) 1986, S. 3–17; Goody, Jack: *The Domestication of the Savage Mind*. Cambridge (Cambridge University Press) 1977.

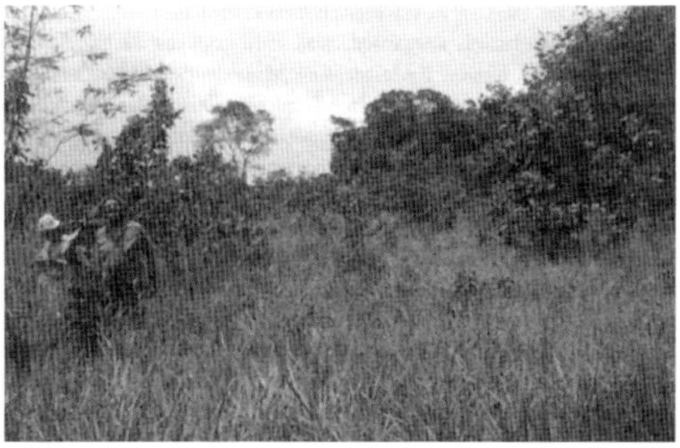

Abb. 1

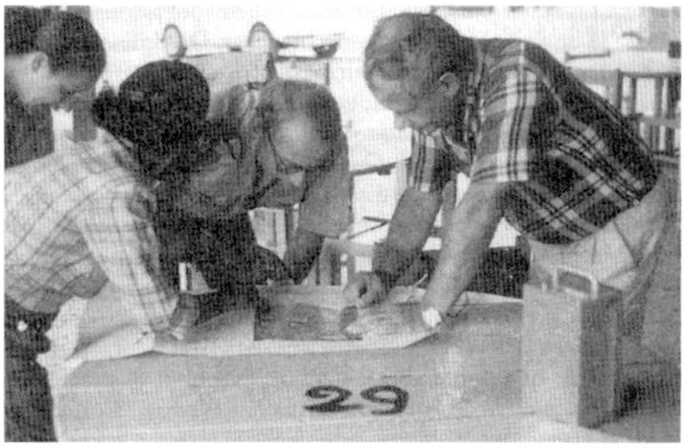

Abb. 2

Und auch ich, obwohl schlecht ausgerüstet und ziemlich ungenau, berichte dem Leser mit den gleichen Mitteln über dieses bisher unsichtbare Phänomen d*er zirkulierenden Referenz*, indem ich Fotos und Legenden überlagere. Von den Epistemologen wurde dieses Phänomen absichtlich verschleiert, es ist in der Praxis der Wissenschaftler verstreut, es ist in ihren Kenntnissen versiegelt, die ich nun vor einer Tasse Tee zu Hause in Paris in Ruhe entfalte, in dem ich »reportiere«, was ich am Waldrand von Boa Vista beobachtet habe.

Der zweite Vorteil des probenbestückten Pedokomarators: Ein *pattern* entsteht, und wie bei den Funden Edileusas wäre es auch hier wieder befremdlich, wenn es nicht so wäre. Auf den neuen Zugriff, den eine neue Übersetzung und ein neuer Transport nach sich ziehen, folgt beinahe immer eine Erfindung. Es wäre die unverständlichste Sache der Welt, würde das Muster durch solche Rearrangements nicht verständlich.

Auch diese Expedition entdeckt oder konstruiert vermittels des trickreichen Komparators ein ungewöhnliches Phänomen [...]. Zwischen der sandigen Savanne und dem tonhaltigen Waldboden scheint sich ein Band von zwanzig Metern zu erstrecken, das den Waldsaum savannenseitig begrenzt. Aber dieses Band ist zweideutig: Es enthält zwar mehr Ton als die Savanne, jedoch immer noch weniger als der Wald. Man könnte sagen, daß der Urwald den ihm gemäßen Boden vor sich her schickt, um sich günstige Bedingungen zu verschaffen – wenn es sich nicht umgekehrt verhält, daß nämlich die Savanne den Humus abbaut und ihn allmählich verschlingt. Die verschiedenen Szenarios, die meine Freunde am Abend im Restaurant entwerfen, sind nun durch ein Pfand, einen Beweis gesichert. Sie werden nun zu möglichen Interpretationen von Tatsachen, die im Raster des Pedokomparators fest verankert sind.

Das Szenario wird sich bald in einen Text, der Pedokomparator in die Tabelle eines Artikels verwandeln. Es bedarf dazu nur noch einer winzigen Transformation.

Auf dem Tisch des Cafés sieht man nun wieder (in Abbildung 6) auf der einen Seite die Savanne, auf der anderen den Wald, vergleichbar der Abbildung 1, nur daß ein paar Transformationen dazwischenliegen. (Da der Komparator nicht genug Fächer hat, wird die Serie der Sondierungen gebrochen. Das stört die schöne Ordnung des Tableaus und zwingt dazu, einen ad hoc-Lektüreschlüssel zu erfinden.) Neben den geöffneten Fä-

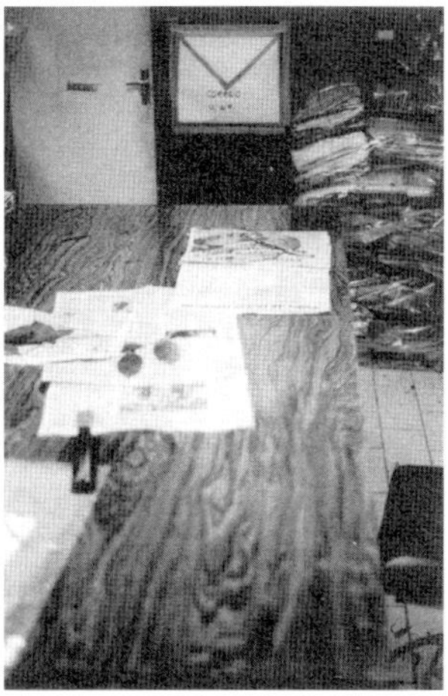

Abb. 3

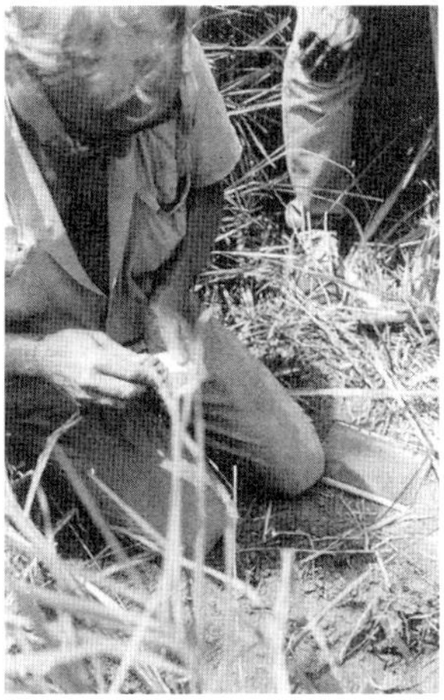

Abb. 4

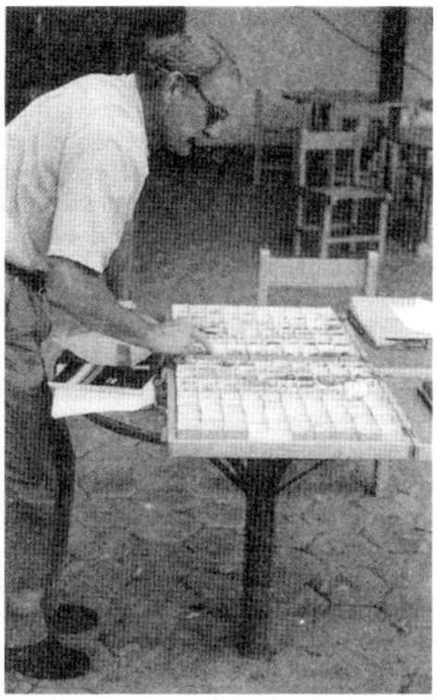

Abb. 5

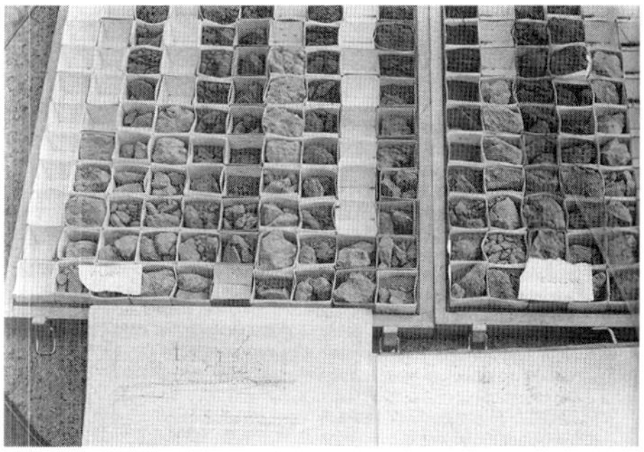

Abb. 6

chern sieht man ein Diagramm auf Millimeterpapier und eine Tabelle auf kariertem Papier. Das Diagramm repräsentiert die Sondierungen, die das Team entlang eines Querschnitts vorgenommen hat. Die Tabelle hält die Farbvariationen als Funktion der horizontalen und vertikalen Lage der Proben fest. Auf den Schachteln liegt, etwas nachlässig postiert, ein transparentes Lineal, das den Übergang vom Möbel zum Papier gewährleistet.

Auf Bild 4 sah man René, wie er mit einer flüchtigen Geste vom Konkreten zum Abstrakten, von der Sache zum Zeichen, von der dreidimensionalen Erde zum zweieinhalbdimensionalen Tableau überging. Auf Bild 5 hat er sich dank dem zum Koffer gewordenen Tableau von der Parzelle zum Restaurant bewegt, von einem unbequemen und schlecht ausgerüsteten Ort zum relativen Komfort eines Cafés. Nichts (außer den Zollbeamten) kann ihn daran hindern, daß er dieses Tableau von einem Ende der Welt zum anderen transportiert und daß er sein Profil mit dem aller anderen Pedotheken vergleicht.

Auf dem neuen Bild 6 sehen wir eine weitere Transformation. Sie ist von gleicher Bedeutung wie alle anderen, hat aber unter dem Namen »Inskription« etwas mehr Beachtung gefunden. Wir gehen vom Instrument zum Diagramm über, von der Hybride Erde/Zeichen/Schublade zum Papier.

Man hat sich oft gewundert, daß sich die Mathematik auf die Welt anwenden läßt. Hier ist nun einmal das Erstaunen fehl am Platz. Man sollte sich vielmehr fragen, um wieviel man die Welt verändern muß, damit sie zu Papier und – ohne allzu große Verzerrungen – *mit* der ebenfalls papierförmigen Geometrie *überlagert* werden kann. Den großen Abgrund zwischen den Ideen und den Dingen hat noch keine Mathematik jemals überbrückt; aber der kleine Abgrund, diese winzige Lücke zwischen einem bereits geometrisierten Pedokomparator und dem Millimeterpapier, auf dem René die Sondierungen eingetragen hat – dieser Abgrund ist leicht zu überbrücken. Ich kann ihn sogar mit dem Plastiklineal messen. Er ist nicht größer als zehn Zentimeter!

Wie abstrakt der Pedokomparator auch sein mag, er bleibt ein Gegenstand, leichter zwar als der Urwald, aber schwerer als das Papier; nicht so verderblich wie die wimmelnde Erde, aber verderblicher als die Geometrie; beweglicher als die Savanne, aber nicht so beweglich wie das Diagramm, das ich sogar telefonisch übermitteln kann – wenn Boa Vista ein Faxgerät hätte! Wie codiert der Pedokomparator auch sein mag, René kann ihn nicht in den Text seines Berichtes einfügen. Er kann ihn nur aufbewahren, falls ihm Zweifel an seinem Artikel kommen sollten, und ihn für künftige Vergleiche archivieren. Mit dem Diagramm hingegen wird der Übergang Urwald/Savanne zu Papier. Es kann in alle Artikel der Welt aufgenommen werden, man kann es in jeden Text einfügen. Seine geometrische Form macht es mit allen geometrischen Transformationen kompatibel, die uns überliefert sind, seit es *Rechenzentren* gibt. Was wir durch die aufeinanderfolgenden Reduktionen des Bodens an Materie verlieren, gewinnen wir hundertfach wieder durch den Anschluß an die Schrift, die Berechnung und das Archiv.

Im Expeditionsbericht, den wir zu redigieren beginnen, gibt es nur noch einen Bruch. Er ist zugleich unermeßlich und winzig wie alle Etappen, die wir bisher zurückgelegt haben. Es ist der Bruch, der einen Prosatext von den Diagrammen in der Anlage trennt, auf die sich der Text bezieht. Wir werden vom Übergang zwischen dem Wald und der Savanne sprechen, den wir im Text selbst in der Form eines Graphen zeigen. Im Unterschied zu allen anderen Erzählformen spricht der wissenschaftliche Text bekanntlich von einem Referenten, der im Text selbst in einer anderen, nicht-prosaischen Form *präsent* ist – als Tabelle, Diagramm, Gleichung, Karte, Schema. Der wissenschaftliche Text mobilisiert seinen eigenen *internen* Referenten und verifiziert sich damit selbst.

In Abbildung 7 haben wir das Diagramm vor uns, das alle während der Exkursion erhobenen Befunde zusammenfaßt. Es ist die Abbildung Nr. 3 im Expeditionsbericht, dessen Mitautor zu sein ich die Ehre habe, und dessen Titel lautet:

Relation entre la dynamique de la végétation et la différenciation des sols, au passage fôret-savane, dans la région de Boa Vista, Roraima, Amazonie (Brésil) Rapport de mission dans le Roraima du 2 au 14 octobre 1991. E. L. Setta Silva (1), R. Boulet (2), H. Filizola (3), S. do N. Morais (4), A. Chauvel (5) et B. Latour (6) (1) MIRR, Boa Vista RR, (2, 3) USP, São Paulo, (3-5) INPA, Manaus, (6) CSI, ENSMP, (2, 5) ORSTOM Brésil.

Gehen wir den Weg noch einmal zurück, den wir auf den Spuren unserer Freunde durchlaufen haben. Die Prosa des Abschlußberichtes spricht von einer Zeichnung; die Zeichnung faßt die Form zusammen, die sich aus der Anordnung des Pedokomparators ergab;

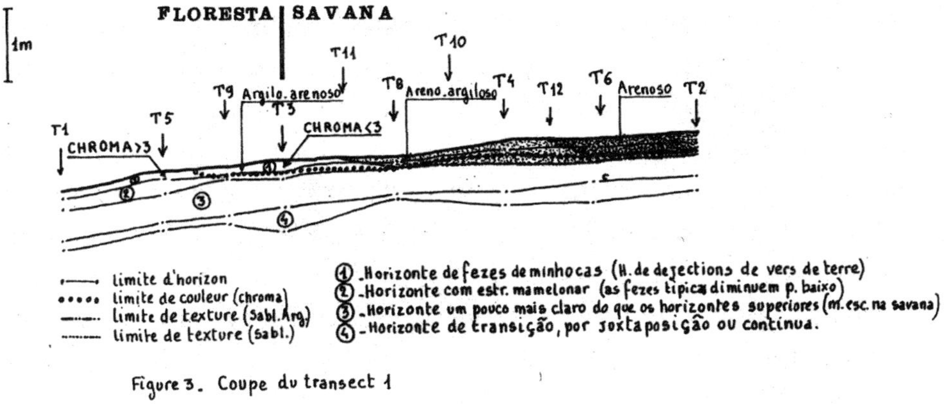

Abb. 7

dieser extrahierte, klassifizierte und codierte den Boden, der seinerseits durch ein Zusammenspiel von Koordinaten markiert, in Quadrate aufgeteilt und abgesteckt wurde. Man bemerkt, daß jedes beliebige Glied der Kette von seinem Ursprung her auf die Materie und von seiner Bestimmung her auf die Form bezogen ist; daß es aus einem zu konkreten Ensemble herausgenommen wird, um dann im nächsten Schritt selbst wieder als zu konkret zu erscheinen. Niemals läßt sich ein scharfer Bruch zwischen den Dingen und den Zeichen feststellen. Und niemals stoßen wir auf eine Situation, in der willkürliche und diskrete Zeichen einer gestaltlosen und kontinuierlichen Materie aufgezwungen würden. Immer sehen wir nur eine kontinuierliche Reihe von ineinandergeschachtelten Elementen, deren jedes die Rolle eines Zeichens für das vorangehende und die eines Dings für das nachfolgende Element spielt.

Bei jedem Zwischenschritt treffen wir auf elementare mathematische *Formen*, die ihrerseits verwendet werden, um Materien zu sammeln, und zwar vermittelt durch eine Praxis, die in einer Gruppe von Forschern verkörpert ist. Aus dieser Hybride zwischen einer Form, einer Materie, geschickten Körpern und Gruppen wird jedesmal ein neues Phänomen abgeleitet. Erinnern wir uns an René auf der Abbildung 4, wie er die braune Erde in die weiße Kartonschachtel packt, die sogleich mit einer Ziffer versehen wird. Er segmentierte den Boden nicht durch intellektuelle Kategorien wie in der Kantschen Mythologie, er verlieh vielmehr den Phänomenen Bedeutung, indem er die Materie den Schritt tun ließ, der sie von den Formen trennte.

In der Tat, wenn wir alle diese Bilder an uns vorbeiziehen lassen, so bemerken wir, daß jede Etappe, so genau meine Untersuchung auch sein mag, durch einen totalen Bruch mit der jeweils vorangehenden und folgenden gekennzeichnet ist. Auch wenn ich wie ein neuer Zenon die Zwischenschritte vervielfältige, so sind sie einander doch nicht so *ähnlich*, daß sie sich einfach zur Deckung bringen ließen. Man kann das überprüfen, indem man die beiden Extreme vergleicht, die auf den Abbildungen 1 und 7 zu sehen sind. Der Unterschied zwischen ihnen ist nicht größer und nicht kleiner als der zwischen der

Scholle, die René in die Hand nimmt (Abbildung 4) und der Stelle, die sie im Pedokomparator darstellt (Abbildung 5). Ob ich nun die Extreme wähle oder die Zwischenschritte vermehre, immer stoße ich auf die gleiche Diskontinuität.

Und doch ist da auch eine Kontinuität, denn alle Photographien sagen das gleiche und beziehen sich auf den gleichen Übergang vom Wald zur Savanne, den jeder Schritt festhält und präzisiert. Unser Expeditionsbericht bezieht sich zwar auf die »Abbildung 3«; aber diese bezieht sich auf den Wald von Boa Vista und auf die eigenartige Vegetationsdynamik, nach der es so aussieht, als dringe der Wald in die Savanne vor und als verwandelten die Bäume den Sandboden auf einer Breite von zwanzig Metern in Tonboden, um dort besser wachsen zu können. Aber diese Referenz scheint um so gewisser zu werden, je weniger sie auf Ähnlichkeit und je mehr sie auf einer geregelten Abfolge von Transformationen, Transmutationen und Übersetzungen beruht. Da erhält sich etwas um so dauerhafter und wird um so weiter und schneller transportierbar, als es sich bei jedem Schritt in dieser langen Kaskade weiter verwandelt.

Es scheint, als wäre die Referenz nicht das, worauf man mit dem Finger zeigt, nicht ein externer, materieller Garant für die Wahrheit einer Aussage, sondern vielmehr das, was durch eine Serie von Transformationen hindurch *konstant* gehalten wird. Die Erkenntnis spräche nicht von einer wirklichen Außenwelt, der sie sich mimetisch anverwandelte, sondern von einer wirklichen Innenwelt, deren Kohärenz und Kontinuität sie sich versicherte. Ein atemberaubendes Akrobatenstück, das bei jedem Schritt Ähnlichkeit zu opfern scheint, nur um die gleiche Bedeutung in der raschen Folge der Transformationen intakt zu erhalten. Ein eigenartiges, widersprüchliches Verhalten, der Entdeckung eines Waldes würdig, der sich seinen eigenen Boden schafft. Fände ich die Lösung dieses Rätsels, so wäre meine Expedition nicht weniger produktiv gewesen als die meiner glücklichen Kollegen. [...]

Quelle

Latour, Bruno: »Zirkulierende Referenz. Bodenstichproben aus dem Urwald am Amazonas.« In: ders.: *Die Hoffnung der Pandora, Untersuchung zur Wirklichkeit der Wissenschaft.* Frankfurt a. M. (Suhrkamp) 2000 [erste französische Fassung 1993], S. 36–95, hier Ausschnitt S. 65–72.

Operationalität und Optimieren

Operationalität und Optimieren. Einleitung

Birgit Schneider

Unter dem Titel *Operationalität und Optimieren* sind Texte aus einer großen Zeitspanne vereint. Was sie einerseits verbindet, ist der gemeinsame Zielpunkt einer Optimierung der Diagramme, also das Bestreben, Prozesse mittels visueller Instrumente zu verbessern. Andererseits stammen die Texte dieses Abschnitts alle von Autoren, die selbst Diagramme produzierten, sind also aus einer Perspektive der Praxis verfasst. Die Verbesserung diagrammatischer Methoden und Formen wird meist mit einem dreistufigen Argument begründet: Durch neue Visualisierungsmethoden würde es möglich, eine gesteigerte Prägnanz und Übersichtlichkeit hervorzubringen (Produktion der Graphik), die dann zu einer beschleunigten Informationsaufnahme und einem besseren Verständnis bei ihren Nutzern führe (Rezeption der Graphik); in Anbetracht besserer oder neuer diagrammatischer Bilder ließen sich schließlich Entscheidungsprozesse, Schlussfolgerungen und das Urteilsvermögen optimieren (Auswirkung der Graphik auf die Realität).

Die Frage nach dem operativen Gebrauch von Diagrammen aus einer Perspektive der Praxis bringt andere Bestimmungen des Diagrammatischen in den Vordergrund als die Texte der Theoretiker dieses Readers. In der Regel werden funktionale Aspekte betont. Andererseits lenkt die Frage nach dem operativen Gebrauch – ähnlich der semiotisch-pragmatischen Perspektive – den Blick auf Prozesse des Diagramme-Herstellens und -Benutzens und nicht primär auf das fertige Resultat. Hier geht es darum, gute Diagramme von weniger gelungenen zu unterscheiden, um auf diese Weise konkrete Anleitungen für eine verbesserte Praxis ableiten zu können.

In der historischen Übersicht, wie sie der Reader hier zusammenfügt, zeichnet sich ab, wie die Autoren die angestrebten Optimierungen je aus ihrer Zeit und fachlichen Perspektive unterschiedlich zu begründen versuchten. Ende des 17. Jahrhunderts lobte Gottfried Wilhelm Leibniz die Tabelle noch für ihre Übersichtlichkeit. Über hundert Jahre später betont William Playfair die Wahrnehmungsgrenzen der Tabellen und veranschlagt stattdessen Übersichtlichkeit für Datenkurven – Kurven, die dann wiederum über einhundert Jahre später Otto Neurath durch figurative Symbole zu ersetzen sucht. So zeichnet sich in den diagrammatischen Bildmedien auch eine veränderte Auffassung von Wahrnehmung und Aufmerksamkeit ab. Im Vergleich ermöglichen die hier versammelten, exemplarisch ausgewählten Texte deshalb Einblicke in eine pragmatisch fundierte und historisch gebundene Theorie der Diagrammatik. Über den Optimierungsgedanken hinaus verbindet die Autoren, dass sie auf die konkrete Anwendung von Diagrammen in Arbeitsprozessen, also auf den Gebrauch von Diagrammen zielen und diese folglich pragmatisch-funktional bestimmen. Die Autoren sind selbst graphisch tätig geworden; sie zählen zur Gruppe der »visioneers«,[1] eine im aktuellen Visualisierungsdesign aufgebrachte Wortkreuzung, die aus »Vision« und »Engineer« gebildet wurde und so die konstruierende ›Erfindung‹ von neuen Diagrammformen ins Zentrum rückt – wobei viele der frühen Diagrammatiker tatsächlich Erfahrungen als Ingenieure hatten. Sie brachten neue Formen der Diagrammatik hervor und thematisierten dies in Form von Einleitungen und Handbüchern; oder sie fassten bestehende Konzepte in Form von anwendungsbezogenen Handbüchern für die Praxis zusammen.

Ein Schlüsselbegriff zur Betrachtung von Diagrammen ist die Operativität.[2] Dieses Stichwort (*operatio*: lat. Verrichtung, Werktätigkeit, Arbeit, Eingriff; *operare*: arbeiten) benennt den pragmatischen Blickwinkel auf Diagramme als technische »Um-Zu-Dinge«: Es geht mithin um Bilder im praktischen Gebrauch, oftmals in Arbeitsprozessen, die wie Werkzeuge, Instrumente oder Maschinen weiterentwickelt werden können (»Papiermaschinen«[3]). Es könnte gar die Frage gestellt werden, ob sich die hier aufgeführten Diagramme in eine allgemeine Historiographie der Technik und der Instrumente einreihen ließen. Die ausgewählten Beispiele erzählen deshalb nicht nur, wie die jeweiligen Produzenten über die Vorteile ihrer Bilder nachgedacht haben, sondern auch, wie sie ihre Ideen und die Geschichte der Diagrammatik an eine generelle Fortschrittsgeschichte koppelten.

Es ist sinnvoll den Begriff der Operativität für Diagramme an dieser Stelle klarer zu fassen. Diagramme können auf mindestens vier Ebenen operativ werden: Sie sind 1.) operativ innerhalb von Gebrauchszusammenhängen, in denen sie einen Prozess mitgestalten, verändern oder überhaupt erst auslösen. Das Verständnis notwendiger Entscheidungen, die eine Graphik erbringt, aber auch Graphiken, die eine Zwischenschritt festhalten, auf dem dann weiter geforscht werden kann, sind Beispiele für die instrumentelle, *extrinsi-*

1 Der Begriff wird in der analytischen Graphik verwendet. Vgl. Lange, Susanne/Nocke, Thomas/Schumann, Heidrun: »Visualisierungsdesign – ein systematischer Überblick.« In: Schulze, Thomas et al. (Hg.): *Simulation und Visualisierung*. Magdeburg (SCS Publishing House e.V.) 2006, S.113–128; McCray, W. Patrick: *The Visioneers. How a Group of Elite Scientists Pursued Space Colonies, Nanotechnologies, and a Limitless Future.* Princeton/ NJ (Princeton University Press) 2013.

2 Die Frage nach Operativität und Operationalität symbolischer Systeme wurde aus der Beschäftigung mit Schriftsystemen entwickelt. Vgl. u. a. Fischer, Martin: »Schrift als Notation.« In: Koch, Peter/ Krämer, Sybille (Hg.): *Schrift, Medien, Kognition. Über die Exteriorität des Geistes*. Tübingen (Stauffenburg) 1997, S.83–101. Zur Operativität und Diagrammen vgl. Schäffner, Wolfgang: »Diagramme der Macht. Festungsbau im 16. und 17. Jahrhundert.« In: Jöchner, Cornelia (Hg.): »*Politische Räume. Stadt und Land in der Frühneuzeit. Berlin*« Berlin (Akademie-Verlag) 2003, S.133–143; Bogen, Steffen: »Repräsentative Maschinenzeichnungen und Perspektivkunst. Zur Verbindung von neuzeitlicher Malerei mit graphischen Sprachen der Technik.« In: Heßler, Martina (Hg.): *Konstruierte Sichtbarkeit. Wissenschafts- und Technikbilder seit der Frühen Neuzeit*. München (Fink) 2006, S.131–152; Hinterwaldner, Inge: *Das systemische Bild. Ikonizität im Rahmen computerbasierter Echtzeitsimulationen*. München (Fink) 2010; Krämer, Sybille: »Diagrammatische Inskriptionen: Über ein Handwerk des Geistes.« In: Bredekamp, Horst / Krois, John Michael (Hg.): *Sehen und Handeln*. Berlin (Akademie-Verlag) 2011, S. 225–237.

3 Dotzler, Bernhard: *Papiermaschinen. Versuch über Communication & Control in Literatur und Technik*. Berlin (Akademie Verlag) 1996.

sche Operativität (z. B. Tafel 4). Dieser Zusammenhang ist ähnlich Werkzeugen und Instrumenten. Im Gegensatz hierzu gibt es 2.) Diagramme mit *intrinsischer Operativität* wie Schaltpläne: Sie können selbst unter Strom gesetzt werden, wodurch sich das Funktionieren eines Diagramms materialisiert (Tafel 3). Und schließlich sind Diagramme selbst auf einer kognitiven Ebene in zweifacher Weise operativ, indem sie 3.) eine graphische Operation mit Linien und Symbolen im Prozess des Herstellens (»Charakter einer offenen Hypothesenbildung«[4]) (z. B. Tafel 6 u. 8) sowie 4.) beim Betrachten von fertigen Diagrammen ermöglichen, also im Kopf sowie graphisch-materiell (z. B. Tafel 10 u. 11). Beide Interaktionen mit einem Diagramm lösen einen fortlaufenden Rückkopplungseffekt aus (»Bildlichkeit zielt auf die Interaktion mit inneren Vorstellungen ab«[5]). Das Diagramm wirkt während des Zeichnens in seiner eigenen Logik auf den Zeichner zurück; es läuft im Kopf ab, wird im Kognitiven vollzogen, operiert kognitiv. Als Paradebeispiel für diese zweifache Operativität kann das bekannte Kreisscheibendiagramm der Ars Magna von Raimundus Lullus aus dem 13. Jahrhundert angeführt werden (Tafel 25), das mittels des virtuellen Drehens der Scheiben zur Unterscheidung von Wahrheit und Lüge Begriffe zueinander in immer neue Beziehungen setzt oder die Zeichnung einer Gedankenkarte, um Beziehungen zwischen Argumenten auf dem Papier in ihrer Stichhaltigkeit zu erproben. Unter dem Blickwinkel der Operativität geht es mithin um praktische Visualisierungskonzepte, die zeigen, wie Bilder Wissen strukturieren und was der Mehrwert dieser räumlichen Strukturierung jeweils bedeutet.

Beim Lesen dieser Sektion fallen zwei Leitargumente auf, die die versammelten Texte verbinden. Einerseits wird der Einsatz neuer Diagrammformen und -methoden seit dem 19. Jahrhundert als neue und internationale visuelle Sprache geltend gemacht. Andererseits erstreben die Autoren aller Jahrhunderte mittels Diagrammen die Erzeugung gesteigerter bildlicher »Prägnanz« (von lat. *praegnans* für schwanger, trächtig im Sinne von »gefüllt« bzw. engl. »concise« kurz gefasst). Die Erzeugung von vollen und gleichzeitig verkürzenden Bildern mittels graphischer Methoden zieht sich von Beginn an durch die Literatur von Praktikern graphischer Methoden. Dabei wird deutlich, dass Prägnanz das allgemeine Ideal von Informationsgraphiken ist. Sie ist der Horizont, auf den hin diagrammatische Methoden weiter entwickelt werden. Doch bleibt der Begriff der Prägnanz ähnlich dem Ideal der Objektivität unbestimmt – die Kriterien der Klarheit bleiben in der Unschärfe. Die Prägnanz ist zwar in ihren Effekten klar konturiert, jedoch nicht hinsichtlich der Konzepte und Methoden, wie sie zu erklären, zu bewerten oder systematisch herzustellen sei.

Folgt man wiederum den hier versammelten Autoren, erfüllen prägnante Graphiken mehrere Kriterien. Sie sind instantan: Sie sind in kürzerer Zeit mit weniger geistigem Aufwand einfacher verständlich, als dies für den gleichen Inhalt in Text- oder Listenform der Fall wäre. Sie sind konzentriert und synoptisch (wörtl. »zusammensehen«): Sie sind der Ort, an dem die Komplexität eines Gegenstandes wie in einem Zentrum auf das »Wesentliche«

4 Bogen, Steffen: »Schattenriss und Sonnenuhr. Überlegungen zu einer kunsthistorischen Diagrammatik.« In: *Zeitschrift für Kunstgeschichte*, 68.2, 2005, S.153–176, S. 167.

5 Bogen: *Schattenriss und Sonnenuhr*, S. 164.

und »Wichtige« zusammenläuft.[6] Sie simplifizieren: Sie vereinfachen das Komplexe und sind leichter verständlich. Sie sind einprägsam: Was sie damit bewirken, ist eine weitere Wurzel des Begriffes »prägnant« (»prägen« von mittelhochdeutsch »bræchen, præchen«: einpressen, abbilden), die im Begriff »schwanger« ebenfalls angelegt ist. Ihre ›klare‹, geordnete und ›eindeutige‹ Form ist einfacher memorierbar als der gleichförmige Fluss eines Textes. Dementsprechend sind die Gegenbegriffe zur Prägnanz ›kompliziert‹, ›ungeordnet‹, ›unübersichtlich‹, ›unklar‹, ›umständlich‹ oder ›verwirrend‹.[7] Somit ist die Prägnanz derjenige Begriff in der Diagrammatik, der Aufmerksamkeitssteuerung, Kognition und Design miteinander verschränkt.

Textauswahl

Beim ersten Text dieser Sektion handelt es sich um den Ausschnitt eines handschriftlich verfassten Traktats des Klerikers und Universalgelehrten Nicole Oresme (1320–1382, gesprochen »ORɛm«) aus dem 14. Jahrhundert, den wir hier ins Deutsche haben übersetzen lassen.[8] Oresmes Arbeiten wurden in der Wissenschaftsgeschichte immer wieder als wichtige Vorbereiter von René Descartes analytischer Geometrie und des kartesischen Koordinatensystems behandelt. Zeitreihengraphiken traten gehäuft erst seit ca. 1600 in Mathematik und Astronomie auf, auf andere Anwendungsgebiete wurden sie erst vor ca. 250 Jahren übertragen. In seinem *Tractatus de latitudinibus formarum* (ca. 1351–1355) entwirft Oresme ein konkretes System zur Verknüpfung der räumlichen und zeitlichen Ausdehnung eines Objekts mit der jeweiligen Veränderung, die das Objekt durchläuft. Oresme beansprucht mit diesem zweidimensionalen System jede Form von qualitativer Veränderung (Wachstum, Temperaturen, Geschwindigkeitsverläufe usw.) in der Natur wenigstens in ihren grundsätzlichen Verlaufsformen abbilden zu können (Tafel 29). Die resultierenden Figuren oder *Konfigurationen* verwendet er dann dazu, um die abgebildeten Objekte und Prozesse

6 Bogen, Steffen/Thürlemann, Felix: »Jenseits der Opposition von Text und Bild. Überlegungen zur Theorie des Diagramms und des Diagrammatischen.« In: Patschovsky, Alexander (Hg.): *Die Bilderwelt der Diagramme Joachims von Fiore. Zur Medialität religiös-politischer Programme im Mittelalter*. Ostfildern (Thorbeke) 2003, S. 1–22, S. 8.

7 Henschel, Gerhard: *Die wirrsten Grafiken der Welt*. Hamburg (Hoffmann und Campe) 2003.

8 Vgl. zu Nicole Oresmes Traktat insbes. Günther, Siegmund: »Die Anfänge und Entwicklungsstadien des Coordinatenprincipes.« In: *Abhandlungen der Naturhistorischen Gesellschaft zu Nürnberg*, Bd. 6, Nürnberg (Hermann Ballhorn) 1877, S. 3–50; Oresme, Nicole: *Nicole Oresme and the Medieval Geometry of Qualities and Motions: Tractatus de configurationibus qualitatum et motuum*. Madison (University of Wisconsin Press), 1968; Burton, Dan: *Nicole Oresme's De visione stellarum (On Seeing the Stars). A Critical Edition of Oresme's Treatise on Optics and Atmospheric Refraction, with an Introduction, Commentary, and English Translation.* Leiden/Boston (Brill) 2007; Miyazaki, Shintaro: *Algorhythmisiert: Eine Medienarchäologie digitaler Signale und (un)erhörter Zeiteffekte.* Berlin (Kadmos) 2013, S. 142 ff. Wöpking, Jan: *Raum und Wissen. Elemente einer Theorie epistemischen Diagrammgebrauchs.* Berlin (De Gruyter) 2016. Oresme vereinte mehrere Ämter und Tätigkeiten. Er war Bischof, Berater des französischen Königshauses und einer der bekanntesten Philosophen und Naturwissenschaftler des 14. Jahrhunderts.

zu untersuchen, zu vergleichen und physikalische Erkenntnisse zu gewinnen. Oresme gibt aber nicht nur an, wie man Licht-, Wärme- oder Schmerzintensitäten den Sinnen als Linien zugänglich machen kann, sondern er liefert die erste systematische Begründung, warum man natürliche Prozesse diagrammatisch verräumlichen kann. Seine philosophischen Begründungen, die er im Rückgang auf Aristoteles aufstellt (➛ Diagrammatische Schlüsselszenen) sind noch heute für die Debatte wertvoll.

Auch die anderen Autoren stehen für die Interdisziplinarität diagrammatischer Praxis. Gottfried Wilhelm Leibniz (1646–1716) war Mathematiker, Philosoph, aber auch als Politiker und Staatsmann tätig. Aus dem Kontext der Staatsverwaltung stammt der hier abgedruckte Text *Von nützlicher Einrichtung eines Archivi* [sic] (1680). Mit Hilfe von tabellarisch geordneten »Staatstafeln« schlägt Leibniz den Regenten seiner Zeit ein neues »Regierungsinstrument« für nationale Entscheidungen vor. Den Text schrieb Leibniz im Advent einer radikalen Neuordnung der Archive seit dem 17. Jahrhundert. Wurden bis dahin die Archive vor allem in Listen geführt, so wurden die Listen nun in die Ordnung von Tabellen gebracht (Tafel 19).[9] Im Unterschied zu Listen fassten die neu »eingerichteten« Staatstafeln das Staatswissen »auf einmal« für die Regenten zusammen.

William Playfair (1759–1823) machte zunächst eine Ausbildung als Ingenieur in den Firmen von Andrew Meikle und James Watt, den Erfindern der Dresch- bzw. der Dampfmaschine. Er war als Silberschmid, Ingenieur und Maschinenzeichner tätig, bevor er sich finanzwirtschaftlichen Fragen zuwandte. In der Geschichte der Infografik gilt er als ›Erfinder‹ der Balken- und Kreisdiagramme, mit denen er vor allem monetäre Größen statistisch darstellte (Tafel 17).[10] Sein Vorbild waren die historischen Zeitstrahlgraphiken Joseph Priestleys (Tafel 20). Im Vorwort zur dritten Auflage von 1801 begründet er die Methode der Linie universell und wahrnehmungstheoretisch. Der Text schließt an die Staatstafeln von Leibniz hundert Jahre zuvor an, indem auch Playfair Staatsverwalter als Anwender seiner Tafeln sieht.

Étienne-Jules Marey (1830–1904) wiederum war Physiologe; er erforschte den Kreislauf bei Tieren und Menschen. Marey wurde aber auch zum Ingenieur seiner eigenen Instrumente, die er für seine physiologischen Experimente anfertigte – und die in der Regel Visualisierungen zum Ergebnis hatten. Am bekanntesten sind seine Bewegungsphotographien und die in Eigenkonstruktion gebauten drehenden Bildkarussels, die als Vorläufer des Films gelten. Wir übersetzen hier erstmals die Einleitung aus seiner Publikation *La méthode graphique dans les sciences expérimentales* (1887) ins Deutsche, in der Marey die von ihm entwickelte Selbstaufzeichnung von Signalen des lebenden Körpers (Tafel 9), also physiologische Phänomene wie den Pulsschlag, mittels automatischen Linienschreibern behandelt. In der Einleitung preist er diese Linien als unmittelbare Sprache der Wissenschaft an, die es vermag mit äußerster Präzision selbst über Sprachgrenzen hinweg die Phänomene selbst wiederzugeben.

9 Segelken, Barbara: *Bilder des Staates: Kammer, Kasten und Tafel als Visualisierungen staatlicher Zusammenhänge.* Berlin (Akademie-Verlag) 2010; Siegert, Bernhard: *Passage des Digitalen: Zeichenpraktiken der neuzeitlichen Wissenschaften; 1500–1900.* Berlin (Brinkmann und Bose) 2003.

10 Spence, Ian: »No Humble Pie: The Origins and Usage of a statistical Chart.« In: *Journal of Educational and Behavioral Statistics,* Winter 2005, 30 (4), S. 353–368.

Auch der US-Amerikaner Willard C. Brinton (1880–1957) war Ingenieur.[11] Er sammelte Berufserfahrungen in den größten Elektro- und Motorenwerken der USA und war seit 1913 als selbstständiger technischer Berater tätig. 1914 und 1939 schrieb er zwei Handbücher, die als frühe Versuche gelten müssen, die verstreuten Ansätze einer Informationsgrafik für die Verwaltungspraxis von Institutionen und Unternehmen zusammenzufassen.[12] Sein Augenmerk liegt hierbei vor allem auf statistischen Graphiken für die Entscheider in Verwaltungen, wobei seit dem 19. Jahrhundert auch die Statistik des Sozialen ins Zentrum rückte. In dem hier gewählten Textausschnitt aus dem Handbuch »Graphic Methods for Representing Facts« von 1914 stehen die Effizienzoptimierung graphischer Methoden für Planungs- und Entscheidungsprozesse und ihre Überzeugungskraft im Zentrum. Brinton fasst damit die zahlreichen Versuche des 19. Jahrhunderts zusammen, aus Statistik und Graphik eine Methode zu formen, die gezählte und gemessene Fakten »klar und objektiv« dazustellen vermag und den bis heute herrschenden »trust in numbers«[13] begründete, der von jeder Datengraphik ausgeht und Fragen nach der Macht von Diagrammen erforderlich werden lässt. 1914 begründete er das *Joint Committee on Standards for Graphic Presentation*, welches Standards für die Herstellung guter Diagrammpraxis veröffentlichte.

Der Anwendungshorizont, der im fünften Text für die graphische Methode reklamiert wird, sind die Naturwissenschaften. Das schmale Handbuch des Physikers Felix Auerbach (1856–1933) »Die graphische Darstellung« (1914) zielt auf die Anwendung der graphischen Methode als Forschungswerkzeug ab. Seine Begründung für die graphische »Sprache der Darstellung« ist die Mischung aus unmittelbarer Intuition, Abstraktion und plastischer Anschauung, die von den »anspruchslosen« dürren Linien im Geist ausgelöst werden können.

Otto Neurath (1882–1945) wiederum, der Nationalökonom, Volks- und Arbeiterpädagoge, entwickelte seit 1925 für das als Verein gegründete *Gesellschafts- und Wirtschaftsmuseum Wien* eine diagrammatische Bildsprache, um statistisches Wissen über die Gesellschaft darzustellen (Tafel 5). Mit neuen, scherenschnittartigen Bildzeichen zielte er nicht auf wissenschaftliche Erkenntnis, sondern auf eine demokratisierte Selbsterkenntnis des Proletariats, also auf politisch-gesellschaftliche Aufklärung. Er sieht statistische Bildtafeln im »optischen Zeitalter« als das massenpädagogische Mittel der Wahl, das in der Balance von Abstraktion und Anschaulichkeit gesellschaftliche Zusammenhänge – im Rahmen von Ausstellungen und später Atlanten – begreifbar macht.

Edward Tufte (*1942) schließlich ist nicht nur Graphiker, sondern auch Informations- und Politikwissenschaftler, der historische Diagramme in zahlreichen Büchern einer breiten Öffentlichkeit zugänglich machte, mit dem Anspruch, Handbücher für eine verbesserte

11 Vgl. *Who was who in America*, vol. III, 1951–1960, Chicago 1960.

12 Im Gegensatz zu Gray Funkhouser, der eine erste Geschichte der Diagrammatik schieb. Funkhouser, Gray: »Historical Development of the Graphical Representation of Statistical Data.« In: *Osiris*, Bd. 3, 1937, S. 269–404. Vgl. auch: Krausse, Joachim: »Information auf einen Blick. Zur Geschichte der Diagramme.« In*: Form + Zweck*, 16, 1999, S. 4–23.

13 Porter, Theodore M.: *Trust in Numbers. The Pursuit of Objectivity in Science and Public Life.* Princeton/NJ (Princeton University Press) 1996.

Praxis zu erstellen. Sein Text zu den Leistungsmerkmalen guter Infografik anhand des Verhältnisses von Tinte und Information aus dem Jahr 1983 ist bis heute für InformationsgrafikerInnen ein Richtmaß, weil Tufte damit ein einfaches Urteilskriterium zur Herstellung »prägnanter Graphiken« vorschlug.

Aufgrund des begrenzten Platzes, aber auch weil nicht bei allen historischen Anwendern und Entwicklern graphischer Methoden Textpassagen zu finden waren, in denen diese ihre Methoden explizit reflektieren, muss die Textsammlung dieser Rubrik lückenhaft bleiben. So hätten wir gerne auch die Werke von Edmond Halley, Johann Heinrich Lambert (Tafel 18), Leonhard Euler (Tafel 22), Joseph Priestley (Tafel 20), Alexander von Humboldt (Tafel 14), Adolphe Quetelet (Tafel 13), Charles Joseph Minard (Tafel 10) oder Florence Nightingale (Tafel 11) aufgenommen. Sie alle betrieben eine ausgeprägte diagrammatische Praxis, um Erkenntnisse zu gewinnen und zu veranschaulichen, bei der sie eigene Formen überhaupt erst entwickelten oder bereits vorhandene Methoden in ihren Potenzialen ausloteten.

Nicole Oresme

Traktat über die Konfiguration der Qualitäten und der Bewegungen (ca. 1351–1355)

Erstes Kapitel über die Kontinuität der *intensio*

Man kann sich jede messbare Sache – Zahlen ausgenommen – in der Art und Weise[1] einer kontinuierlichen Quantität vorstellen. Daher ist es für die Bemessung einer solchen [Sache] notwendig, dass man sich Punkte, Linien und Oberflächen oder ihre Eigenschaften vorstellen kann. Zwischen ihnen – [wenn man es so definiert,] wie es der Philosoph [Aristoteles] will – kann eine Messung [angestellt werden] beziehungsweise zuerst ein [mathematisches] Verhältnis zueinander gefunden werden. Bei anderen [Sachen] erkennt man aber eine Ähnlichkeit, solange auf diese [Sachen] mit dem Verstand Bezug genommen werden kann. Auch wenn es die unsichtbaren Punkte und Linien[2] nicht gibt[3], ist es dennoch notwendig, sie mathematisch zur Bemessung der Sachen zu erfinden und um ihre Verhältnisse [zueinander] zu erkennen. Daher muss man sich jede *intensio* als sukzessiv erworben vorstellen mit Hilfe einer geraden Linie, die senkrecht in einem beliebigen Punkt des Raums oder des Subjekts[4] jener intensivierbaren Sache errichtet worden ist, wie zum Beispiel einer Qualität. Denn für jedes Verhältnis, das zwischen einer *intensio* und der *intensio* von den *intensiones*, die demselben Verständnis folgen, gefunden wird, kann ein ähnliches Verhältnis zwischen einer Strecke und einer [anderen] Strecke gefunden werden und umgekehrt. Denn wie eine Strecke zur einer Strecke kommensurabel und zu einer anderen [Strecke] inkommensurabel ist, so ist es gleich in Bezug auf die *intensiones*. Einige sind zueinander kommensurabel und einige in irgendeiner Weise wegen ihrer Kontinuität inkommensurabel. Also kann man sich die Berechnung der *intensiones* entsprechend vorstellen wie die Berechnung von Strecken [und Geraden], zumal eine *intensio* auf dieselbe Art und Weise wie eine Gerade bis ins Unendliche verkleinert und um ein Vielfaches bis ins Unendliche vergrößert werden kann.[5]

1 Im Lateinischen *modus*. In der Übersetzung mit »Art und Weise« geht die Bedeutungsebene der mittelalterlichen Logik verloren. Hier wird der Begriff *modus* bei der Beschreibung der Prädikabilien und den *species* des Syllogismus (*modus ponens* etc.) genutzt.

2 Der lateinische Begriff *linea* deckt die heutigen Begriffe Linie, Gerade und Strecke ab.

3 Im Sinne von Nicht-Real-Existieren.

4 Das Subjekt ist in der heutigen Vorstellung das Objekt, während unter einem Objekt damals eine Sache verstanden wurde, die mit dem Subjekt korreliert.

5 Im Lateinischen »vermindert« und »vermehrt«.

Wiederum [handelt es sich um] eine *intensio*, nach der irgendetwas um etwas mehr genannt wird, wie »mehr weiß« oder »mehr schnell«. Dem entsprechend ist eine *intensio* oder [eher] die *intensio* eines Punktes nur auf eine Art und Weise teilbar und [zwar] bis ins Unendliche im Falle eines Kontinuums. Daher kann man sie sich nicht passender vorstellen als durch jene species eines Kontinuums, welche zuerst teilbar ist und [zwar] nur auf eine Art und Weise, nämlich durch eine Strecke. Und weil ja die Quantität der Strecken oder das Verhältnis bekannter ist und leichter von uns erfasst wird, vielmehr eine Strecke in der ersten species der Kontinua ist, daher muss eine solche *intensio* durch Strecken vorgestellt werden – besonders allerdings und am meisten übereinstimmend durch jene [Strecken] – wenn man sie auf das Subjekt bezieht – die [als Strecken] senkrecht zu ihm errichtet werden. Eine Betrachtung [solcher Strecken] hilft auf natürliche Weise in Bezug auf eine beliebige *intensio* der Erkenntnis und führt [zu ihr], wie es sich im folgenden vierten Kapitel ausführlicher zeigen wird. Und daher werden gleiche *intensiones* durch gleiche Strecken bestimmt und eine doppelte *intensio* durch eine doppelte Strecke und immer so weiter, indem man mit Hilfe von Verhältnissen fortfährt. Und dies ist im Allgemeinen bei jeder *intensio*, die in der Vorstellung teilbar ist, [so] zu verstehen: entweder ist die *intensio* einer Qualität aktiv oder nicht aktiv, entweder ist [sie] von einem wahrnehmbaren oder von einem nicht wahrnehmbaren Subjekt, Objekt oder Medium, wie vom Licht des Sonnenkörpers und dem Scheinen eines Mediums, oder [handele es sich um] eine species in einem Medium, oder [sie stehe] unter einem Einfluss oder [unterliege] einer diffusen Kraft[6], und so weiter bei [allen] anderen [Sonderfällen], ausgenommen vielleicht die *intensio* der Krümmung, über die zum Teil im 20. und 21. Kapitel dieses Teils gesprochen wird.

Auf diese Art und Weise wird nämlich die Strecke [oder Gerade] einer *intensio*, über die gerade gesprochen worden ist, nicht außerhalb des Punktes oder außerhalb des Subjektes ausgedehnt gemäß einem [realen] Sachverhalt, sondern allein in der Vorstellung, und [zwar] in eine beliebige Richtung[7], nur dass man sie sich entsprechender vorstellen kann, senkrecht aufwärts zu dem Subjekt zu stehen, das durch die Qualität gestaltet worden ist.

Zweites Kapitel über die *latitudo* der Qualitäten

Jede *intensio*, die durch eine [solche] vorhin genannte Strecke bestimmt wurde, muss passenderweise die *longitudo* jener Qualität genannt werden, zuerst freilich weil bei einer kontinuierlichen Alteration[8] {essentiell} keine Sukzession gemäß der *extensio* oder gemäß den Teilen des Subjekts stattfinden wird, {weil zugleich das ganze [Subjekt] zu alterieren

6 Im Lateinischen *virtus*. Der Kraftbegriff ist hier noch nicht im physikalischen Sinne Newtons zu verstehen.

7 Ahistorisch wäre hier schon an einen Vektor zu denken.

8 *Alteratio* ist eine *species* des aristotelischen Bewegungsbegriffs ebenso wie die lokale Bewegung oder die Schaffung/Vernichtung einer Sache.

beginnt}, sondern dort eine Sukzession gemäß der *intensio* vorliegt. Also wie bei der lokalen Bewegung jene Dimension die *longitudo* des Raums oder des Wegs genannt wird, gemäß dem die Sukzession ausgeführt wird, so müsste entsprechend dieser Art und Weise die *intensio*, zu der die Sukzession vorliegt, als *longitudo* dieser Qualität bezeichnet werden. Ebenso wie die Geschwindigkeit bei einer lokalen Bewegung gemäß der *longitudo* des Raums bemessen wird, so wird die Geschwindigkeit bei einer Alteration gemäß der *intensio* berechnet. Also müsste eine solche *intensio longitudo* genannt werden. Ebenso kann keine Qualität, die durch eine Alteration etwas erwerben kann, ohne *intensio* oder einer Teilbarkeit gemäß einer *intensio* vorgestellt werden, aber man kann sich gut eine [Qualität] ohne *extensio* vorstellen. Vielmehr hat die Qualität eines unteilbaren Subjekts, wie [die Qualität] der Seele oder eines Engels, keine *extensio*. Weil man sich folglich mathematisch eine *longitudo* ohne *latitudo* und nicht umgekehrt vorstellt, und bei einer *intensio* Bezug auf irgendeine Dimension genommen werden muss, wie es offensichtlich ist aus dem vorhergehenden Kapitel, steht [die *intensio*] selbst in Bezug zur *longitudo* und nicht zur *latitudo*, und muss dem Namen nach angemessener als *longitudo* bezeichnet werden. Daher ist es offensichtlich, dass die Qualität eines unteilbaren Subjekts angemessen [bezeichnet] keine *latitudo* hat. Aber viele Theologen sprechen unpassend von der *latitudo* der Nächstenliebe, indem sie unter *latitudo* eine *intensio* verstehen. Da würde es auch gelingen, eine *latitudo* ohne *longitudo* zu erfinden, und so erschiene die Übernahme dieser [Begriffe] nicht passend. Dennoch werde ich eine *intensio* solcherart *latitudo* der Qualität nennen, wie ich es ausführlicher im unmittelbar folgenden Kapitel erklären werde.

Drittes Kapitel zur *longitudo* der Qualitäten

Die *extensio* einer beliebigen extensiven[9] Qualität sollte *latitudo* derselben genannt werden und die vorhin genannte *extensio* wird bestimmt durch eine Strecke, die in dem Subjekt beschrieben wird, zu der die Strecke der *intensio* derselben Qualität senkrecht errichtet wird. Denn wenn eine jede solche Qualität eine *intensio* und eine *extensio* hat, die in ihre Bemessung einzubeziehen sind, [und] wenn ihre *intensio* daher longitudo genannt wird, dann werde die *extensio*, die eine zweite Dimension wäre, latitudo genannt. Und auch umgekehrt wenn die *intensio latitudo* genannt wird, solle die *extensio* longitudo genannt werden. So wie daher von einem Körper oder einer Fläche die Strecke der *longitudo* und die Strecke der *latitudo* senkrecht zueinander stehen, so auch muss man sich die *extensio* einer Qualität, die *latitudo* derselben genannt werden sollte, durch eine Strecke vorstellen, die senkrecht zur Strecke der *longitudo* derselben Qualität steht. Und wie man bei permanenten [Qualitäten] die *extensio* in einem Subjekt *latitudo* der Qualität nennen muss und die *intensio longitudo*, so auch entsprechend bei sukzessiven [Qualitäten], zum Beispiel bei [lokalen] Bewegungen oder Tönen und ähnlichem – ihre *extensio* in der Zeit würde man *latitudo* nennen und die intensio *longitudo*. Dennoch ist die *extensio* offensichtlicher und

9 *Extensus* ist die adjektivische Form von *extensio*.

anheimlicher – wie man sagt – und auch eher durch den Verstand für uns [zu erkennen], als es die *intensio* ist, und vielleicht [auch] in Bezug auf die Natur [besser zu verstehen]. Daher wird – wenn das vorher Gesagte dem nicht entgegen steht – die *extensio* gemäß des gemeinsamen Sprachgebrauchs der ersten Dimension zugerechnet, nämlich der *longitudo*, und die *intensio* der *latitudo*, [die der zweiten Dimension einer Fläche entspricht]. Und weil ja der Unterschied der Begriffsbezeichnung oder die Unfähigkeit der Sprache nichts zu der Sache beitragen, kann durch beide Bezeichnungen dasselbe ausgedrückt werden. Ich möchte dem allgemein gültigen Weg folgen, damit wegen der ungewohnten Bezeichnung das, was ich sage, nicht weniger einfach verstanden wird. Die *extensio* einer Qualität wird daher im Namen Gottes ihre *longitudo* genannt, und die *intensio* derselben werde als *latitudo* oder *altitudo* bezeichnet. Aber wie auch immer [die Lage] sei, es ist aus dem Gesagten offensichtlich, dass einige moderne [Autoren][10] die *latitudo* einer Qualität als Ganzes nicht richtig bezeichnen, so wie es ein Missbrauch wäre unter der Breite einer Fläche die gesamte Fläche oder eine [geometrische] Figur zu verstehen. Denn wie einige Breiten von ungleichen Flächen oder [geometrischen] Figuren auf ähnliche Weise gleich sind, so wie es später herausstellen wird, sind viele *latitudines* von ungleichen Qualitäten gleich oder auch umgekehrt.

Viertes Kapitel zur Quantität der Qualitäten

Die Quantität einer beliebigen linearen Qualität muss man sich wie eine Fläche vorstellen, deren Länge oder Basis eine Strecke in einem irgendwie beschaffenen Subjekt ist, wie es das vorhergehende Kapitel bespricht, und deren *latitudo* oder *altitudo* durch eine Strecke bestimmt wird, die zu der vorher genannten Basis senkrecht errichtet ist, und zwar so, wie das zweite Kapitel es darlegt. Und ich verstehe unter einer linearen Qualität die Qualität irgendeiner Strecke in einem Subjekt, dem eine [bestimmte] Qualität eingeprägt wurde.

Denn es ist offensichtlich, dass die Quantität einer solchen [linearen] Qualität durch eine derartige Fläche vorgestellt werden kann, weil sie ja eine Fläche angibt, die zur Qualität in der Länge oder der *extensio* gleich ist und die zu derselben Qualität in der *intensio* [oder] in der Höhe ähnlich ist, wie später offensichtlich wird. Aber dadurch dass wir uns die Qualität vorstellen müssen, wodurch ihre Beschaffenheit leichter erkannt werde, ist es augenscheinlich. Denn ihre Gleichförmigkeit und Ungleichförmigkeit kann schneller, leichter und klarer untersucht werden, wenn in einer wahrnehmbaren [geometrischen] Figur etwas Ähnliches beschrieben wird, was schnell und vollkommen von der Vorstellungsgabe erfasst wird, und [auch] wenn es in einem sichtbaren Beispiel dargestellt werden kann. Denn es scheint ausreichend schwierig, einigen [Menschen] verständlich zu machen, was eine gleichförmig ungleichförmige Qualität ist. Aber um wie viel leichter [ist es zu verstehen], wenn die Höhe eines rechtwinkligen Dreiecks [als] gleichförmig ungleichförmig [zu verstehen] ist? Das ist gewiss den Sinnen augenscheinlich. Wenn daher

10 Gemeint sind die Nominalisten, eine philosophische Position des Mittelalters im Universalienstreit.

die *intensio* irgendeiner Qualität durch die Höhe eines solchen Dreiecks geometrisch dargestellt werden könnte, und sie ihr angeglichen werden würde, wie im zehnten Kapitel geschieht, dann könnte man leicht die Ungleichförmigkeit irgendeiner Qualität, ihre Disposition, ihre Darstellung und Berechnung und so weiter bei den anderen [Eigenschaften] erkennen. Und auf keine andere Weise können species oder verschiedene Art und Weisen der Ungleichförmigkeit erkannt werden und nicht anders bezeichnet werden, so wie es im 14. und 15. Kapitel dieses Teils offensichtlich sein wird. Denn die Vorstellung der [geometrischen] Figuren hilft sehr bei der Erkenntnis der Sachen, weil – wie die Theologen sagen – es die [geometrische] Figur irgendeiner Sache war, aus deren Ähnlichkeit die Kenntnis jener Sache abgeleitet und gestaltet und nachgebildet werden konnte. Denn wie der Apostel von Christus sagt, dass »er den Körper unserer Wenigkeit wiederherstellen wird, gestaltet nach dem Körper seiner Helligkeit.« Und eine Glosse dazu sagt aus, dass »das bedeutet, dass wir seinem Körper in der Helligkeit nachgebildet werden«.

Um nun aber auf das Vorgeschlagene zurückzukommen: So wie man sich eine punktuelle Qualität wie eine Strecke [oder Gerade] oder eine lineare [Qualität] durch eine Fläche vorstellen kann, so kann man sich eine Flächenqualität vorstellen wie einen Körper, von dem freilich in der Vorstellung die Basis eine Fläche ist, in die eine Qualität eingeprägt wurde, wie es im Verlauf ausführlicher erklärt werden wird. Wenn aber in einem beliebigen Körper unendliche (gleiche) Flächen sind, und die Qualität einer beliebigen von ihnen vorgestellt wird wie ein Körper, ist es sehr passend, sogar notwendig, dass man sich einen Körper vorstellt anhand der Lage, an der sich ein anderer [Körper] zugleich vorgestellt werden kann, oder sogar eine beliebige andere [Figur] zugleich durch das Eindringen oder durch die mathematische Überlagerung oder durch die gleiche Platzierung der Körper, die man sich so vorstellt. Denn dieses Eindringen geschieht nicht in der Sache [selbst]. Und obwohl man eine Flächenqualität durch einen Körper darstellen kann, und es nicht zutrifft, dass es eine vierte Dimension gibt oder vorgestellt werden [muss], kann man sich bei einer körperlichen Qualität dennoch vorstellen, dass sie eine verdoppelte Körperlichkeit habe: eine wahrhaft in Bezug auf die *extensio* des Subjekts in jeder Dimension und eine andere, die man sich aber allein von der *intensio* derselben Qualität vorstellt als unendlich replizierbar nach der Vielheit der Flächen des Subjekts. Der Vorteil dieser Vorstellung wurde vorher [schon] behandelt und wird in den folgenden [Kapiteln] ausführlicher in Betracht genommen.

[...]

Siebtes Kapitel über die Eignung der [geometrischen] Figuren

Durch jede ebene Figur kann man eine beliebige lineare Qualität beschreiben, die man sich zu sich selbst senkrecht vorstellt und die in der Höhe verhältnismäßig zu derselben Qualität in der *intensio* ist. Jede Figur, die über der Strecke errichtet wird, die mit der Qualität besetzt ist, soll in der Höhe verhältnismäßig sein zur Qualität in der *intensio*, wenn zwei beliebige Strecken, die senkrecht zu der Strecke, die die Basis ist, errichtet worden sind, bis zur Gesamtheit der [geometrischen] Figur oder Fläche in der Höhe verhältnismäßig[11] zu den Punkten sind, in denen sie in der *intensio* stehen.

Zum Beispiel gebe es die Strecke AB, über der die Fläche ABCD konstruiert wird, und zwei Strecken, EF und GH, werden in der Basis errichtet. Wenn daher das Verhältnis zwischen EF und GH so ist, wie das Verhältnis der *intensio* im Punkt E zur *intensio* im Punkt G und so weiter entsprechend in Hinsicht auf die anderen Punkte und Strecken, [dann] sage ich, dass die Fläche oder die [geometrische] Figur in der Höhe verhältnismäßig ist zu der Qualität in der *intensio*, so dass die Höhe der Fläche der *intensio* dieser Qualität ähnlich ist. Darum kann durch eine solche [geometrische] Figur oder Fläche diese Qualität äußerst passend beschrieben werden. Wenn aber auf derselben Strecke AB mehrere Flächen errichtet werden können, die verhältnismäßig oder ähnlich in der Höhe sind, einige [Flächen] größer, andere kleiner, zum Beispiel sei die Fläche ABKL größer und die Fläche ABMN kleiner, und beliebige andere, die in beliebiger ungleicher Höhe sehr ähnlich sind, [dann] folgt daraus, dass die Qualität der Strecke AB indifferent durch eine beliebige andere [Strecke] beschrieben werden könnte. Wenn man sich dennoch diese Qualität durch eine andere dieser [geometrischen] Figuren, die ausgezeichnet wurde, so vorstellen könnte, dann wird, wenn diese Darstellung da ist, eine Qualität doppelt in Bezug auf diese mit einer ähnlichen Darstellung beschrieben werden, und zwar durch eine um das Doppelte höheren [geometrischen] Figur ähnlicher Höhe. Und so wäre es auch verhältnismäßig für eine beliebig größere oder kleinere Qualität. Und nichtsdestoweniger könnte man sich die erste Qualität am Anfang vorstellen durch eine beliebig größere oder kleinere Fläche oder [geometrische] Figur. Aber diese größeren oder kleineren Flächen sind gewöhnlich ungleich und unähnlich hinsichtlich der [geometrischen] Figur und sogar in der Höhe ungleich, und dennoch sind sie hinsichtlich der Höhe ähnlich oder verhältnismäßig. Wenn man daher in zwei Zwischenräumen die Punkte O und P so auszeichnet, wie es in der Figur, die jetzt aufgestellt wird, offensichtlich ist, wenn dann das Verhältnis von GH zu EF so wie das Verhältnis von GP zu EO sei und so auch bei zwei beliebigen Strecken, die übereinstimmend in derselben Basis AB aufgerichtet werden, [so] sage ich, dass die Flächen ABCD und die Flächen ABMN hinsichtlich der Höhe ähnlich oder verhältnismäßig sind [siehe Abb. 1].

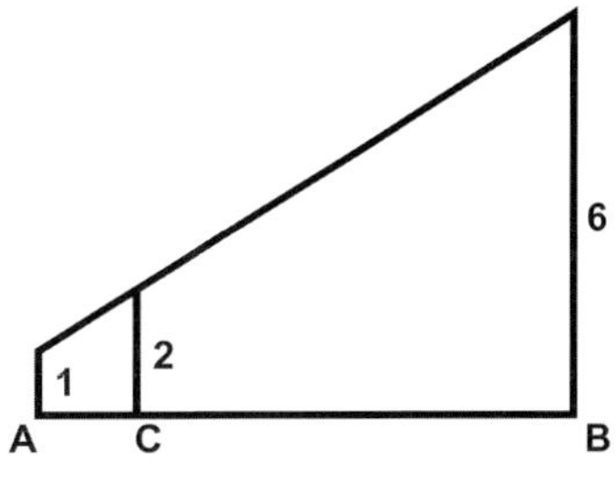

Abb. 1

Übersetzt aus dem Lateinischen von Stefan Trzeciok

11 Im Lateinischen *proportionalis*.

Quelle

Oresme, Nicole: »Traktat über die Konfiguration der Qualitäten und der Bewegungen.« In: Nicole Oresme: *Nicole Oresme and the Medieval Geometry of Qualities and Motions: Tractatus de configurationibus qualitatum et motuum*. Hg. von Marshall Clagett. Madison (University of Wisconsin Press) 1968, Kapitel I.i–I.iv; I.vii.

Bemerkungen zur Übersetzung

Die wichtigsten Terme der hier abgedruckten Kapitel von Oresme, deren Verwendung im Text auch diskutiert wird, sind die Terme *longitudo* (Länge), *latitudo* (Breite), *altitudo* (Tiefe/Höhe), *intensio* (Spannung, hier aber Intensität) und *extensio* (Ausdehnung). Sie wurden nicht übersetzt, sondern als Fachvokabular im Lateinischen belassen. Der Grund dafür ist einfach: Ins Deutsche übersetzt, würden die LeserInnen ihre ungewöhnliche lateinische Verwendung als Fachbegriffe zur Quantifizierung von Qualitäten vielleicht als zu selbstverständlich nehmen. Damit liefe man Gefahr, die Diskussion um die Verwendung dieser Begriffe nicht weiter zu hinterfragen. (*Intensio* und *extensio* haben allerdings schon ihre heutige Bedeutung als Intension und Extension.) Die ersten drei Terme wurden aber ins Deutsche übersetzt, sobald sie in ihrer geometrischen Bedeutung vorkommen. Für die meisten anderen Fachbegriffe sind Fremdwörter eingesetzt (z.B. *continuatio* – Kontinuität) oder entsprechende deutsche Lehnwörter verwendet (z.B. *proportio* – Verhältnis). Die einzige Ausnahme bildet der Aristotelismus *species* (Art, im Gegensatz zu *genus* – Gattung), der ebenfalls nicht übersetzt wurde, um die Unterschiedlichkeit zum heutigen Verständnis der Kategorisierung zu betonen.

Eckige Klammern kennzeichnen Einschübe vom Übersetzer, geschweifte Klammern kennzeichnen Einschübe in den lateinischen Text von Marshall Clagett. Häufig finden sich in der Übersetzung verbale Formulierungen mit »kann«, obwohl im Lateinischen ein Indikativ steht. Im Lateinischen wird der Indikativ nicht nur für tatsächliches Geschehen, sondern auch für mögliches Geschehen gebraucht.[12] Das Deutsche klingt an einigen Stellen etwas ungewöhnlich oder periodisch oder auch oral. Beispielsweise heißt es im ersten Kapitel:

> »Daher muss man sich jede *intensio* als sukzessiv erworben vorstellen mit Hilfe einer geraden Linie, die senkrecht in einem beliebigen Punkt des Raums oder des Subjekts jener intensivierbaren Sache errichtet worden ist.«

Die im Deutschen ungewöhnliche Nachstellung einer attributiven Erweiterung hinter das Verb (»vorstellen mit Hilfe«) wurde hier gegenüber anderen Übersetzungsvarianten bevorzugt. An diesen Stellen sollte die lateinische Hypotaxe gehalten und eine eindeutige Zuordnung der Nebensätze gewährleistet werden, ohne zu viele Kommas zu setzen und somit den Lesefluss allzu sehr zu unterbrechen.

12 Vgl. Rubenbauer, Hans/Hofmann, Johann B.: *Lateinische Grammatik*. Neubearbeitet v. Rolf Heine, 12. korrigierte Auflage. München (Oldenbourg Verlag u.a.) 1995, § 214, S. 245.

Gottfried Wilhelm Leibniz

Entwurff gewisser Staats-Tafeln (1680)

Ich nenne *Staats-Tafeln*, eine schrifftliche kurze verfaßung des Kerns aller zu der Landes-Regierung gehörigen Nachrichtungen, so ein gewißes Land insonderheit betreffen, mit solchen Vortheil eingerichtet, daß der Hohe Landes-Herr alles darinn leicht finden[,] was er bey ieder begebenheit zu betrachten[,] auf einmal übersehen, und sich deßen als eines der beqvämsten instrumenten zu einer löblichen selbst-regirung bedienen könne.

Solche definition stückweise zu erklären, so muß es seyn eine Verfaßung, die nehmlich kurz und viel mit wenigen in sich faße und begreiffe. *Schrifftlich*, dieweil man nicht allezeit die dinge in Natura vor augen haben und besichtigen, auch nicht alles in Modelle bringen, oder abmahlen und vorbilden kan; so hat man auch nicht allezeit Leüte[,] bey denen man sich erkundigen könne oder gern erkundigen wolle, zumahl auf reisen und bei Kriegs-Expeditionen, wenn man von dem hoflager entfernet, und dann so können auch die Leüte so gefraget werden, nicht allemahl aus dem stegreiff von allem gründtlichen bericht geben, und sich der eigentlichen umbstände erinnern, und alle stücken, puncten, arten und geschlechte, schaden und nuzbarkeiten der dinge gleichsam auf den fingern hehr erzehlen[,] sondern es entfällt ihnen offt das beste und nöthigste; zu geschweigen ob sie sich allezeit gnugsam bemühen, und alles treülich eröfnen wollen.

Hierinn aber mus nichts begriffen seyn, als allein der *Kern* und ausbund; denn sonst würde das werck zu weitlaüfftig fallen, und weder füglich mit zu führen, noch beqvem zu gebrauchen oder wohl darinn nachzuschlagen seyn; was aber weitlaüfftiger ausgeführet werden muß, kan absonderlich beschrieben und niedergeleget, in seine numeros bracht[,] und aus diesem kurzen begriff dahin gewiesen und remittiret werden, wie dann in der that diese Staatstafel ein schlüßel seyn soll, aller Archiven und Registraturen des ganzen Landes, als deren Rubriken und Register also einzurichten, daß sie endtlich in diese Staatstafel als in ein centrum zusammen lauffen.

Durch *Nachrichtungen* verstehe ich nicht allerhand Vernunfftschlüße und Regeln, so verständige Leüte bey gelegenheit und wenn sie darauf zu dencken ursach haben, selbsten leicht finden können, sondern was mehr in facto als nachsinnen beruhet, und daher nicht erfunden, sondern erfahren[,] gehöret und erlernet werden muß, zum exempel was in einem Lande für eine quantität seidene zeüge oder wüllene tücher jährlich consumiret, oder verthan werden, das ist eine nachrichtung und beruhet in facto, es kan es auch keiner errathen, er sey so verständig als er wolle; ob aber rathsam solche consumtion vor sich gehen zu laßen oder zu verbieten, und enger zu spannen, und ob man solche manufacturen im lande selbst einzuführen habe oder nicht, bestehet in ratiocinatione, und gehöret nicht zu unser Staatstafel, sondern kan vielmehr aus denen in der staatstafel befindtlichen Nachrichtungen von verständigen Leüten leicht geschloßen werden. Dann der Nachrichtungen sind wenig, die Conclusiones aber so man daraus machen kan, unzählich; gleichwie aus wenig Buchstaben unzählbare combinationes und wörther formiret werden können. […]

Weilen nun diese Staatstafeln zu großer Herrn eignen gebrauch gemeinet, so folget, wie ferner in der definition enthalten, daß man vermittelst derselben *alles darinn auff begebenden fall leicht finden können müße*, maßen große Herrn weder zeit noch lust haben sich mit vielen nachsuchen zu bemühen; ja auch privat-personen finden bey sich, daß sie manche nützliche dinge in ihrem hauswesen, und angelegenheiten unterlaßen, nur weil sie den verdruß des untersuchens nicht haben wollen, denn eine stete verdrüßligkeit will sich niemand gern aufbürden laßen, dieweil ieder man der wenigen zeit des Lebens gern in ruhe genießen will; dahin gegen wenn die sachen einmahl wohl gefaßet und leicht eingerichtet, auch utile dulci, der nuzen mit der lust, vermählet worden, kein verständiger so zartlich sein wird, daß er nicht etliche wenige zeit zu beßerer verrichtung seiner geschäffte, gern anwenden wolle. Nun ist gewiß, daß es in den meisten dingen der welt an rechten inventariis mangle, und man offt wohl materi gnug, nicht aber die form, einrichtung, ordnung und zu nöthigen geschwinden fürfallenden gebrauch erforderte leichtigkeit habe, dadurch es dann geschicht, daß man alsdann erst die dinge zusammen suchen will, wenn man deren vonnöthen, da es auf das glück ankomt, ob man alles finden und nicht vielmehr das beste übersehen wird, zu geschweigen der unruhe und ungelegenheit die man bey solchen sachen hat; denn unserm gemüth ist nichts angenehmer, als wie man von dem Theseo im Cretischen Labyrinth fabuliret, einen gewißen faden an der Hand zu haben dem man sicher folget, hingegen nichts beschwehrlicher und schädtlicher, als ohngefehr gleich einem jagthund der die spuhr verlohren hin und hehr lauffen, auff guth glück, ob man wieder darauf kommen werde. Welchen allen durch richtige inventaria und Tafeln vorzukommen, dergleichen aber wenig vorhanden, indem ich verspühre, daß der vortheil wie rechte register und tafeln zu machen, noch nicht bekand, zumahlen gemeiniglich zweifel vorfället, wo ein iedes hingehöhret, und weis man offt über eine zeit sich in seine eigne, geschweige ander arbeit nicht zu finden, wo nicht sonderliche facilität bey dem werck gebrauchet worden.

Alles aber nicht allein leicht zu finden, sondern auch was zusammen gehöret, gleichsam *in einen augenblick* zu übersehen, ist ein weit größerer Vortheil, als der ins gemein bey inventariis anzutreffen, daher ich dieses werck Staatstafeln nenne, dann das ist das amt einer tafel, das die Connexion der dinge sich darinn auf einmahl fürstellet, die sonst ohne mühsames nachsehen nicht zusammen zu bringen. Solchen Vortheil der tafeln findet man bey Land und Seekarten, bey abrißen, bey der Buchhalterkunst und wohlgefaßeten rechnungen, als welche ihre gewiße gleichsam Mathematische beständige Modell und form haben sollen, dadurch alles in die enge getrieben, und augenscheinlich oder handgreiflich gemacht wird. In Staats und Regirungs-Sachen aber hat man dergleichen noch nie versuchet, da doch daran am aller meisten gelegen. Was derowegen die Charten den seefahrenden und reisenden, die wohlgefasten Bücher und Kunst der Buchhalterey den Kaufleüten, die rechte analysis den studirenden vor liecht, leichtigkeit und vortheil bringen, das hätte ein Regent von diesen Staatstafeln zu gewarten.

Aus diesen nun, dafern es also bewerckstelliget würde, ist leicht abzunehmen, daß ein solches Werck *eins der beqvemsten Instrumenten seyn würde, deren sich ein Herr zu erleichterung der löblichen selbst-regirung bedienen köndte*, wie solches die letzten worthe der eingangs gesezten definition oder beschreibung mit sich bringen. Denn solche Instrumenta sind entweder viva oder muta, redend oder stumm, Personen oder schrifften, deren jene offt gefehrlich, kostbar, beschwehrlich, auch selten also wie man sie wündschet zu finden, und dann wegen Menschlicher schwachheit nimmer mehr allen Dingen also gewachsen seyn können, daß man nicht der Scripturen dabey vonnöthen hätte. Ists derowegen ja am besten und sichersten, daß man solche Scripturen als die ohne dem un-entbehrlich wohl einrichte, und dergestalt aufs beste als immer thunlich faße, daß man allen müglichen Vortheil und Nuzen davon habe, weilen ja dieß eigentlich das absehen aller schrifften, daß denen Menschen die arbeit erleichtert, die wiederhohlung einmahl gethaner mühe erspahret, der schwachheit des gedächtnüßes geholffen, auch der Menschlichen unbeständigkeit und unrichtigkeit vorgebauet werde. Daß also durch deren guthe einrichtung wo nicht menschen zu erspahren, doch solche beßer zu gebrauchen, und gleichsam an der schnuhr zu haben. Und gleich wie ein guthes fernglaß, ob es schohn nimmer machen kan, daß ich die dinge so wohl als ob sie gegenwärtig und unmittelbarer weise vor mir stünden, sehe, dennoch soviel dienet, daß ich einen ungefährlichen überschlag von der entfernten sach machen, das gröste und nöthigste betrachten, und dafern ich nicht selbst an den orth gehen will, andern auftragen kan, was sie mir vollends eigentlich besehen und zu gänzlicher vollkommener nachricht und beschreibung berichten sollen, da ich dann auch schohn vermittelst meines Instruments so viel liecht habe, daß ich sehen kan, wer mich recht berichtet, und ob meiner anordnung gemäß bey der besichtigung gnugsamer fleiß angewendet worden; also kan auch dergestalt ein Regent vermittelst dieses wenn ich also reden darff neü gemachten Staats perspectifs, nicht allein von den vorfallenden wichtigsten dingen einen gnugsamen vorschmack haben, sondern von ander bericht und votis ein gnugsames urtheil schöpfen, und wißen was er fragen, was er auftragen, und was er endtlich glauben und schließen soll; dadurch zu geschweigen der Vergnügungen die ein großer Herr, ie mehr er selbst der geschäffte meister ist, bey sich findet, ein unaussprechlicher Nuzen, und Zuwachs der jährlichen Intraden auf mehr als eine tonne goldes, nach des Landes größe und gelegenheit[,] ohne einiges menschen schaden ohnfehlbar zu gewarten, weil man alsdann erst recht sehen kan, was mit reputation einzuziehen uns zu erspahren, was vor gewinn und nuz zu schaffen und wie alles aufs vortheilhaffteste zu faßen, wie dann auch in allen andern dingen guther fortgang der anschläge nächst Gott zu hoffen weilen doch meistentheils solche nur aus mangel gnugsamer nachricht und überlegung fehlschlagen; also schließlich ein unausbleibender unsterblicher Ruhm eines

Regenten, und dennoch eine große facilität und Lust bey den sonst allerschwehrsten regirungsgeschäfften durch solches mittel zu erlangen. [...]

Quelle

Leibniz, Gottfried Wilhelm: »Entwurff gewisser Staats-Tafeln.« [verfasst 1680]. In: Akademie der Wissenschaften der DDR (Hg.): *Sämtliche Schriften und Briefe*. 4. Reihe: Politische Schriften, Bd. 3. Berlin (Akademie-Verlag) 1986, S. 340–349, hier Ausschnitte S. 340–346.

William Playfair

The Commercial and Political Atlas (1786, 1798, 1801)[I]

Introduction

As knowledge increases amongst mankind, and transactions multiply, it becomes more and more desirable to abbreviate and facilitate the modes of conveying information from one person to another, and from one individual to the many.

Algebra has abbreviated arithmetical calculations; logarithmic tables have shortened and simplified questions in geometry. The studies of history, genealogy, and chronology have been much improved by copper-plate charts. It is now sixteen years since I first thought of applying lines to subjects of Finance.[1] [...]

I confess I was long anxious to find out, whether I was actually the first who applied the principles of geometry to matters of Finance, as it had long before been applied to chronology with great success. I am now satisfied, upon due inquiry, that I was the first; for during fifteen years I have not been able to learn that any thing of a similar nature had ever before been produced.

I Anm. d. Hrsg.: Die hier abgedruckte Einleitung ist die ergänzte Einleitung des Bandes *Lineal arithmetic* von 1801. Sie stammt aus der dritten Auflage des Commercial Atlas von 1798, wobei Playfair hier seine Einleitung aus der Erstausgabe von 1786 fast vollständig zitiert. Wir haben uns entschieden, diese kombinierte Version abzudrucken, da Playfair seine Methode in der Einleitung von 1801 am breitesten beschreibt.

1 The Political Herald, (conducted by Dr. Gilbert Stuart, a man well remembered for his elegant literary talents) spoke of it thus at the time: – »The new method in which accounts are stated in this work, has attracted very general notice. The propriety and expediency of all men, who have any interest in the nation, being acquainted with the general outlines, and the great facts relating to our commerce are unquestionable; and this is the most commodious, as well as accurate mode of effecting this object, that has hitherto been thought of. Very considerable applause is certainly due to this invention, as a new, direct, and easy mode of conveying information to statesmen and to merchants; although we would recommend to the author to do whatever he can, in any future editions, to make his leading ideas as familiar as possible to every imagination, by additional illustrations and directions; for these in some instances, seem to be wanting.« See vol. iii. Pages 299, 305. This last stricture is certainly just; and I have attended to the hint. [The Political Herald and Review: or a Survey of Domestic and Foreign Politics; and a Critical Account of Political and Historical Publication, London: C. C. J and J. Robinson, 1785–86]

To those who have studied geography, or any branch of mathematics, these charts will be perfectly intelligible.[2] To such, however, as have not, a short explanation may be necessary.

The advantage proposed, by this method, is not that of giving a more accurate statement than by figures, but it is to give a more simple and permanent idea of the gradual progress and comparative amounts, at different periods, by presenting to the eye a figure, the proportions of which correspond with the amount of the sums intended to be expressed.

As the eye is the best judge of proportion, being able to estimate it with more quickness and accuracy than any other of our organs, it follows, that wherever *relative quantities* are in question, a gradual increase or decrease of any revenue, receipt, or expenditure, of money, or other value, is to be stated, this mode of representing it is peculiarly applicable; it gives a simple, accurate, and permanent idea, by giving form and shape to a number of separate ideas, which are otherwise abstract and unconnected. In a numerical table there are as many distinct ideas given, and to be remembered, as there are sums, the order and progression, therefore, of those sums are also to be recollected by *another* effort of memory, while this mode unites *proportion, progression,* and *quantity*, all under one simple impression of vision, and consequently one act of memory.

This method has struck several persons as being fallacious, because geometrical measurement has not any relation to money or to time; yet here it is made to represent both. The most familiar and simple answer to this objection is by giving an example. Suppose the money received by a man in trade were all in guineas [britische Goldmünze, Anm. d. Hrsg.], and that every evening he made a single pile of all the guineas received during the day, each pile would represent a day, and its height would be proportioned to the receipts of that day; so that by this plain operation, *time, proportion,* and *amount,* would all be physically combined.

Lineal arithmetic then, it may be averred, is nothing more than those piles of guineas represented on paper, and on a small scale, in which an inch (suppose) represents the thickness of five millions of guineas, as in geography it does the breadth of a river, or any other extent of country.

My reason for adopting this mode of stating the present revenue of the nation is for the purpose of comparing it with the past, as also of comparing the progress of the revenues of the state with the progress of the influx of wealth from other countries, for

2 When I went to France, 1787, I found several copies there, and, amongst others, one which had been sent by an English nobleman to the Monsieur de Vergennes, which copy he presented to the king, who, being well acquainted with the study of geography, understood it readily, and expressed great satisfaction. This circumstance was of service to me, when I afterwards solicited an exclusive privilege for a certain manufactory, which I obtained. The work was translated into French, and the Academy of Sciences, to which I was introduced by Mons. Vandermond,) testified its approbation of this application of geometry to accounts, and gave me a general invitation to attend its fittings in the Louvre; and at the same time did me the honour of seating me by the president during that sitting.

it is not from the present state of things, uncompared with the past, that any conclusion can be drawn.

The human mind has been so acted upon for a number of years past, and the same subjects have been so frequently brought forward, that it is necessary to produce novelty, but above all to aim at facility, in communicating information; for the desire of obtaining it has diminished in proportion as disgust and satiety have encreased.

That I have succeeded in proposing and putting in practice a new and useful mode of stating accounts, has been so generally acknowledged, that it remains only for me to request that those who do not, at the first sight, understand the manner of inspecting the Charts, will read with attention the few lines of directions facing the first Chart, after which they will find all the difficultly entirely vanish, and as much information be *obtained in five minutes as would require whole days to imprint on the memory, in a lasting manner, by a table of figures.*

As to the materials, they are taken from the accounts laid every year before the House of Commons, therefore many be depended upon as the best that are to be procured. In the first edition I find the following observations, which, as they are equally applicable still, I therefore shall insert them.

> »The giving form and shape, to what otherwise would only have been an abstract idea, has, in many cases, been attended with much advantage; it has often rendered easy and accurate a conception that was in itself imperfect, and acquired with difficultly.
>
> Figures and letters may express with accuracy, but they never can *represent* either number or space. A map of the river Thames, or of a large town, expressed in figures, would give but a very imperfect notion of either, though they might be perfectly exact in every dimension; most men would prefer *representations,* though very indifferent ones, to such a mode of painting.
>
> In an affair of such consequence, as the actual trade of a country, it is of much importance to render our conceptions as clear, distinct, and easily acquired, as possible.
>
> Information that is imperfectly acquired is generally as imperfectly retained; and a man who has carefully investigated a printed table finds, when done, that he has only a very faint and partial idea of what he has read, and that like a figure imprinted on sand it is soon totally erased and defaced.
>
> The amount of mercantile transactions in money, and of profit or loss, are capable of being as easily represented in drawing, as any part of space, or as the face of a country; though, till now, it has not been attempted. Upon that principle these Charts were constructed; and, while they give a simple and a distinct idea, they are as near accuracy as is in any way useful.«

On inspecting any one of these Charts attentively, a sufficiently distinct impression will be made, to remain unimpaired for a time, and the idea which does remain will be simple and complete, at once including the duration and the amount. Men of high rank, or active business, can only pay attention to general outlines; nor is attention to particulars of use, any farther than as they give a general information; it is hoped that, with the assistance of these Charts, such information will be got, without the fatigue and trouble of studying the particulars of which it is composed.

Quelle

Playfair, William: *The commercial and political atlas: representing, by means of stained copper-plate charts, the progress of the commerce, revenues, expenditure, and debts of England, during the whole of the eighteenth century*. London (T. Burton, for J. Wallis) 1801, Introduction, S. VII–XV.

Étienne-Jules Marey

Die graphische Methode in den experimentellen Wissenschaften (1878)

Die Wissenschaft sieht sich zwei Hindernissen gegenüber, die ihren Fortgang beeinträchtigen: Da ist zunächst die Mangelhaftigkeit unserer Sinne, die Wahrheit zu entdecken, und sodann die ungenügende Fähigkeit der Sprache, die Wahrheiten, die wir erlangt haben, auszudrücken und zu vermitteln. Ziel der wissenschaftlichen Methoden ist es, diese Hindernisse auszuräumen; die *graphische Methode* erreicht dieses doppelte Ziel besser als jede andere. Sie erfasst in den Feinuntersuchungen Nuancen, die den anderen Beobachtungsmitteln entgehen würden; und wo es darum geht, den Fortgang eines Phänomens darzulegen, vermittelt sie die Phasen des Phänomens in einer Klarheit, zu der die Sprache nicht fähig ist.

Wenn wir von der Mangelhaftigkeit unserer Sinne sprechen, möchten wir damit nicht nur ihr ungenügendes Vermögen, die Wahrheit zu erkennen, feststellen, sondern vor allem auf die Fehler hinweisen, die uns die Sinne begehen lassen.

Das frühere Axiom der sensualistischen Philosophie *Nihil est in intellectu quod non fuerit in sensu,* gibt, indem es den wahren Ursprung unserer Ideen feststellt, zugleich die Quelle unserer Irrtümer an. Niemand zweifelt heute daran, dass man den Zeugnissen des Sehsinns, des Gehörs oder des Tastsinns misstrauen sollte. Die Kugelgestalt der Erde, ihre tägliche Rotation, die Entfernung der Gestirne und deren immense Durchmesser, gleichsam alle unsere astrologischen Kenntnisse widerlegen die Einschätzungen unserer Sinne. Das gleiche lässt sich über eine Reihe von Erkenntnissen in der Physik und der Mechanik sagen, wie die Schwere der Luft, die Unstetigkeit des Schalls und des Lichts, etc. Die Empfindungen von Kälte und Wärme, die uns der Tastsinn liefert, haben nicht mehr die absolute Bedeutung, die man ihnen früher beimaß; sie sind lediglich die gänzlich relativen und häufig trügerischen Einschätzungen der Temperaturen von Körpern.

Die Physiologie des Sehsinns hat, indem sie die Funktionen des Auges erklärte, die Grenzen bestimmt, jenseits derer dieses Organ aufhört, uns exakte Kenntnisse zu liefern; einige optische Geräte wie das Mikroskop, das Teleskop, das Stereoskop, konstruiert um uns Eindrücke von Umfang, Entfernungen, Formen und Reliefs der Körper zu bieten, haben die Ausbildung des Sehsinnes vervollständigt und uns gelehrt, die Erscheinungen von der Realität zu unterscheiden.

Wenn auch weniger fortgeschritten, so sind die physiologischen Analysen der anderen Sinnesorgane doch nicht minder interessant. Die Eindrücke des Gehörs und des Tastsinns böten eine interessante philosophische Studie, die zu dieser Schlussfolgerung der modernen Physiologie führen würde: dass nämlich alle unsere Vorstellungen, die wir uns von der Außenwelt machen, das Ergebnis einer langen und unbewussten Ausbildung unserer Sinne, einer ständigen Kontrolle unserer Sinneseindrücke durch andere Sinneseindrücke sind.

Von dem Vorurteil der Unfehlbarkeit der Sinne befreit und in ständiges Misstrauen gegenüber den Auskünften versetzt, die diese liefern, hat die Wissenschaft andere Hilfsmittel zur Wahrheitsgewinnung gesucht; sie hat diese in den Präzisionsinstrumenten gefunden. Schon seit langem besaß sie die Mittel, Umfang, Gewicht, Zusammensetzung – in einem Wort: den statischen Zustand der natürlichen Körper – exakt zu messen; sie beginnt nun, die Kräfte in ihrem dynamischen Zustand zu untersuchen. Bewegungen, elektrische Ströme, Veränderungen des Gewichts und der Temperatur machen das Feld aus, das es zu erkunden gilt. In diesem neuen Unterfangen können uns unsere Sinne mit ihren zu langsamen und zu konfusen Wahrnehmungen nicht mehr anleiten, aber die graphische Methode kann deren Unzulänglichkeit ausgleichen; in diesem Chaos bringt sie eine unbekannte Welt ans Licht. Die aufzeichnenden Geräte messen die Infinitesimalen der Zeit; die schnellsten und die schwächsten Bewegungen, die geringsten Änderungen der Kräfte können ihnen nicht entgehen. Sie dringen in die intimsten Funktionen der Organe ein, wo sich das Leben als ständige Mobilität zu vermitteln scheint.

Die graphische Methode übersetzt all diese Veränderungen in den Aktivitäten der Kräfte in eine griffige Form, die man die Sprache der Phänomene selbst nennen könnte, so sehr ist sie allen anderen Ausdrucksmitteln überlegen. Es steht außer Zweifel, dass der graphische Ausdruck bald alle anderen ersetzen wird, wann immer es darum geht, eine Bewegung oder eine Zustandsänderung, kurzum jedes beliebige Phänomen, zu definieren. Früher als die Wissenschaft geboren und nicht für sie bestimmt, ist die Sprache allzu häufig unfähig, exakte Maße und wohldefinierte Verhältnisse auszudrücken.

In den ersten Zeiten der Menschheit konnte der Austausch von Ideen nur durch Zeichen erfolgen; ein Verfahren, das im Übrigen je nach Ort und Zeit variierte und gewissen Gesten oder gewissen Lauten konventionalisierte Bedeutungen zuwies. Dieses Ausdrucksmittel, über das viele Tiere in rudimentärer Form verfügen, perfektionierte sich in der menschlichen Gattung allmählich und versah die verschiedenen Völker mit mehr oder weniger klaren und mehr oder weniger ausdrucksstarken Sprachen.

Ein höheres Maß an Zivilisation wohnte dann dem Aufkommen des graphischen Ausdrucks bei. Nicht nur der bewundernswerten Erfindung der Schrift, die auf Stein oder Papier die konventionellen Zeichen der Schrift fixiert, sondern auch der natürlichen Graphik: jener, die zu allen Zeiten und in allen Völkern die Gegenstände in der gleichen Weise dargestellt hat, welche uns ermöglicht, auf den ägyptischen Stelen die Szenen einer verschwundenen Zivilisation zu verfolgen. Diese graphische Repräsentation, wenn sie sich auf die Darstellung der Ideen wie auf die Figuration der Gegenstände anwenden ließe, wäre die wahre universelle Sprache.

Im 17. Jahrhundert kam der von Descartes Genius geschaffene graphische Ausdruck der Ideen auf. Bald diente diese Methode dazu, verschiedene Veränderungen darzustellen, und auch dazu, den Vergleich gewisser Phänomene der politischen Ökonomie und sozialer Phänomene zu erleichtern. Man veröffentlichte zunächst in England, dann in Frankreich, Darstellungen, die durch unterschiedliche Biegungen einer Kurve die sukzessiven Veränderungen ausdrückten, die die Bevölkerung eines Landes, sein Handelsgüteraufkommen, seine landwirtschaftliche Produktion aufwiesen; man stellte in gleicher Weise die sukzessiven Phasen einer Epidemie, die Tages- oder Jahrestemperaturveränderungen dar; die Physik und die Chemie griffen auf diese Darstellungsmethode zurück. Seither ist die graphische Methode definitiv formiert. Heute strebt sie danach, ihr Einsatzgebiet auszuweiten und für verschiedenste Gegenstände Anwendung zu finden, indem sie überall Präzision, Konzision und Klarheit mit sich führt.

Im Übrigen wird das Bedürfnis nach einer klaren wissenschaftlichen Ausdrucksweise, die in allen Ländern Aussicht hätte, akzeptiert zu werden, von Tag zu Tag drängender; die Gelehrten aller Nationen liefern Dokumente für das gemeinsame Werk, aber jeder schreibt in seiner Sprache und die Bibliotheken bieten ein Bild von Überfülle und Unordnung.

Viele Anstrengungen wurden unternommen, um die Arbeiten diverser Herkünfte zu ordnen, aber es ist lediglich gelungen, Kataloge aufzustellen. Genötigt, auf die Originalpublikationen zurückzugreifen, muss der, der eine Frage näher untersuchen möchte, sich ihr ganz und gar widmen. Auf diese Weise spezialisiert sich der Gelehrte, die Gesamtübersichten gehen verloren, und der Horizont eines jeden schrumpft.

Die graphische Methode aber ist wesentlich klar und konzis; sie präsentiert die Fakten, die sie darstellt, in ihrer Gesamtheit und erleichtert deren Vergleich.

Aber, wird man sagen, bis wohin kann der Gebrauch dieser Methode reichen? Ist sie nicht eine außergewöhnliche Repräsentationsmethode, die vor allem im Bereich der Statistik Anwendung findet? Sie erhellt in der Tat den Verlauf von Handels- und Industrieentwicklungen; aber wird sie je in den Bereich der eigentlichen Wissenschaften vordringen? Dies sind die Einwände, die ich zu vernehmen glaube. Und würde ich es wagen, zu behaupten, dass die graphische Methode in allen Wissenschaften angewandt werden kann oder dass es zumindest unmöglich ist, eine einzige zu nennen, in der ihre Anwendung für immer ausgeschlossen ist, so würde man dies als absurd bezeichnen. Sie beabsichtigen, den Gedankengang zu ersetzen, würde man sagen. Sie wollen die menschliche Intelligenz gegen Maschinen austauschen; gekritzelte Kurven auf einem Stück Papier gegen das Licht der Dialektik, gegen die Kraft der Argumente!

Darauf ließe sich antworten, dass die Argumente der Dialektik nur in Diskussionen über Gegenstände Platz finden, die man schlecht kennt; dass dort, wo sich Evidenz findet, Argumentationen unnötig werden und dass die zu ihrem höchsten Begriff gekommene Demonstration sich nicht mehr der Sprache bedient: das Licht beweist man nicht.

Wenn wir nun aber durch den graphischen Ausdruck in wissenschaftlichen Dingen Evidenz erlangen, bewahren wir doch die Insinuationen der Eloquenz und die Blumen der Sprache für andere Zwecke; zeichnen wir die Kurven der Phänomene, die wir untersuchen und untereinander vergleichen möchten; verfahren wir wie die Geometer, über deren Demonstrationen nicht debattiert wird. [...]

Die graphische Methode antwortet auf zwei Bedürfnisse, wie wir oben feststellten: sie ist eine Methode des Ausdrucks und eine Untersuchungsmethode; wir werden sie nacheinander unter diesen Aspekten ins Auge fassen.

Übersetzt aus dem Französischen von Caroline Mannweiler

Quelle

Marey, Étienne-Jules: *La Méthode graphique dans les sciences expérimentales.* Paris (G. Masson) 1878, S. I–V.

Willard Brinton

Graphic Methods for Presenting Facts (1914)

After a person has collected data and studied a proposition with great care so that his own mind is made up as to the best solution for the problem, he is apt to feel that his work is about completed. Usually, however, when his own mind is made up, his task is only half done. The larger and more difficult part of the work is to convince the minds of others that the proposed solution is the best one – that all the recommendations are really necessary. Time after time it happens that some ignorant or presumptuous member of a committee or a board of directors will upset the carefully-thought-out plan of a man who knows the facts, simply because the man with the facts cannot present his facts readily enough to overcome the opposition. It is often with impotent exasperation that a person having the knowledge sees some fallacious conclusion accepted, or some wrong policy adopted, just because known facts cannot be marshalled and presented in such manner as to be effective.

Millions of dollars yearly are spent in the collection of data, with the fond expectation that the data will automatically cause the correction of the conditions studied. Though accurate data and real facts are valuable, when it comes to getting results the manner of presentation is ordinarily more important than the facts themselves. The foundation of an edifice is of vast importance. Still, it is not the foundation but the structure built upon the foundation which gives the result for which the whole work was planned. As the cathedral is to its foundation so is an effective presentation of facts to the data.

We daily see facts presented in the hope of creating interest and action for some really worthy piece of work to benefit the people as a whole. In many of these cases the attitude of the person presenting the matter seems to be that the facts will speak for themselves and that they need little or no assistance. Ordinarily, facts do not speak for themselves. When they do speak for themselves, the wrong conclusions are often drawn from them. Unless the facts are presented in a clear and interesting manner, they are about as effective as a phonograph record with the phonograph missing.

If it were more generally realized how much depends upon the method of presenting facts, as compared with the facts themselves, there would be a great increase in the use of the graphic methods of presentation. Unlimited numbers of reports, magazines, and newspapers are now giving us reams of quantitative facts. If the facts were put in graphic form, not only would there be a great saving in the time of the readers but there would be infinite gain to society, because more facts could be absorbed and with less danger of misinterpretation. Graphic methods usually require no more space than is needed if the facts are presented in the form of words. In many cases, the graphic method requires less space than is required for words and there is, besides, the great advantage that with graphic methods facts are presented so that the reader may make deductions of his own, while when words are used the reader must usually accept the ready-made conclusions handed to him.

In many presentations it is not a question of saving time to the reader but a question of placing the arguments in such form that results may surely be obtained. For matters affecting public welfare, it is hard to estimate the benefits which may accrue if a little care be used in presenting data so that they will be convincing to the reader. If the average citizen, and especially the business man, knew how to interpret charts and curves, it would be feasible to convey to him in effective form those facts relating to broad public improvements, public-service operation, and national, State, or municipal management, which might affect the whole fabric of our civilization. Archimedes wanted only a fulcrum for his lever and he would move the world. If the world is ever moved it will probably be by facts properly presented. The method of presentation is the fulcrum without which facts, as a lever, are useless.

The preparation and interpretation of simple charts and curves should be taught in the public schools as a part of arithmetic. The work of kindergarten nature now done in the lower grades of the public schools could very readily be extended so that the pupils would be making charts and curves without realizing that the work (or play) had any relation to mathematics. Text-books for geography are already making effective use of charts. In the public schools of Newark and of Trenton, New Jersey, grammar-school pupils are preparing charts and plotting curves relating to records which show the present condition and recent development of their home city. The principles of charting and curve plotting are not at all complex, and it is surprising that many business men dodge the simplest charts as though they involved higher mathematics or contained some sort of black magic.

If an editor should print bad English he would lose his position. Many editors are using and printing bad methods of graphic presentation, but they hold their jobs just the same. The trouble at present is that there are no standards by which graphic presentations can be prepared in accordance with definite rules so that their interpretation by the reader may be both rapid and accurate. It is certain that there will evolve for methods of graphic presentation a few useful and definite rules which will correspond with the rules of grammar for the spoken and written language. The rules of grammar for the English language are numerous as well as complex, and there are about as many exceptions as there are rules. Yet we all try to follow the rules in spite of their intricacies. The principles for a grammar of graphic presentation are so simple that a remarkably small number of rules would be sufficient to give a universal language. It is interesting to note, also, that there are possibilities of the graphic presentation becoming an international language, like music, which is now written by such standard methods that sheet music may be played in any country.

Quelle

Brinton, Willard: *Graphic Methods for Presenting Facts*. New York (The Engineering Magazine Company) 1914, S. 1–3.

Felix Auerbauch

Die graphische Darstellung (1914)

Nicht bloß in der Wissenschaft, auch in der Praxis des Lebens, des technischen, politischen, kulturellen und schließlich des alltäglichen Lebens spielt eine ungeheure Rolle die Methode. Hört man nicht fortwährend von Methoden reden und über Methoden sich streiten, welche von ihnen die beste sei? Von Methoden des Denkens und Handelns, von den Erziehungsmethoden, von *Methoden* der Leibesübungen? Wer Methode hat, kommt zum Ziele; wer keine Methode hat, scheitert, auch wenn seine Sache im Prinzip ausgezeichnet und ihre Durchführung im persönlichen oder allgemeinen Interesse noch so erwünscht wäre.

Dabei ist zu unterscheiden zwischen zweierlei Methodik: es gibt Methoden, um Neues zu entdecken, Neues zu erfinden, Neues zu erobern; Methoden, die man als *synthetische Methoden* bezeichnen kann. Und es gibt auf der anderen Seite *analytische Methoden*, deren Bedeutung es ist, bestehende oder neu gewonnene Erkenntnisse sich klar zu machen, sicherzustellen und die Möglichkeiten ihrer Konsequenzen und Nutzanwendungen zu übersehen. Nicht so freilich, daß zwischen beiden Gattungen eine scharfe Trennung bestände; insbesondere wird die analytische Methode in den meisten Fällen auch fruchtbar werden für den positiven Fortschritt; hängt doch Erkennen und Handeln, Analyse und Synthese überall in der Welt auf das innigste zusammen.

Die Methode, von der in diesem Buche die Rede sein soll, gehört zur zweiten Art: es ist eine Methode, erkannte Phänomene, Tatsachen, Wahrheiten, Gesetze so vorzuführen, in einer Weise darzustellen, daß sie unmittelbar für sich sprechen; daß jeder, der die Sprache der Darstellung zu verstehen gelernt hat, selbstständig und selbsttätig daß zu erfassen und weiter zu verarbeiten vermag, was ihm dargestellt wird. Es ist also eine Methode der Praxis, wenn auch im weitesten Sinne verstanden: gleich wertvoll für die abstrakte Wissenschaft, die eben dadurch ihre abstrakte Natur abstreift, soweit dies möglich ist, und für die Dinge des allgemeinen interessanten Lebens in Natur, Kultur und Technik. Und gerade, weil es sich um eine Praxis handelt, ist es erwünscht, und fast unerläßlich, das Fundament tief zu legen und sich klar darüber zu sein, was die Methode bedeutet und wie sie zu der Rolle gekommen ist, die sie heutzutage spielt.

Unter den Fähigkeiten des menschlichen Geistes, deren Mannigfaltigkeit in merkwürdigem Gegensatz zu seiner postulierten Einheit steht, ragen an allgemeiner Bedeutung zwei besonders hervor: das *abstrakte Denken* und die *unmittelbare Intuition*. Schon mit der gewählten Reihenfolge, in der diese beiden Fähigkeiten aufgeführt werden, ist eine Konzession gemacht worden an die historische Entwicklung und die auch heutzutage noch nicht völlig überwundene Wertschätzung namentlich in wissenschaftlichen Kreisen. Das abstrakte Denken hat, im Gegensatz zum Verhalten des naiven Menschen seiner Um- und Innenwelt gegenüber, während ganzer und langer Perioden der Wissenschaftsgeschichte der Menschheit die Führung übernommen, und sie findet noch jetzt ihren fast reinen Ausdruck in dem durch die humanistischen Gymnasien gekennzeichneten Erziehungsplan. Und doch steht die andere Seite geistiger Methodik, die Anschauung oder, besser gesagt, die Intuition, jener anderen nicht nur ebenbürtig zur Seite, sondern erweist sich auch bei näherem Zusehen nach beiden Seiten hin über sie dominierend: nach der Seite der Wurzel hin, insofern, wie freilich die Geistesforscher nicht immer wissen oder wissen wollen, auch das abstrakte Denken irgendwo von einer durch die Sinnesempfindung übermittelten Intuition ausgeht, und nach oben hin, insofern auch die Ergebnisse des reinen Denkens einer Sprache bedürfen, durch die sie erst Gemeingut werden können, und die ihrerseits wieder nichts anderes ist als eine Form der Anschauung im weitesten, nicht auf das Auge beschränkten Sinne. Die Sprache und die Schrift, das körperliche oder flächenhafte Bild, die geometrische Linie und vieles andere: das sind nur verschiedene Formen, in denen sich das Ergebnis geistiger Arbeit mitteilen und damit zu einem über das Innenleben des Erzeugers hinausreichenden Dasein gelangen kann.

In der exakten Wissenschaft hat diese Erkenntnis nun freilich immer wieder, nach langen Perioden rein abstrakter Spekulation, den Sieg davongetragen, und seit geraumer Zeit wird ihr dieser nur noch von Fanatikern der anderen Richtung streitig gemacht. Die Anschauung, die äußere und die innere, die Erschaffung der Dinge in lebendigen, vor dem körperlichen oder vor dem geistigen Auge stehenden Bildern, hat die Forschung und Erkenntnis in ungeahnter Weise bereichert und vielfach ganz neue Perspektiven eröffnet. Die Sprache ihrerseits ist in immer wissenschaftlichere Form gebracht worden, und in der mathematischen Formelsprache hat sie ihren Höhepunkt erreicht. Diese stellt die Erscheinungen der Außenwelt und, soweit das bis jetzt gelungen ist, der Innenwelt durch eine Verknüpfung mathematischer Größen dar, von denen die einen *Funktionen* der anderen sind, d.h. sich mit ändern, wenn jene sich ändern; und das in einer rein tatsächlichen Weise, ohne daß damit über die sogenannte kausale Seite der Dinge irgend etwas, was doch zunächst nur hypothetisch wäre, ausgesagt würde. Aus der Formel kann man dann rückwärts einzelne Zahlenwerte und ganze *Zahlenreihen* ableiten und durch Vergleichung mit dem, was die direkte Beobachtung ergibt, eine Kontrolle über das System gewinnen. Immerhin sind auch diese Ausdrucksmittel, die Zahlenreihen und die Formeln, noch in gewissem Sinne abstrakt und nur für den anschaulich, der sich bis zu dieser Form der Anschauung durch eine lange Übung und durch einen bereits zur Gewohnheit gewordenen Überblick über das Wesen der Materie aufgeschwungen hat.

Es gibt ein Hilfsmittel von noch weit größerer Anschaulichkeit, und es beruht auf einem Gedanken, der zunächst vielleicht recht fern liegt, aber, einmal erfaßt, seine ungemeine Fruchtbarkeit sofort zu erkennen gibt. Für alle räumlichen Dinge der Welt haben wir, dank der Organisation unseres Auges, eine Methode der Aufnahme, die ganz unvergleichlich ist: die *Erzeugung von Bildern.* Beruht doch hierauf nicht nur die gesamte Wissenschaft des Körperlichen, also alles das, was man noch jetzt vielfach als Naturgeschichte bezeichnet, sondern auch das große und hohe Gebiet der bildenden Künste, auf dem der Mensch jene Fähigkeit produktiv verwendet. Alles übrige, was uns in der Um- und Innenwelt an Mannigfaltigkeiten entgegentritt, ist unserer räumlichen Anschauung entzogen, wir können es nur denkend, nicht aber darstellend erfassen. Wie nun, wenn wir diesem natürlichen Mangel künstlich abhülfen, wenn wir uns entschlössen, auch Nichträumliches, also Zeitliches und ferner alles, was sich auf Temperatur und Elektrizität, auf Helligkeit und Farbe, auf stoffliche und geistige Quantität und Qualität und auf hunderterlei anderes bezieht, unter dem Bilde des Räumlichen zu erfassen und zeichnerisch darzustellen? Man wird billigerweise hier nicht sofort gar zuviel verlangen dürfen; aber so viel ist einleuchtend: nichts, was exakt erfaßt worden ist, nichts, was sich als Funktionsverhältnis angeben läßt, entzieht sich der in Rede stehenden Methode – im Prinzip natürlich; die Ausgestaltung zu einem wirklichen Verfahren ist eine Sache für sich und muß Schritt für Schritt erdacht und erprobt werden.

Das ist der genetische und fachliche Grundgedanke dessen, was man gegenwärtig die *Methode der graphischen Darstellung* nennt. Eine äußerlich anspruchslose Kunst, denn sie führt dem Auge nichts vor als Linien und Linienscharen und immer wieder Linien, zuweilen auch Flächen und äußersten Falles räumliche, modellartige Figuren. Aber für den, der diese Sprache zu lesen versteht, ist sie auf ihre Weise beredter und reicher als alle anderen; auf knappem Raume erzählt sie unglaublich viel; denn man kann diese Schrift sozusagen von vorn und hinten, von oben und unten, analytisch und synthetisch lesen; und jedesmal erhält man dieselbe Erkenntnis in einer neuen Form, einem neuen Zusammenhange, einer neuen Genese, und das ist ja schließlich immer wieder eine neue Erkenntnis. Kein Wunder, daß die graphische Darstellung, deren frühere Vernachlässigung eben nur durch die drückende Tyrannis des abstrakten Denkgeschmacks erklärbar wird, in neuerer und neuester Zeit einen wahren Triumphzug durch alle Gebiete wissenschaftlicher Forschung unternommen hat, von den exakten Naturwissenschaften und den statistisch-volkswirtschaftlichen Disziplinen ausgehend und nach und nach auch sprödes und sprödestes Terrain erobernd, bis sie zuletzt auch im Herzen der Psychologie und Philosophie angelangt ist.

Quelle

Auerbach, Felix: *Die graphische Darstellung. Eine allgemeinverständliche, durch zahlreiche Beispiele aus allen Gebieten der Wissenschaft und Praxis erläuterte Einführung in den Sinn und den Gebrauch der Methode.* Leipzig (B. G. Teubner) 1918, 1. Kapitel, S. 1–4.

Otto Neurath

Statistische Hieroglyphen (1926)[I]

Die modernen Menschen empfangen einen großen Teil ihres Wissens und ihrer allgemeinen Bildung durch *bildhafte Eindrücke,* Illustrationen, Lichtbilder, Filme. Die Tageszeitungen bringen von Jahr zu Jahr mehr Bilder. Dazu kommt das gesamte Reklamewesen, das einerseits mit optischen Signalen, anderseits auch wieder mit Darstellungen arbeitet. Ausstellungen, Museen sind durchaus Kinder dieses Schaugetriebes.

Die *Methode* der bildlichen Darstellung ist bisher wenig entwickelt. Erst allmählich entsteht eine Museums- und Ausstellungstechnik, die über gesicherte Erfahrungen verfügt. Der Lauf der Sterne läßt sich verhältnismäßig leicht wiedergeben, wenn man nur alle Kenntnisse und Hilfsmittel zusammenfaßt. Das große Planetarium, welches auf der Gesolei[II] zu sehen ist, zeigt das zur Genüge.

In ähnlicher Weise kann man den Blutkreislauf abbilden, indem man das Herz als eine Pumpe behandelt und so das alte Gleichnis in die Wirklichkeit umsetzt. Die Ventrikel werden vergrößert gezeigt, die Klappen in Gummi wiedergegeben. Glasröhren sind die Adern. Der Beschauer sieht gewissermaßen in den Menschen hinein.

Weit schwieriger ist es, gesellschaftliche Zusammenhänge abzubilden. Bis man bewegliche Modelle des Gesellschaftslebens bauen kann, muß das Verständnis für die reine Wiedergabe mengenmäßiger Beziehungen weit mehr entwickelt sein. Es geht zunächst darum, Abbildungen zu schaffen, die möglichst ohne Text verständlich sind. Länder sind Flächen, Menschen Figuren, die auf ihnen stehen, Einfuhr und Ausfuhr sind Warenmengen, welche mit Eisenbahnzügen in ein Land hereinkommen, aus einem Lande hinausgehen. Aber der Verbrauch an Elektrizität ist nicht in gleicher Weise erfaßbar. Er bedarf symbolischer Darstellung; Kredit und Reingewinn sind gleichfalls schwer zu erfassen. Aber schon bei den einfachen statistischen Zusammenhängen türmen sich pädagogische Schwierigkeiten aller Art auf, die erst langsam überwunden werden. Es müssen vor allem Bildzeichen geschaffen werden, die so »gelesen« werden können wie von uns allen Buchstaben und von den Kundigen Noten. Es handelt sich um Schaffung einer Art Hieroglyphenschrift, die einer internationalen Anwendung.

I Anm. d. Hrsg.: Der Artikel von Neurath enthält im Original Abbildungen.

II Anm. d. Hrsg.: Die GeSoLei war eine große Ausstellung für »Gesundheitspflege, soziale Fürsorge und Leibesübungen«, die 1926 in Düsseldorf stattfand.

Die ägyptischen Wandmalereien, ebenso wie die ägyptische Hieroglyphenschrift haben ähnliche Probleme zu bewältigen gesucht. Die ägyptische Geschichte umfaßt ein durchaus statistisches Zeitalter! Eine Großnaturalwirtschaft wie die ägyptische bedurfte einer umfassenden Naturalrechnung, die zu einer systematischen Buchhaltung ausgebildet wurde! Der Mann, der die Größe der Herden aufschrieb, die Abgaben an die Götter, an den König, die Einkünfte der einzelnen Höfe notierte, der Schreiber, war eine der wichtigsten Persönlichkeiten! Wir sehen auf den Wandgemälden, in den Hieroglyphen denn auch immer wieder den »Schreiber«, das heißt den typischen ägyptischen Beamten, über dessen Bürokratentum man sich lustig machte, dessen Macht und öffentliche Anerkennung allen bewußt war. Herden marschieren auf, Tiere werden vorgeführt, Diener tragen Gaben, ein Diener, zwei Diener, drei Diener, jeder kommt etwa aus einem anderen Dorfe. Auch wir haben ähnliche Interessen der Darstellung!

Und so beginnen wir denn, Massenerscheinungen einzufangen. Da wir über eine schwach entwickelte Tradition verfügen, müssen im Gesellschafts- und Wirtschaftsmuseum neue Formen geschaffen werden, die unmittelbar einleuchten. Drastische, ja groteske Figuren leisten dies, aber sie lenken allzu leicht den Beschauer ab. Auch pflegt eine Kennzeichnung, die durch ihre Besonderheit einmal sich sehr bewährt, gerade dadurch ein andermal unverwendbar zu werden. Es geht aber darum, womöglich mit demselben Zeichen für denselben Gegenstand im ganzen Museum, ja auf allen Ausstellungen das Auslangen zu finden. All das drängt dazu, von den »interessanten« Darstellungen abzugehen, vor allem aber auf »Naturalismus« zu verzichten. Wenn irgendwo, so hat die *abstrakte Darstellungsweise* hier ihren Platz. Eine Arbeitermasse soll womöglich aus gleichen Zeichen zusammengesetzt werden, wenn für die gesellschaftlichen Betrachtungen einer wie der andere zählt! Werden Arbeiter aufeinanderfolgender Jahre vorgeführt, die zum Beispiel verschiedene Mengen Brot essen, so wird man die Figuren der Arbeiter nicht um der Freude an der Mannigfaltigkeit willen verschieden machen. Das könnte höchstens geschehen, wenn es sich um Personen handelt, die durch Jahrzehnte voneinander getrennt sind und daher verschiedene Tracht haben. Es ist ein schwieriges Problem, Arbeiter verschiedener Länder verschieden zu bezeichnen. Ist es doch eine kennzeichnende Eigenschaft unseres Zeitalters, daß die Kleiderformen sich immer mehr aneinander angleichen, so daß man durch den bloßen Anblick einen deutschen, einen französischen, einen englischen Arbeiter schwer voneinander unterscheiden kann. So steht es auch mit der Gesamtbevölkerung. Es geht nicht gut an, auf die Vorstellungswelt einer früheren Periode zurückzugreifen und etwa den Amerikaner durch seinen grauen Zylinderhut, den Ziegenbart und andere Absonderlichkeiten, den Deutschen durch seine bäuerliche Tracht und seine Zipfelmütze zu kennzeichnen. Die modernen Menschen kennen solche Unterschiede nicht! Je mehr etwas der Vergangenheit angehört, um so leichter läßt es sich im allgemeinen individualisieren! Flaggen sind Notbehelfe. Man spürt förmlich bei dem Versuch, Grenzen zu schaffen, daß die Geschichte über diese Trennungen hinwegzugehen sich anschickt, besonders dort, wo es sich um Industrieproduktion und Proletariat handelt!

Für viele Menschen ist die bildhafte Darstellung statistischer Größen etwas Erfreuliches, das sie beglückt genießen! Aber es gibt auch Skeptiker, Menschen von geringer optischer Empfänglichkeit. Sie fragen etwa, wozu man denn überhaupt Figuren verwendet. Bestenfalls meinen sie, daß man durch solche Spiele die Menschen wie große Kinder heranlocken wolle. Zum Teil trifft das zu. Aber die bildhaften Darstellungen haben eine weit wesentlichere, psychologisch wohlbegründete Bedeutung! Es klingt sehr verständlich, wenn die Gegner der bildhaften Darstellung meinen: Was ist denn geleistet worden? Man hat die längst bekannten roten und rosa Balken in rote Männlein und rosa Weiblein aufgelöst, den blauen Balken mit Schneiderscheren, den grünen mit Kinderbildchen versehen! Nicht doch. Wenn ein Mensch, der ein optisch gerichtetes Gedächtnis hat, sich die Streifen wirklich in ihrer Länge und Anordnung merkt, so muß er sich unoptisch *dazu* merken, was sie bedeuten! Denn nach einiger Zeit weiß er gar nicht mehr, daß rot die Männer, rosa die Frauen, daß blau die Textilindustrie und grün die Kinder sind! Wohl aber merkt er sich die Bedeutung der Balken, wenn sie nicht nur farbig, sondern auch noch figural sind! Eine rote Männerreihe symbolisiert eben viele Männer!

Die konsequente Durchführung dieses Grundsatzes bedeutet, daß in volkstümlichen Darstellungen gesellschaftlicher Tatbestände die »Kurve« verschwindet und einer Aufeinanderfolge von belebten Bändern Platz macht, deren Enden wie die Kurve verlaufen! Die Darstellung in Kurvenform hat ihren guten Sinn für mathematische Behandlung von statistischen Erscheinungen, oft aber täuscht sie nur Wissenschaftlichkeit dem Beschauer vor, der hinter der Kurve etwas sucht, was gar nicht hinter ihr steckt! Es kommt nicht selten vor, daß man von einem Punkte der Abszissenachse aus die Produktion des Jahres aufträgt und nun von dem nächsten Punkt die nächste Jahresproduktion! Was erfährt der Beschauer, wenn er die Endpunkte mit Linien verbindet? Die dazwischenliegenden Punkte lassen ja keine Deutung zu! Nur wo man einige Größen hat, die dazwischenliegenden aber einzufügen sucht, hat auch für den ungelehrten Beschauer unter Umständen die Kurve einen Sinn. Im Gesellschafts- und Wirtschaftsmuseum wird die Kurve eine Ausnahme bilden. Die gesellschaftliche Wirklichkeit kennt keine kontinuierlichen Übergänge. Der realistische Blick leidet unter Kurvendarstellungen!

Am besten können Menschen Längen miteinander vergleichen! Die größere Menge wird in den Darstellungen des Gesellschafts- und Wirtschaftsmuseums fast ausschließlich durch eine größere Zahl von Zeichen gekennzeichnet, die in Form eines Streifens angeordnet sind! Auch dort, wo reine Farbflächen angewendet werden, bringt das Museum niemals Quadrate, weil sie untereinander schwer vergleichbar sind. Die große Verbreitung der Quadrate und Würfel in den populären statistischen Darstellungen hängt wohl damit zusammen, daß man Räume nach Quadratmetern und Kubikmetern mißt! Verschieden große Menschenmassen durch verschieden große Menschen darzustellen führt irre. Wenn etwa die Franzosen doppelt soviel Todesfälle haben als die Deutschen, soll dies durch einen größeren Franzosen und einen kleineren Deutschen dargestellt werden? Und wenn man solche Darstellung versucht, soll der Franzose die doppelte Länge haben, das heißt einen mehr als doppelt so großen Körper als der Deutsche? Das Gesellschafts- und Wirtschaftsmuseum legt in solchem Falle zwei tote Franzosen neben einen toten Deutschen! Und wenn schon einmal eine Signatur für Tote da ist, die etwa in einen Rahmen eingeschlossen wird, dann kann die halbe Menge so dargestellt werden, daß man die Figur halbiert, so wie man etwa eine Schokoladetafel in der Mitte entzweibricht! Im allgemeinen wird man durch das gleiche Symbol die gleiche Menge darstellen lassen, mindestens auf derselben Tafel. Soll dasselbe Symbol in verschiedenen Darstellungen verschiedene Mengen bedeuten, so wird man die Symbole möglichst unterscheidbar machen. Im allgemeinen werden Menschen nebeneinander, Dinge übereinander angeordnet, doch läßt sich dieser Grundsatz nicht immer durchführen, besonders dann nicht, wenn Menschenmassen irgendwelchen Quantitäten von Dingen zugeordnet werden sollen.

Die lebhaften Farben werden zur Kennzeichnung bestimmter Tatbestände verwendet, Grau deutet das »Unbestimmte«, zum Beispiel das »Nichtorganisierte« im Gegensatz zum Organisierten an. Wo es möglich ist, wird an die überkommene Farbensymbolik angeknüpft, etwa Grün für die Landwirtschaft verwendet, Weiß für die Wasserkräfte (weiße Kohle), wie dies ja in der Kartographie oft erprobt wurde. Um die Farben möglichst rein wirken zu lassen, ist das Gesellschafts- und Wirtschaftsmuseum durchweg vom »Malen« abgegangen und stellt seine Bildertafeln in »Scherenschnitt« her, wozu ja gerade in Wien durch Versuche der Kunstgewerbeschule Anregung gegeben war. Die »Zufälligkeiten« des Stoffes sind jetzt fast ganz überwunden und werden durch weitere Maßnahmen, die geplant sind, wohl in noch höherem Maße überwunden werden.

Mit Hilfe der Farbenunterschiede läßt sich sehr viel ausdrücken, was mit Hilfe der Schwarzweißtechnik nur unzulänglich dargestellt werden kann. Die wechselnde Hintergrundfarbe ist ein treffliches Hilfsmittel; man kann zum Beispiel die gleichen Symbole (rote Arbeiter) auf verschiedene Hintergrundfarbe setzen; brauner Hintergrund bedeutet etwa: gehört der Pensionsversicherung an, orangefarbener Hintergrund besagt etwa: ist als öffentlicher Angestellter gesichert, der graue Hintergrund bedeutet, daß er ohne Schutz ist. Werden Menschengruppen in aufeinanderfolgenden Jahren miteinander verglichen, so werden die Figuren eines Jahres auf einen Streifen gesetzt. Diese Streifen, die sozusagen die Jahre andeuten, werden gleich lang gemacht. Wo verschiedene Gruppen nebeneinander gestellt werden, erhalten sie im allgemeinen neben verschiedener Körperfarbe auch verschiedene Hintergrundfarbe, die eine mattere Abtönung der Körperfarbe ist, um so die Gruppen besonders scharf gegeneinander abzuheben. Oft müssen Menschen, wenn sie zum Beispiel nach Berufen aufgeführt werden, durch handwerkliche Symbole näher charakterisiert werden. Freilich muß eine Überzahl von Farben vermieden werden, soll die Aufnahmefähigkeit nicht leiden.

Wo relative Zahlen besonders interessant und wichtig sind, werden sie tunlichst in Verbindung mit den absoluten Zahlen vorgeführt. Auf diese Weise berichtet die Tafel viel mehr über die Wirklichkeit. Würde man zum Beispiel die Bevölkerungsdichte der verschiedenen europäischen Länder aufzeichnen, so würde Belgien an erster Stelle stehen. Die Bedeutung dieser Tatsache wird aber erst klar, wenn man die absolute Größe von Belgien kennt. Es interessiert uns zwar, wieviel Ordinationen durchschnittlich auf ein

Krankenkassenmitglied entfallen, aber die soziologische Bedeutung wird erst klar, wenn man weiß, wie viele Menschen daran partizipieren. Wenn darzustellen ist: auf den Kopf entfallen soundsoviel Ordinationen, dann zeichnet man die Mitglieder in eine Reihe, darüber die Ordinationen in Reihen, die gleichviel Symbole enthalten (wobei beide Symbole dieselben Mengen darstellen!); dann gibt die Anzahl der Reihen an, was auf den Kopf entfällt. Diese und ähnliche Probleme können am besten an Hand der Museumstafeln studiert werden.

Selbst wenn sich gewisse Grundsätze festlegen lassen, so bleibt doch für die Art der Anwendung ein weiter Spielraum. Hier bewähren sich die Kunst der Pädagogik und die Fähigkeit der entwerfenden Zeichner! Eine rezeptartige Formulierung ist ebensowenig möglich wie etwa für die Anfertigung von Plakaten. Die Erfahrung lehrt, daß die Heranbildung geeigneter Kräfte für die Anfertigung solcher Tafeln sehr viel Zeit in Anspruch nimmt. Nur eine Arbeitsgemeinschaft, in der alle aufeinander eingespielt sind, vermag das pädagogische Ziel der Darstellung, den malerischen Entwurf, die Ausschneidearbeit und die Details der Anordnung zu verknüpfen, wozu auch zweckmäßig gewählte Schrift und deren Verteilung gehört. Es hat sich gezeigt, daß die Einheitlichkeit der Beschriftung und andere »Kleinigkeiten« die Faßlichkeit der Tafeln erhöhen. Man muß sich vorläufig davor hüten, allzu früh abzuschließen und eine Lösung für endgültig zu erklären. Die Methode ist in voller Entwicklung.

Es werden Bausteine für eine internationale Symbolik gesammelt, die vielleicht einmal in vielfacher Richtung unabhängig von der Verschiedenheit der Landessprachen statistische Erkenntnisse verbreiten wird. Die Kartographen haben sich auf gewisse internationale Zeichen geeinigt. Es muß vorläufig ein bloßer Wunsch bleiben, internationale statistische Lettern zu schaffen, mit denen man Bildertabellen setzen könnte. Dazu bedarf es neben der Entwicklung der Darstellungsmethode vor allem auch einer entsprechenden Vorbildung breiter Massen.

Aber es wäre schon einiges erreicht, wenn die Rubrikenüberschriften statistischer Tabellen durch einheitliche Symbole ersetzt werden könnten. Hat man die Tafel ohne Text verstanden, dann ist eine Erläuterung durch Beitext noch immer erforderlich, die durch eine Führung ergänzt werden kann. Es ist aber etwas anderes, *ob der Text den Sinn der Tafel erläutern muß oder ob er die bereits dem Sinn nach einigermaßen begriffene Tafel nun analysiert und wissenschaftlich dem Beschauer deutet!*

Es wird wohl die Zahl der Gesellschaftsmuseen in nächster Zeit gewaltig zunehmen. Keine der großen Arbeiterorganisationen, keine der volksbildnerisch wirkenden Stadtverwaltungen wird es sich nehmen lassen, für ihre Sonderzwecke soziale Bildertafeln und Modelle anfertigen zu lassen. Damit bekommen die Gesellschaftsmuseen die Aufgabe, Mittelpunkte für Anregungen aller Art zu werden, Ausstellungen, vor allem Wanderausstellungen einzurichten. Durch Veröffentlichung der so gemachten Erfahrungen wird es möglich sein, das allgemeine Verständnis für solche Bemühungen zu beleben und durch gemeinsame Arbeit aller daran interessierten Organisationen und Institute eine Art Schulreform für Erwachsene auf diesem Sondergebiet durchzuführen.

Quelle

Neurath, Otto: »Statistische Hieroglyphen.« In: Österreichische Gemeinde-Zeitung, 3. Jg., Nr. 10, 1926, S. 328–334. Abdruck in: Neurath, Otto: *Gesammelte bildpädagogische Schriften.* Wien (Hölder-Pichler-Tempsky) 1991, S. 40–50.

Edward Tufte

The Visual Display of Quantitative Information (1983)[I]

1. Graphical Excellence

Excellence in statistical graphics consists of complex ideas communicated with clarity, precision, and efficiency. Graphical displays should

- show the data
- induce the viewer to think about the substance rather than about methodology, graphic design, the technology of graphic production, or something else
- avoid distorting what the data have to say
- present many numbers in a small space
- make large data sets coherent
- encourage the eye to compare different pieces of data
- reveal the data at several levels of detail, from a broad overview to the fine structure
- serve a reasonably clear purpose: description, exploration, tabulation, or decoration
- be closely integrated with the statistical and verbal descriptions of a data set.

Graphics *reveal* data. Indeed graphics can be more precise and revealing than conventional statistical computations. Consider Anscombe's quartet: all four of these data sets are described by exactly the same linear model (at least until the residuals are examined).

I		II		III		IV	
X	Y	X	Y	X	Y	X	Y
10.0	8.04	10.0	9.14	10.0	7.46	8.0	6.58
8.0	6.95	8.0	8.14	8.0	6.77	8.0	5.76
13.0	7.58	13.0	8.74	13.0	12.74	8.0	7.71
9.0	8.81	9.0	8.77	9.0	7.11	8.0	8.84
11.0	8.33	11.0	9.26	11.0	7.81	8.0	8.47
14.0	9.96	14.0	8.10	14.0	8.84	8.0	7.04
6.0	7.24	6.0	6.13	6.0	6.08	8.0	5.25
4.0	4.26	4.0	3.10	4.0	5.39	19.0	12.50
12.0	10.84	12.0	9.13	12.0	8.15	8.0	5.56
7.0	4.82	7.0	7.26	7.0	6.42	8.0	7.91
5.0	5.68	5.0	4.74	5.0	5.73	8.0	6.89

→

$N = 11$
mean of X's = 9.0
mean of Y's = 7.5
equation of regression line: $Y = 3 + 0.5X$
standard error of estimate of slope = 0.118
$t = 4.24$
sum of squares $X - \overline{X} = 110.0$
regression sum of squares = 27.50
residual sum of squares of Y = 13.75
correlation coefficient = .82
$r^2 = .67$

I Anm. d. Hrsg.: Das Layout des Textes von Edward Tufte wurde im Sinne des Readers vereinfacht.

And yet how they differ, as the graphical display of the data makes vividly clear:

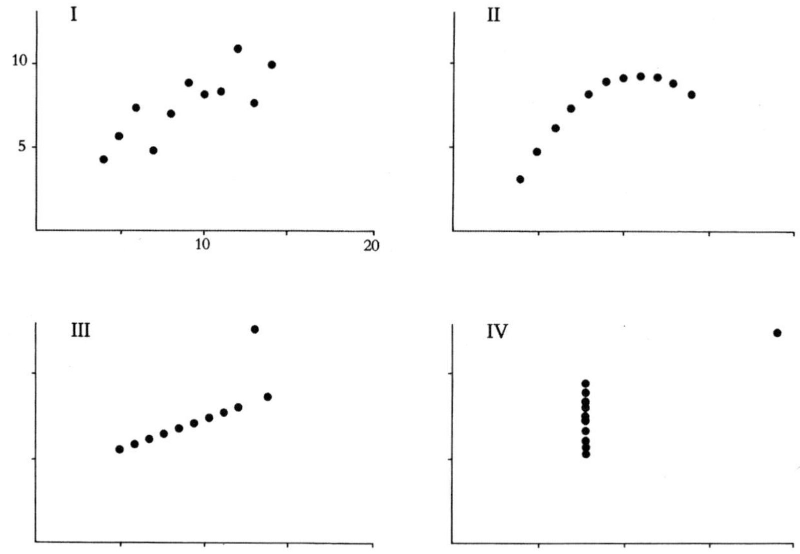

F. J. Anscombe, »Graphs in Statistical Analysis.« In: American Statistician, 27 (February 1973), 17–21.

And likewise a graphic easily reveals point A, a wildshot observation that will dominate standard statistical calculations. Note that point A hides in the marginal distribution but shows up as clearly exceptional in the bivariate scatter.

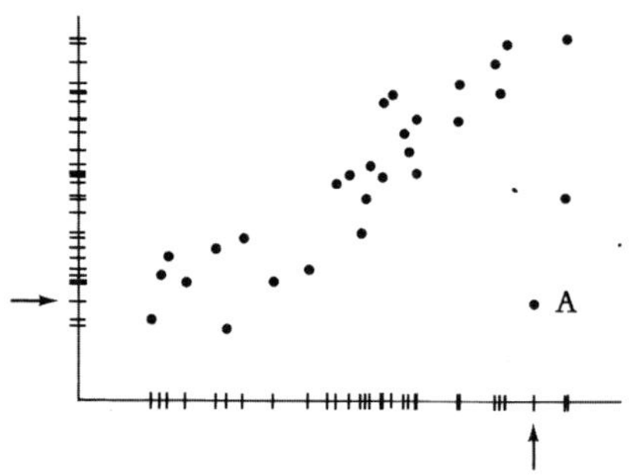

Stephen S. Brier and Stephen E. Fienberg, »Recent Econometric Modeling of Crime and Punishment: Support for the Deterrence Hypothesis?« In: Stephen E. Fienberg and Albert J. Reiss, Jr., eds., Indicators of Crime and Criminal Justice: Quantitative Studies (Washington, D. e.,1980), p. 89.

Of course, statistical graphics, just like statistical calculations, are only as good as what goes into them. An ill-specified or preposterous model or a puny data set cannot be rescued by a graphic (or by calculation), no matter how clever or fancy. A silly theory means a silly graphic:

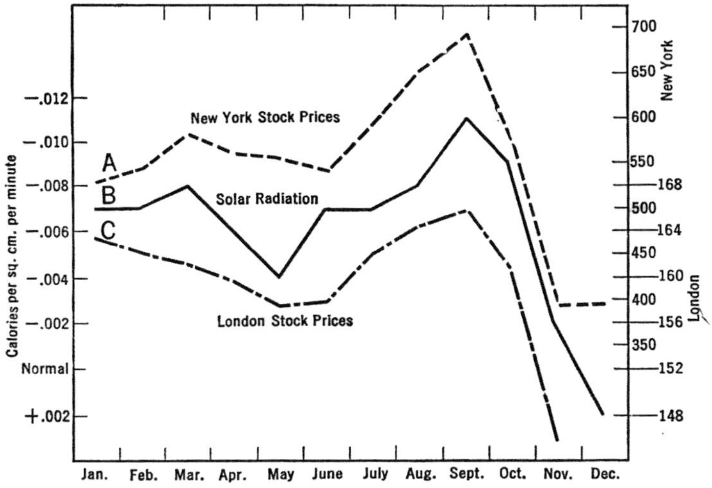

Solar Radiation and Stock Prices

A. New York stock prices (Barron's average). B. Solar Radiation, inverted, and C. London stock prices, all by months, 1929 (after Garcia-Mata and Shaffner).

Edward R. Dewey and Edwin F. Dakin, Cycles, The Science of Prediction (New York, 1947), p. 144.

[...]

4. Data-Ink and Graphical Redesign

Data graphics should draw the viewer's attention to the sense and substance of the data, not to something else. The data graphical form should present the quantitative contents. Occasionally artfulness of design makes a graphic worthy of the Museum of Modern Art, but essentially statistical graphics are instruments to help people reason about quantitative information.

Playfair's very first charts devoted too much of their ink to graphical apparatus, with elaborate grid lines and detailed labels. This time-series, engraved in August 1785, is from the early pages of *The Commercial and Political Atlas:*

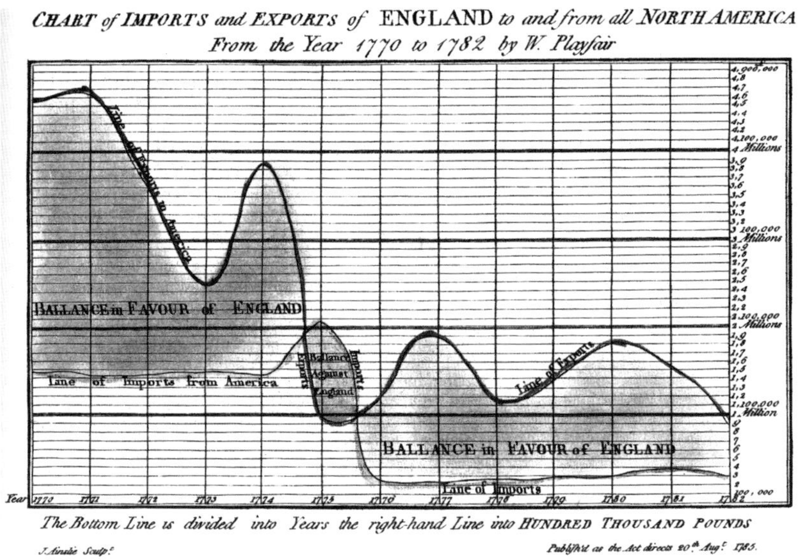

Within a year Playfair had eliminated much of the non-data detail in favor of cleaner design that focused attention on the time-series itself. He then began working with a new engraver and was soon producing clear and elegant displays:

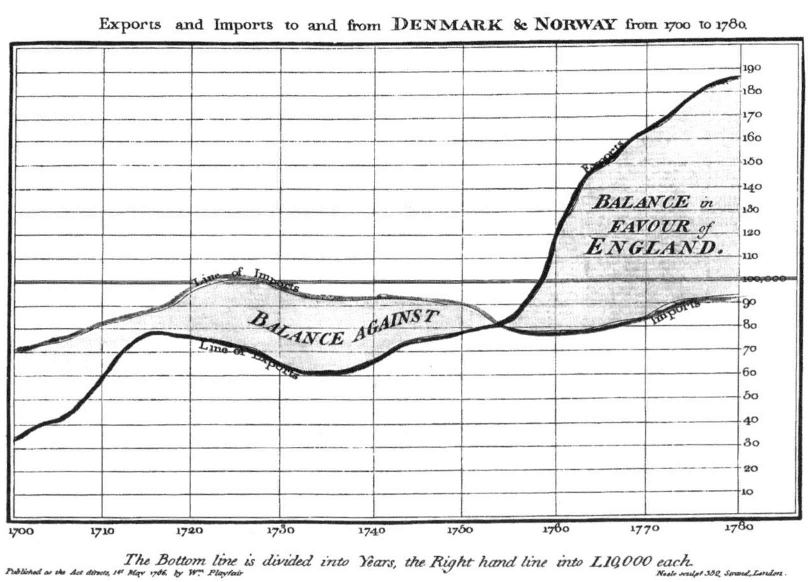

This improvement in graphical design illustrates the fundamental principle of good statistical graphics:

Above all else show the data.

The principle is the basis for a theory of data graphics.

Data-Ink

A large share of ink on a graphic should present data-information, the ink changing as the data change. *Data-ink* is the non-erasable core of a graphic, the non-redundant ink arranged in response to variation in the numbers represented. Then,

$$\text{Data-ink ratio} = \frac{\text{data-ink}}{\text{total ink used to print the graphic}}$$

$$= \text{proportion of a graphic's ink devoted to the non-redundant display of data-information}$$

$$= 1.0 - \text{proportion of a graphic that can be erased without loss of data-information.}$$

A few graphics use every drop of their ink to convey measured quantities. Nothing can be erased without losing information in these continuous eight tracks of an electroencephalogram. The data change from background activity to a series of polyspike bursts. Note the scale in the bottom block, lower right:

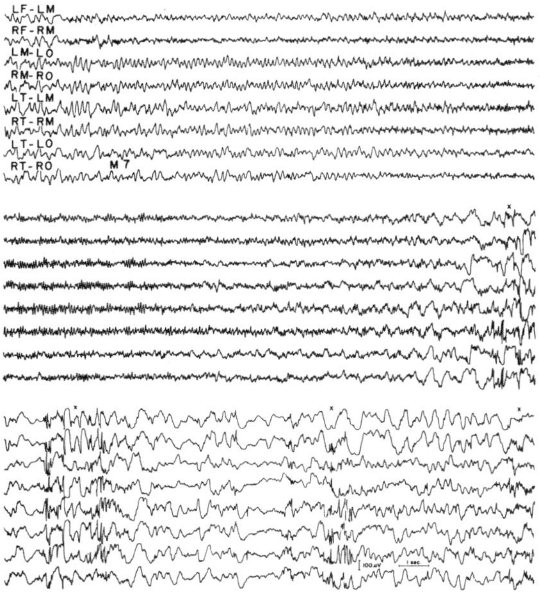

Kenneth A. Kooi, Fundamentals of Electroencephalography (New York 1971), p. 110.

Most of the ink in this graphic is data-ink (the dots and labels on the diagonal), with perhaps 10–20 percent non-data-ink (the grid ticks and the frame):

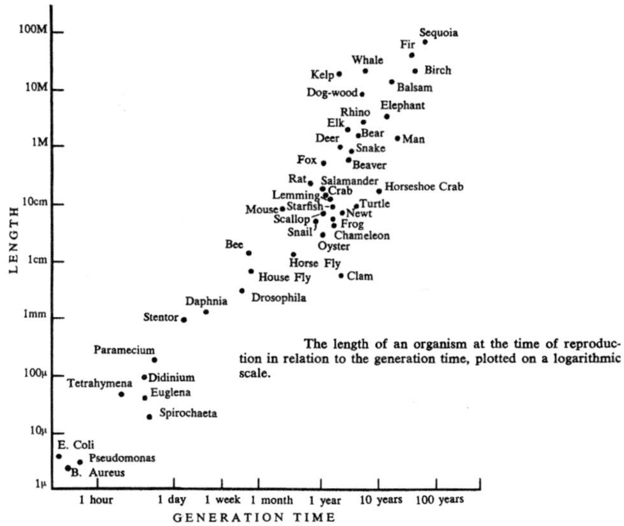

John Tyler Bonner, Size and Cycle: An Essay on the Structure of Biology (Princeton, 1965), p. 17.

In this display with nearly all its ink devoted to matters other than data, the grid sea overwhelms the numbers (the faint points scattered about the diagonal):

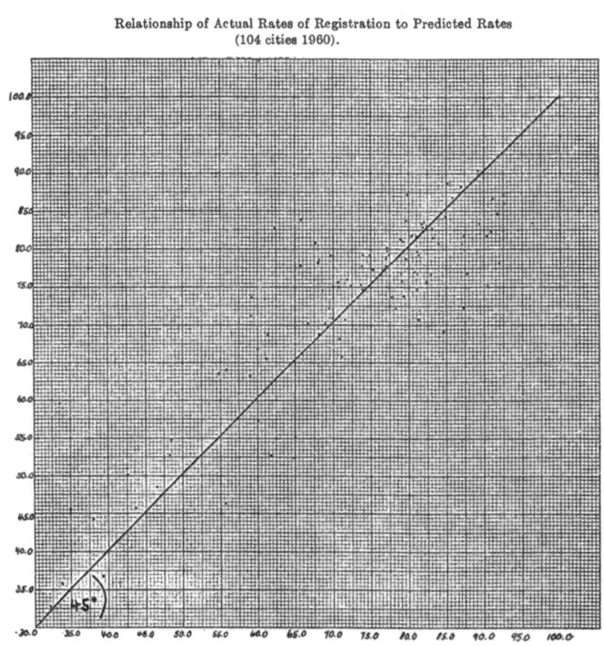

Another published version of the same data drove the share of data-ink up to about 0.7, an improvement:

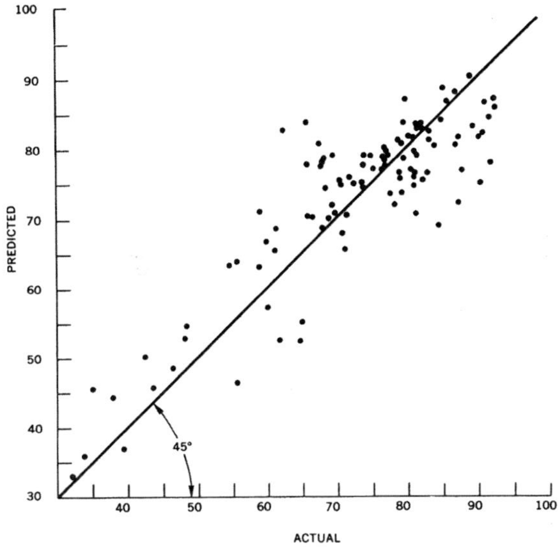

But a third reprint publication of the same figure forgot to plot the points and simply retraced the grid lines from the original, including the excess strip of grid along the top and right margins. The resulting figure achieves a graphical absolute zero, a null dataink ratio:

Figure 19.1 Relationship of Actual Rates of Registration to Predicted Rates (104 cities, 1960)

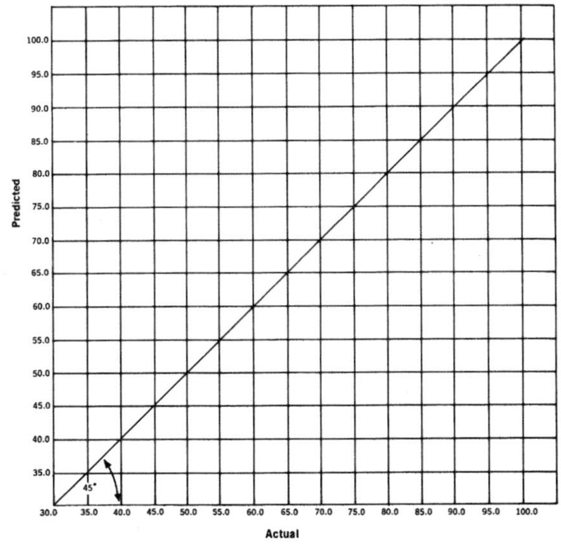

The three graphics were published in, respectively, Stanley Kelley, Jr., Richard E. Ayres, and William G. Bowen, »Registration and Voting: Putting First Things First.« In: *American Political Science Review*, 61 (1967), 371; then reprinted in Edward R. Tufte, ed., *The Quantitative Analysis of Social Problems* (Reading, Mass., 1970), p. 267; and reprinted again in William J. Crotty, ed., *Public Opinion and Politics*: A Reader (New York, 1970), p. 364.

Maximizing the Share of Data-Ink

The larger the share of a graphic's ink devoted to data, the better (other relevant matters being equal):

Maximize the data-ink ratio, within reason.

Every bit of ink on a graphic requires a reason. And nearly always that reason should be that the ink presents new information.

The principle has a great many consequences for graphical editing and design. The principle makes good sense and generates reasonable graphical advice – for perhaps two-thirds of all statistical graphics. For the others, the ratio is ill-defined or is just not appropriate. Most important, however, is that other principles bearing on graphical design follow from the idea of maximizing the share of data-ink.

Two Erasing Principles

The other side of increasing the proportion of data-ink is an erasing principle:

Erase non-data-ink, within reason.

Ink that fails to depict statistical information does not have much interest to the viewer of a graphic; in fact, sometimes such non-data-ink clutters up the data, as in the case of a thick mesh of grid lines. While it is true that this boring ink sometimes helps set the stage for the data action, it is surprising [...] how often the data themselves can serve as their own stage.

Redundant data-ink depicts the same number over and over. The labeled, shaded bar of the bar chart, for example,

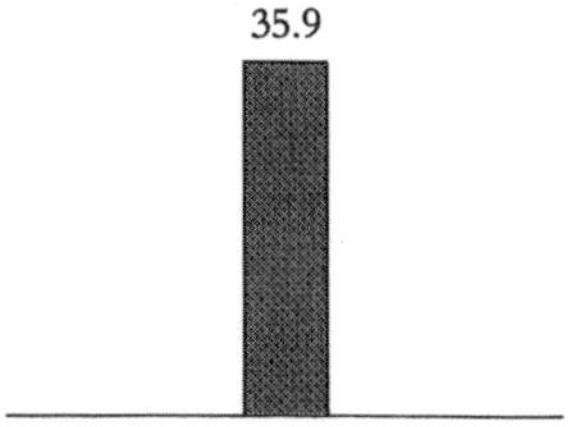

unambiguously locates the altitude in six separate ways (any five of the six can be erased and the sixth will still indicate the height): as the (1) height of the left line, (2) height of shading, (3) height of right line, (4) position of top horizontal line, (5) position (not content) of number at bar's top, and (6) the number itself. That is more ways than are needed. Gratuitous decoration and reinforcement of the data measures generate much redundant data-ink:

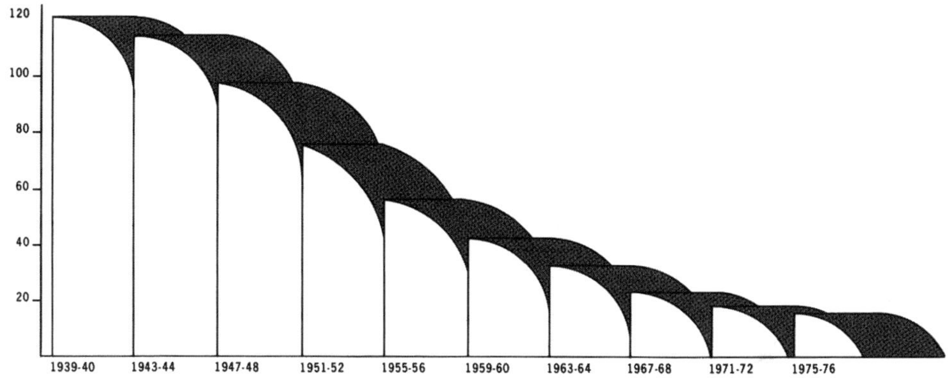

Bilateral symmetry of data measures also creates redundancy, as in the box plot, the open bar, and Chernoff faces:

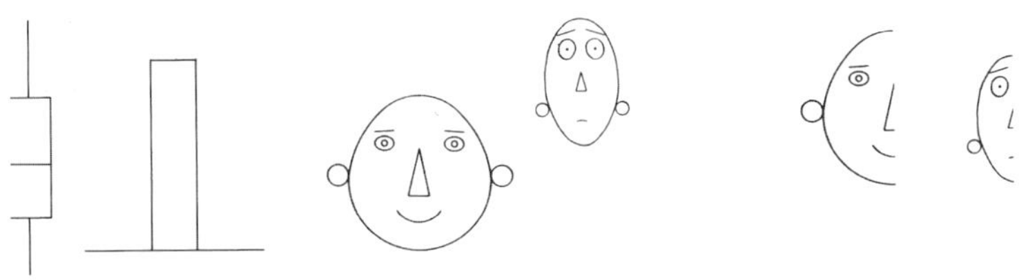

Half-faces carry the same information as full faces. Halves may be easier to sort (by matching the right half of an unsorted face to the left half of a sorted face) than full faces. Or else an asymmetrical full face can be used to report additional variables.[1]

Bilateral symmetry doubles the space consumed by the design in a graphic, without adding new information. The few studies done on the perception of symmetrical designs indicate that »when looking at a vase, for instance, a subject would examine one of its symmetric halves, glance at the other half and, seeing that it was identical, cease his explorations. … The enjoyment of symmetry … lies not with the physical properties of the figure. At least eye movements suggest anything but symmetry, balance, or rest.«[2]

Redundancy, upon occasion, has its uses: giving a context and order to complexity, facilitating comparisons over various parts of the data, perhaps creating an aesthetic balance. In cyclical timeseries, for example, parts of the cycle should be repeated so that the eye can track any part of the cycle without having to jump back to the beginning. Such redundancy possibly improves Marey's 1880 train schedule. Those people leaving Paris or

1 Flury, Bernhard/Riedwyl, Ham: »Graphical Representation of Multivariate Data by Means of Asymmetrical Faces.« In: *Journal of the American Statistical Association,* 76 (December 1981), pp. 757–765.

2 Zusne, Leonard: *Visual Perception of Form.* New York (Academic Press) 1970, pp. 256–257.

Lyon in the evening find that their trains run off the right-hand edge of the chart, to be picked up on the left again:

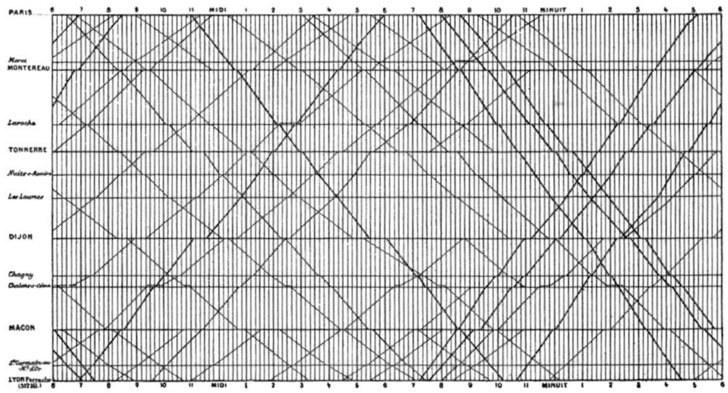

Attaching an extra half cycle makes every train in the first 24 hours of the schedule a continuous line (as would mounting the original on a cylinder):

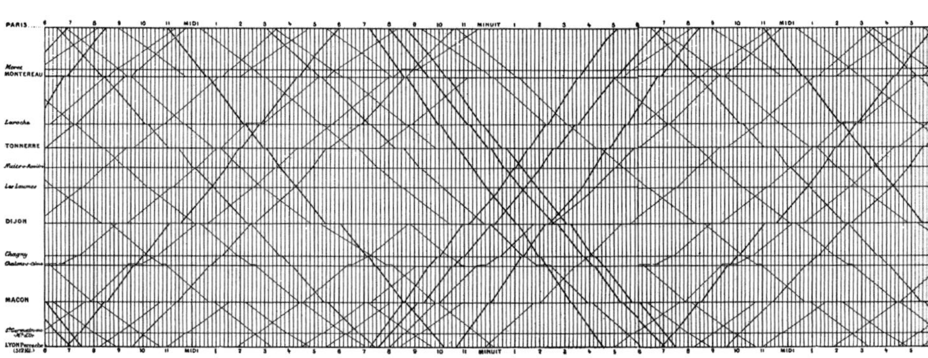

And, similarly, instead of once around the world in this display of surface ocean currents, one and two-thirds times around is better:

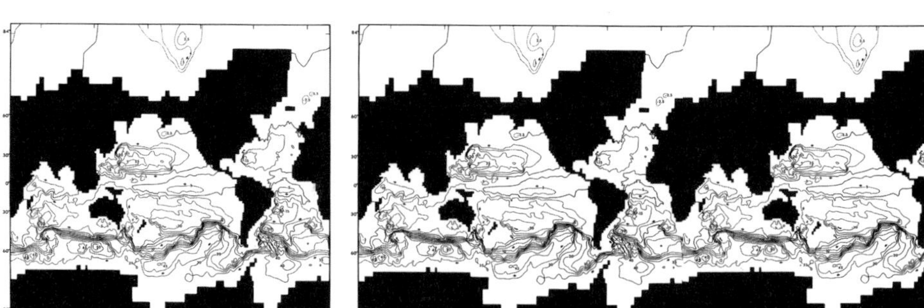

Kirk Bryan and Michael D. Cox, »The Circulation of the World Ocean: A Numerical Study. Part 1, A Homogeneous Model.« In: *Journal of Physical Oceanography*, 1 (1972), 330.

Most data representations, however, are of a single, uncomplicated number, and little graphical repetition is needed. Unless redundancy has a distinctly worthy purpose, the second erasing principle applies:

Erase redundant data-ink, within reason.

Application of the Principles in Editing and Redesign

Just as a good editor of prose ruthlessly prunes out unnecessary words, so a designer of statistical graphics should prune out ink that fails to present fresh data-information. Although nothing can replace a good graphical idea applied to an interesting set of numbers, editing and revision are as essential to sound graphical design work as they are to writing. T. S. Eliot emphasized the »capital importance of criticism in the work of creation itself. Probably, indeed, the larger part of the labour of an author in composing his work is critical labour; the labour of sifting, combining, constructing, expunging, correcting, testing: this frightful toil is as much critical as creative.«[3]

[...]

5. Chartjunk: Vibrations, Grids, and Ducks

The interior decoration of graphics generates a lot of ink that does not tell the viewer anything new. The purpose of decoration varies – to make the graphic appear more scientific and precise, to enliven the display, to give the designer an opportunity to exercise artistic skills. Regardless of its cause, it is all non-data-ink or redundant data-ink, and it is often chartjunk. Graphical decoration, which prospers in technical publications as well as in commercial and media graphics, comes cheaper than the hard work required to produce intriguing numbers and secure evidence.

Sometimes the decoration is thought to reflect the artist's fundamental design contribution, capturing the essential spirit of the data and so on. Thus principles of artistic integrity and creativity are invoked to defend – even to advance – the cause of chartjunk. There are better ways to portray spirits and essences than to get them all tangled up with statistical graphics.

Fortunately most chartjunk does not involve artistic considerations. It is simply conventional graphical paraphernalia routinely added to every display that passes by: overbusy grid lines and excess ticks, redundant representations of the simplest data, the debris of computer plotting, and many of the devices generating design variation.

Like weeds, many varieties of chartjunk flourish. [...]

3 Eliot, T. S.: »The Function of Criticism.« In: *Selected Essays 1917–1932*. London (Faber & Faber) 1932, p. 18.

Quelle

Tufte, Edward: *The Visual Display of Quantitative Information*. Cheshire/CT (Graphics Press) 2006 [1983], Ausschnitte S. 13–15, 91–100 und 107.

Bibliographie

Amelunxen, Hubertus von/Appelt, Dieter/Weibel, Peter (Hg.): *Notation. Kalkül und Form in den Künsten.* Berlin (Akademie der Künste) 2008.

Aristoteles: *Physik. Vorlesung über die Natur.* Erster Halbband. Übers., mit einer Einleitung und Anmerkungen hg. von Hans Günter Zekl. Hamburg (Meiner) 1987.

Arnheim, Rudolf: *Anschauliches Denken. Zur Einheit von Bild und Begriff.* Köln (DuMont) 1980.

Arnheim, Rudolf: *Kunst und Sehen. Eine Psychologie des schöpferischen Auges.* Berlin (De Gruyter) 1965.

Auerbach, Felix: *Die graphische Darstellung. Eine allgemeinverständliche, durch zahlreiche Beispiele aus allen Gebieten der Wissenschaft und Praxis erläuterte Einführung in den Sinn und den Gebrauch der Methode.* Leipzig (B. G. Teubner) 1918.

Bauer, Matthias: »Roman und Semiotik – ein Überblick.« In: *Wirkendes Wort* 3, 1992, S. 478–494.

Bauer, Matthias: *Romantheorie und Erzählforschung. Eine Einführung.* 2 aktual. u. erw. Aufl., Stuttgart (Metzler) 2005.

Bauer, Matthias: *Schwerkraft und Leichtsinn. Kreative Zeichenhandlungen im intermediären Feld von Wissenschaft und Literatur.* Freiburg (Rombach) 2005.

Bauer, Matthias: »Die Nachtwache als Bilderrätsel und Tagtraum.« In: Alexander Honold/Ralf Simon (Hg.): *Erzählendes und erzähltes Bild.* München (Fink) 2010, S. 19–78.

Bauer, Matthias/Ernst, Christoph: *Diagrammatik: Einführung in ein kultur- und medienwissenschaftliches Forschungsfeld.* Bielefeld (transcript) 2010.

Bedö, Viktor: »Landkarten als Werkzeuge unseres Denkens.« In: Ingeborg Reichle/Steffen Siegel/Achim Spelten (Hg.): *Verwandte Bilder. Die Fragen der Bildwissenschaft.* Berlin (Kadmos) 2007, S. 227–241.

Bender, John B./Marrinan, Michael: *The Culture of Diagram.* Stanford/CA (Stanford University Press) 2010.

Bertin, Jacques: *Graphische Semiologie. Diagramme, Netze, Karten.* Berlin (De Gruyter) 1974.

Blackwell, Alan F. (Hg.): *Thinking with diagrams.* Dordrecht (Kluwer) 2001.

Bleumer, Hartmut (Hg.): *Diagramm und Narration.* Zeitschrift für Literaturwissenschaft und Linguistik. Linguistik, 44, H. 176, hg. von ders. u.a. Stuttgart (Metzler) 2014.

Boehm, Gottfried: »Zwischen Auge und Hand. Bilder als Instrumente der Erkenntnis.« In: Bettina Heintz/Jörg Huber (Hg.): *Mit dem Auge denken. Strategien der Sichtbarmachung in wissenschaftlichen und virtuellen Welten.* Zürich (Springer) 2001, S. 43–54.

Boehm, Gottfried: »Jenseits der Sprache? Anmerkungen zur Logik der Bilder.« In: Christa Maar/Hubert Burda (Hg.): *Iconic Turn. Die neue Macht der Bilder.* Köln (DuMont) 2004, S. 28–43.

Boehm, Gottfried: *Wie Bilder Sinn erzeugen. Die Macht des Zeigens.* Berlin (University Press) 2008.

Bogen, Steffen/Thürlemann, Felix: »Jenseits der Opposition von Text und Bild. Überlegungen zur Theorie des Diagramms und des Diagrammatischen.« In: Alexander Patschovsky (Hg.): *Die Bilderwelt der Diagramme Joachims von Fiore. Zur Medialität religiös-politischer Programme im Mittelalter.* Ostfildern (Thorbeke) 2003, S. 1–22.

Bogen, Steffen: »Schattenriss und Sonnenuhr. Überlegungen zu einer kunsthistorischen Diagrammatik.« In: *Zeitschrift für Kunstgeschichte*, 68.2, 2005, S. 153–176.

Bogen, Steffen: »Verbundene Materie, geordnete Bilder. Reflexion diagrammatischen Schauens in den Fenstern von Chartres.« In: Horst Bredekamp/Gabriele Werner/Birgit Schneider (Hg.): *Diagramme und bildtextile Ordnungen. Bildwelten des Wissens. Kunsthistorisches Jahrbuch für Bildkritik. Band 3,1.* Berlin (Akademie-Verlag) 2005, S. 72–84.

Bogen, Steffen: »Repräsentative Maschinenzeichnungen und Perspektivkunst. Zur Verbindung von neuzeitlicher Malerei mit graphischen Sprachen der Technik.« In: Martina Heßler (Hg.): *Konstruierte Sichtbarkeit. Wissenschafts- und Technikbilder seit der Frühen Neuzeit.* München (Fink) 2006, S. 131–152.

Bogen, Steffen: »Die Schlinge der Konstruktion. Zum Bild des Denkens bei Charles S. Peirce.« In: Franz Engel/Moritz Queisner/Tullio Viola (Hg.): *Das bildnerische Denken: Charles S. Peirce.* Berlin (Akademie-Verlag) 2012, S. 235–252.

Bonhoff, Ulrike M.: *Das Diagramm. Kunsthistorische Betrachtung über seine vielfältige Anwendung von der Antike bis zur Neuzeit.* Diss. Univ. Münster, 1993.

Booker, Peter J.: *A History of Engineering Drawing.* London (Chatto & Windus) 1963.

Brandt, Per Aage: »The Semantics of Diagrams.« In: Per Aage Brandt/Wolfgang Wildgen/Barend van Heusden (Hg.): *Spaces, Domains, and Meanings. Essays in Cognitive Semiotics.* Frankfurt a. M. (Lang) 2004, S. 87–102.

Brasseur, Lee E.: *Visualizing Technical Information. A Cultural Critique. Amityville.* New York (Baywood) 2003.

Brasseur, Lee: »Florence Nightingale's Visual Rhetoric in the Rose Diagrams.« In: *Technical Communication Quaterly,* 14.2, 2005, S. 161–182.

Bredekamp, Horst: »Die Erkenntniskraft der Linie bei Galilei, Hobbes und Hooke.« In: Barbara Hüttel/Richard Hüttel/Jeanette Kohl (Hg.): *RE-VISIONEN. Zur Aktualität von Kunstgeschichte.* Berlin (Akademie-Verlag) 2002, S. 145–160.

Bredekamp, Horst: *Darwins Korallen. Frühe Evolutionsmodelle und die Tradition der Naturgeschichte.* Berlin (Wagenbach) 2005.

Bredekamp, Horst/Schneider, Pablo (Hg.): *Visuelle Argumentationen. Die Mysterien der Repräsentation und die Berechenbarkeit der Welt.* Paderborn (Fink) 2006.

Bredekamp, Horst/Schneider, Birgit/Dünkel, Vera (Hg.): *Das Technische Bild. Kompendium zu einer Stilgeschichte wissenschaftlicher Bilder.* Berlin (Akademie-Verlag) 2008.

Bredekamp, Horst: »Die Erkenntniskraft der Plötzlichkeit. Hogrebes Szenenblick und die Tradition des Coup d'Oeil.« In: Guido Kreis/Joachim Bromand (Hg.): *Was Sich Nicht Sagen Lässt: Das Nicht-Begriffliche in Wissenschaft, Kunst Und Religion.* Berlin (Akademie-Verlag) 2010, S. 455–468.

Bredekamp, Horst/Velminski, Wladimir (Hg): *Mathesis & Graphé. Leonhard Euler und die Entfaltung der Wissenssysteme.* Berlin (Akademie-Verlag) 2010.

Brinton, Willard: *Graphic Methods for Presenting Facts.* New York (The Engineering Magazine Company) 1914.

Brown, James Robert: »Proofs and Pictures.« In: *The British Journal for the Philosophy of Science,* 48, H. 2, 1997, S. 161–180.

Bucher, Sebastian: »Das Diagramm in den Bildwissenschaften. Begriffsanalytische, gattungstheoretische und anwendungsorientierte Ansätze in der diagrammtheoretischen Forschung.« In: Ingeborg Reichle/Steffen Siegel/Achim Spelten (Hg.): *Verwandte Bilder. Die Fragen der Bildwissenschaft.* Berlin (Kadmos) 2007, S. 113–129.

Buci-Glucksmann, Christine: *Der kartographische Blick der Kunst.* Berlin (Merve) 1997.

Burton, Dan: *Nicole Oresme's De visione stellarum (On Seeing the Stars). A Critical Edition of Oresme's Treatise on Optics and Atmospheric Refraction, with an Introduction, Commentary, and English Translation.* Leiden/Boston (Brill) 2007.

Cancik-Kirschbaum, Eva/Mahr, Bernd: »Anordnung und ästhetisches Profil. Die Herausbildung einer universellen Kulturtechnik in der Frühgeschichte der Schrift.« In: Horst Bredekamp/Gabriele Werner/Birgit Schneider (Hg.): *Diagramme und bildtextile Ordnungen. Bildwelten des Wissens. Kunsthistorisches Jahrbuch für Bildkritik. Band 3,1.* Berlin (Akademie-Verlag) 2005.

Chadarevian, Soraya de: »Die ›Methode der Kurven‹ in der Physiologie zwischen 1850 und 1900.« In: Hans-Jörg Rheinberger/Michael Hagner (Hg.): *Die Experimentalisierung des Lebens.* Berlin (Akademie-Verlag) 1993, S. 28–49.

Chatelet, Gilles: *Figuring Space. Philosophy, Mathematics and Physics.* Dordrecht (Springer) 2000.

Debarbieux, Bernard: »The various figures of Mountains in Humboldt's Science and Rhetoric.« In: *Cybergeo: European Journal of Geography,* Article 618, 2012.

Deleuze, Gilles/Guattari, Félix: *Rhizom.* Berlin (Merve) 1977.

Deleuze, Gilles: *Foucault.* Frankfurt a. M. (Suhrkamp) 1987.

Döring, Daniela: *Zeugende Zahlen. Mittelmaß und Durchschnittstypen in Proportion, Statistik und Konfektion.* Berlin (Kadmos) 2011.

Dotzler, Bernhard: *Papiermaschinen. Versuch über Communication & Control in Literatur und Technik.* Berlin (Akademie Verlag) 1996.

Downs, Roger M./Stea, David: *Kognitive Karten. Die Welt in unseren Köpfen.* New York (Harper and Row) 1982.

Drucker, Johanna: Graphesis. *Visual Forms of Knowledge Production.* Cambridge, MA (Harvard University Press) 2014.

Dünne, Jörg/Günzel, Stephan/Doetsch, Hermann (Hg.): Raumtheorie. *Grundlagentexte aus Philosophie und Kulturwissenschaften.* Frankfurt a. M. (Suhrkamp) 2006

Eco, Umberto: *Kant und das Schnabeltier.* München (dtv) 2000.

Eisenman, Peter: *Diagram Diaries.* New York (Universe Publishing) 1999.

Elkins, James: *The Domain of Images.* Ithaca [u.a.] (Cornell Univ. Press) 1999.

Engel, Franz/Queisner, Moritz/Viola, Tullio (Hg.): *Das bildnerische Denken: Charles S. Peirce.* Berlin (Akademie-Verlag) 2012.

Ernst, Christoph: »Explikation und Schema. Diagrammatisches Denken als Szene medialen Handelns.« In: Markus Rautzenberg/Andreas Wolfsteiner (Hg.): *Trial and Error. Szenarien medialen Handelns*, Paderborn (Fink) 2014, S. 109–130.

Ernst, Christoph: »Moving Images of Thought. Notes on the Diagrammatic Dimension of Film Metaphor.« In: Adloff, Frank/Gerund, Katharina/Kaldewey, David (Hg.): *Tacit Knowledge. Embodiment and Explication.* Bielefeld (transcript) 2015, S. 245–278.

Evans, Michael: »The Geometry of the Mind.« In: *Architectural Association Quarterly*, 12.4, 1980, S. 32–55.

Fischer, Martin: »Schrift als Notation.« In: Peter Koch/Sybille Krämer (Hg.): *Schrift, Medien, Kognition. Über die Exteriorität des Geistes.* Tübingen (Stauffenburg) 1997, S. 83–101.

Floch, Jean-Marie/Thürlemann, Felix: »s. v. semi-symbolique (système, langage, code –).« In: Algirdas J. Greimas/Joseph Courtes (Hg.): *Sémiotique. Dictionnaire raisonné de la théorie du langage*, Bd. II. Paris (Hachette) 1986, S. 203–206.

Foucault, Michel: *Überwachen und Strafen. Die Geburt des Gefängnisses.* Frankfurt a. M. (Suhrkamp) 1976.

Friendly, Michael: »Visions and Re-Visions of Charles Joseph Minard.« In: *Journal of Educational and Behavioral Statistics,* 27, 2002, S. 31–51.

Frieß, Peter: *Kunst und Maschine. 500 Jahre Maschinenlinien in Bild und Skulptur.* München (Dt. Kunstverlag) 1993.

Funkhouser, Gray: »Historical Development of the Graphical Representation of Statistical Data.« In: *Osiris,* Bd. 3, 1937, S. 269–404.

Galison, Peter. »Feynman's War: Modelling Weapons, Modelling Nature.« In: *Studies in History and Philosophy of Science Part B: Studies in History and Philosophy of Modern Physics*, 29.3, 1998, S. 391–434.

Galison, Peter: »Images Scatter Into Data. Data Gather Into Image.« In: Bruno Latour, Peter Weibel (Hg.): *Iconoclash. Beyond the Image Wars in Science, Religion and Art.* New York (MIT Press) 2002, S. 300–323.

Gansterer, Nikolaus (Hg.): *Drawing a Hypothesis. Figures of Thought.* Wien/New York (Springer) 2011.

Gehring, Petra/Keutner, Thomas/Maas, Jörg F./Ueding, Wolfgang Maria (Hg.): *Diagrammatik und Philosophie. Akten des 1. Interdisziplinären Kolloquiums der Forschungsgruppe Philosophische Diagrammatik.* Amsterdam (Rodopi) 1992.

Gehring, Petra: »Paradigma einer Methode. Der Begriff des Diagramms im Strukturdenken von M. Foucault und M. Serres.« In: Petra Gehring/Thomas Keutner/Jörg F. Maas/Wolfgang Maria Ueding (Hg.): *Diagrammatik und Philosophie. Akten des 1. Interdisziplinären Kolloquiums der Forschungsgruppe Philosophische Diagrammatik.* Amsterdam (Rodopi) 1992, S. 89–105.

Gerner, Alexander: »Diagrammatic Thinking.« In: Zybnek Baladran/Vit Havranek (Hg.): *Atlas of Transformation.* Prag (jrp ringier) 2010, S. 173–184.

Gießmann, Sebastian: *Netz und Netzwerke. Archäologie einer Kulturtechnik, 1740–1840.* Bielefeld (transcript) 2006.

Gießmann, Sebastian: *Die Verbundenheit der Dinge. Eine Kulturgeschichte der Netze und Netzwerke.* Berlin (Kadmos) 2014.

Gombrich, Ernst: »Zwischen Landkarte und Spiegelbild. Das Verhältnis bildlicher Darstellung und Wahrnehmung.« In: Ernst Gombrich: *Bild und Auge. Neue Studien zur Psychologie der bildlichen Darstellung.* Stuttgart (Klett-Cotta) 1984, S. 169–211.

Gombrich, Ernst. H.: »Das Bild und seine Rolle in der Kommunikation.« In: Ernst H. Gombrich: *Bild und Auge. Neue Studien zur Psychologie der bildlichen Darstellung*. Stuttgart (Klett-Cotta) 1984, S. 135–158.

Gooding, David C.: »From Phenomenology to Field Theory: Faraday's Visual Reasoning.« In: *Perspective on Science*, 14.1, 2006, S. 40–65.

Goodman, Nelson: *Sprachen der Kunst. Entwurf einer Symboltheorie*. Frankfurt a. M. (Suhrkamp) 1997.

Goody, Jack: *The Domestication of the Savage Mind*. London (Cambridge Univiversity Press) 1977.

Gormans, Andreas: »Imaginationen des Unsichtbaren. Zur Gattungstheorie des wissenschaftlichen Diagramms.« In: Hans Holländer (Hg.): *Erkenntnis, Erfindung, Konstruktion. Studien zur Bildgeschichte von Naturwissenschaften und Technik vom 16. bis zum 19. Jahrhundert*. Berlin (Gebrüder Mann) 2000.

Greaves, Mark: *The Philosophical Status of Diagrams*. Stanford (CSLI Publications) 2002.

Greber, Erika: *Textile Texte. Poetologische Metaphorik und Literaturtheorie. Studien zur Tradition des Wortflechtens und der Kombinatorik*. Köln (Böhlau) 2002.

Gugerli, David/Barbara Orland (Hg.): *Ganz normale Bilder. Historische Beiträge zur visuellen Herstellung von Selbstverständlichkeit*. Zürich (Chronos) 2002.

Günther, Siegmund: »Die Anfänge und Entwicklungsstadien des Coordinatenprincipes.« In: *Abhandlungen der Naturhistorischen Gesellschaft zu Nürnberg*, Bd. 6. Nürnberg (Hermann Ballhorn) 1877, S. 3–50.

Günzel, Stephan/Nowak, Lars (Hg.): *Karten Wissen: Territoriale Räume zwischen Bild und Diagramm*. Wiesbaden (Dr. Ludwig Reichert Verlag) 2012.

Hall, Bert S.: »The Didactic and the Elegant: Some Thoughts on Scientific and Technological Illustration in the Middle Ages and the Renaissance.« In: Brian S. Baigrie (Hg.): *Picturing Knowledge. Historical and Philosophical Problems Concerning the Use of Art in Science*. Buffalo (University of Toronto Press) 1996.

Halpern, Orit: *Beautiful Data. A History of Vision and Reason since 1945*. Durham u.a. (Duke Univ. Press) 2014.

Hankins, Thomas L. Blood: »Dirt, and Nomograms: A Particular History of Graphs.« In: *Isis*, 90.1,1999, S. 50–80.

Harlizius-Klück, Ellen: *Weberei als episteme und die Genese der deduktiven Mathematik*. Berlin (ebersbach & simon) 2004.

Hartmann, Frank/Bauer Erwin K.: *Bildersprache. Otto Neurath Visualisierungen*. Wien (Universitätsverlag) 2006.

Haß, Ulrike: *Das Drama des Sehens. Auge, Blick und Bühnenform*. München (Fink) 2005.

Heck, Carsten/Cortjaens, Wolfgang: *Stil-Linien diagrammatischer Kunstgeschichte*. Berlin (Deutscher Kunstverlag) 2014.

Heindl, Gabu/Robnik, Drehli: »Der Entwurf des Diagramms bei Deleuze und das Diagramm des Entwurfs bei OMA, Eisenman und UN Studio.« In: *UmBau* ,19, 2002, S. 98–110.

Heintz, Bettina/Huber, Jörg (Hg.): *Mit dem Auge denken. Strategien der Sichtbarmachung in wissenschaftlichen und virtuellen Welten*. Zürich (Springer) 2001.

Heßler, Martina/Mersch, Dieter (Hg.): *Logik des Bildlichen. Zur Kritik der ikonischen Vernunft*. Bielefeld (transcript) 2009.

Heninger, Simeon K.: *The Cosmographical Glass. Rennaissance Diagrams of the Universe*. San Marino/CA (Huntington Library Press) 2004.

Henschel, Gerhard: *Die wirrsten Grafiken der Welt*. Hamburg (Hoffmann und Campe) 2003.

Hess, Volker: »Die Bildtechnik der Fieberkurve. Klinische Thermometrie im 19. Jahrhundert.« In: David Gugerli/Barbara Orland (Hg.): *Ganz normale Bilder. Historische Beiträge zur visuellen Herstellung von Selbstverständlichkeiten*. Zürich (Chronos) 2002, S. 159–180.

Hinterwaldner, Inge: *Das systemische Bild. Ikonizität im Rahmen computerbasierter Echtzeitsimulationen*. München (Fink) 2010.

Hinz, Berthold: *A. Dürer. Vier Bücher von menschlicher Proportion, Faksimile und Transkription der Ausgabe von 1528*. Berlin (Akademie-Verlag) 2011.

Hoffmann, Michael H. G.: »Cognitive Conditions of Diagrammatic Reasoning.« In: *Semiotica*, 186, 1 H.4, 2011, S. 189–212.

Hoffmann, Michael H. G.: *Erkenntnisentwicklung. Ein semiotisch-pragmatischer Ansatz*. Frankfurt a. M. (Klostermann) 2005.

Hoffmann, Michael H. G.: »How to get it. Diagrammatic Reasoning as a Tool of Knowledge Development and its Pragmatic Dimension.« In: *Foundations of Science*, 9, 2004, S. 285–305.

Holländer, Hans (Hg.): *Erkenntnis, Erfindung, Konstrukion. Studien zur Bildgeschichte von Naturwissenschaften und Technik vom 16. Bis zum 19. Jahrhundert.* Berlin (Gebrüder Mann) 2000.

Ingold, Tim: *Lines. A Brief History.* London (Routledge) 2007.

Jakobson, Roman: »Suche nach dem Wesen der Sprache.« In: ders.: *Semiotik. Ausgewählte Texte 1919–1982.* Hg. von Elmar Holenstein. Frankfurt a. M. (Suhrkamp) 1988.

Jäger, Ludwig: *Ferdinand de Saussure zur Einführung.* Hamburg (Junius) 2010.

Johnson, Mark: »The Philosophical Significance of Image Schemas.« In: Beate Hampe (Hg.): *From Perception to Meaning. Image Schemas in Cognitive Linguistics.* Berlin (De Gruyter) 2005, S. 15–34.

Johnson, Mark: *The Body in the Mind. The Bodily Basis of Meaning, Imagination, and Reason.* Chicago (Chicago Univ. Press) 1987.

Johnson, Mark: *The Meaning of the Body Aesthetics of Human Understanding.* Chicago (Chicago University Press) 2007.

Jonse, Caroline A./Galison, Peter (Hg.): *Picturing Science, Producing Art.* London (Routledge) 1998.

Kamps, Thomas: *Diagram Design. A Constructive Theory.* Berlin (Springer) 1999.

Kant, Immanuel: *Kritik der reinen Vernunft.* Stuttgart (Reclam) 2002.

Kern, Hermann: *Labyrinthe. Erscheinungsformen und Deutungen. 5000 Jahre Gegenwart eines Urbilds.* München (Prestel) 1999.

Knoespel, Kenneth J.: »Diagrams as Piloting Devices in the Philosophy of Gilles Deleuze.« In: *Theorie, Littérature, Enseignenment,* 19, 2001, S. 145–165.

Koch, Peter/Krämer, Sybille (Hg.): *Schrift, Medien, Kognition. Über die Exteriorität des Geistes.* Tübingen (Stauffenburg) 1997.

Kostelnick, Charles/Hassett, Michael: *Shaping Information. The Rhetoric of Visual Conventions.* Carbondale (SIU Press) 2003.

Krämer, Sybille: »Sprache und Schrift oder: Ist Schrift verschriftlichte Sprache?« In: *Zeitschrift für Sprachwissenschaft,* 15.1, 1996, S. 92–112.

Krämer, Sybille: »Sagen und Zeigen. Sechs Perspektiven, in denen das Diskursive und das Ikonische in der Sprache konvergieren.« In: *Zeitschrift für Germanistik, Neue Folge,* 3, 2003, S. 509–519.

Krämer, Sybille: »›Schriftbildlichkeit‹ oder: Über eine (fast) vergessene Dimension der Schrift.« In: Sybille Krämer/Horst Bredekamp (Hg.): *Bild, Schrift, Zahl.* München (Fink) 2003, S. 157–176.

Krämer, Sybille: »›Operationsraum Schrift‹: Über einen Perspektivenwechsel in der Betrachtung der Schrift.« In: Gernot Grube/Werner Kogge/Sybille Krämer (Hg.): *Schrift. Kulturtechnik zwischen Auge, Hand und Maschine.* München (Fink) 2005, S. 23–57.

Krämer, Sybille: »Die Schrift als Hybrid aus Sprache und Bild. Thesen über die Schriftbildlichkeit unter Berücksichtigung von Diagrammatik und Kartographie.« In: Torsten Hoffmann/Gabriele Rippl (Hg.): *Bilder. Ein (neues) Leitmedium?* Göttingen (Wallstein) 2006, S. 79–92.

Krämer, Sybille: »Zur Sichtbarkeit der Schrift: Die Visualisierung des Unsichtbaren in der operativen Schrift. Zehn Thesen.« In: Susanne Strätling/Georg Witte (Hg.): *Die Sichtbarkeit der Schrift.* München (Fink) 2006, S. 75–83.

Krämer, Sybille: »Operative Bildlichkeit. Von der ›Grammatologie‹ zu einer ›Diagrammatologie‹? Reflexionen über erkennendes ›Sehen‹.« In: Martina Heßler/Dieter Mersch (Hg.): *Logik des Bildlichen. Zur Kritik der ikonischen Vernunft.* Bielefeld (transcript) 2009, S. 94–117.

Krämer, Sybille: »Diagrammatische Inskriptionen: Über ein Handwerk des Geistes.« In: Horst Bredekamp/John Michael Krois (Hg.): *Sehen und Handeln.* Berlin (Akademie-Verlag) 2011, S. 225–237.

Krämer, Sybille: »Punkt, Strich, Fläche. Von der Schriftbildlichkeit zur Diagrammatik.« In: Sybille Krämer/Eva Cancik-Kirschbaum/Rainer Totzke (Hg.): *Schriftbildlichkeit. Wahrnehmbarkeit, Materialität und Operativität von Notationen.* Berlin (Akademie-Verlag) 2012, S. 79–99.

Krämer, Sybille/Cancik-Kirschbaum, Eva/Totzke, Rainer (Hg.): *Schriftbildlichkeit. Wahrnehmbarkeit, Materialität und Operativität von Notationen.* Berlin (Akademie-Verlag) 2012.

Krausse, Joachim: »Information auf einen Blick. Zur Geschichte der Diagramme.« In: *Form + Zweck,* 16, 1999, S. 4–23.

Lackner, Michael: »Die Verplanung des Denkens am Beispiel der t'u.« In: Helwig Schmidt-Glintzer (Hg.): *Lebenswelt und Weltanschauung im frühneuzeitlichen China.* Stuttgart (Steiner) 1990, S. 133–156.

Lackner, Michael: »Argumentation per diagramms: une architecture a base de mots.« In: *Extrême-Orient – Extrême-Occident,* 14, 1992, S. 131–168.

Lackner, Michael: »La position d'une expression das un texte: explorations diagrammatiques de la signification.« In: Michael Lackner/Karine Chemla (Hg.): *Disposer pour dire, placer pour penser, situer pour agir: Pratiques de la position en Chine.* Saint-Denis (University Presses) 1996, S. 35–49.

Lackner, Michael: »Was Millionen Wörter nicht sagen können. Diagramme zur Visualisierung klassischer Texte im China des 13. bis 14. Jahrhunderts.« In: *Zeitschrift für Semiotik,* 22, 2000, S. 209–237.

Lackner, Michael: »Diagrams as an Architecture by Means of Words: the Yanji tu.« In: Francesca Bray/Vera Dorofeeva-Lichtmann/Georges Métailié (Hg.): *Graphics and Text in the Production of Technical Knowledge in China. The Warp and the Weft.* Leiden (Brill) 2007, S. 341–382.

Lakoff, George: *Woman, Fire and Dangerous Things.* Chicago (Univ. of Chicago Press) 1987.

Lakoff, George: »Cognitive Semantics.« In: Umberto Eco/Marco Santambrogio/Patrizia Violi (Hg.): *Meaning and Mental Representation.* Bloomington (Indiana University Press) 1988, S. 119–154.

Lakoff, George/Johnson, Mark: *Philosophy in the Flesh. The Embodied Mind and its Challenge to Western Thought.* New York (Basic Books) 1999.

Lakoff, George/Núñez, Rafael E.: *Where Mathematics Comes From. How the Embodied Mind Brings Mathematics into Being.* New York (Basic Books) 2000.

Lakoff, George/Johnson, Mark: *Metaphors we live by.* With a new Afterword. Chicago (University Press) 2003.

Langer, Susanne/Nocke, Thomas/Schumann, Heidrun: »Visualisierungsdesign – ein systematischer Überblick.« In: Thomas Schulze/Graham Horton/Bernhard Preim/Stefan Schlechtweg (Hg.): *Simulation und Visualisierung.* Magdeburg (SCS Publishing House e. V.) 2006, S. 113–128.

Latour, Bruno: »Visualisation and Cognition: Drawing Things Together.« In: *Knowledge and Society. Studies in the Sociology of Cultural Past and Present,* Nr. 6, 1986, S. 1–40.

Latour, Bruno: »Zirkulierende Referenz. Bodenstichproben aus dem Urwald am Amazonas.« In: ders.: *Die Hoffnung der Pandora, Untersuchung zur Wirklichkeit der Wissenschaft,* Frankfurt a.M (Suhkamp) 2000, S. 36–95.

Leeb, Susanne (Hg.): *Die Materialität der Diagramme.* Berlin (b_books) 2012.

Leibniz, Gottfried Wilhelm: »Entwurff gewißer Staats-Tafeln.« In: Preussische Akademie der Wissenschaften/Akademie der Wissenschaften DDR (Hg.): *Sämtliche Schriften und Briefe.* Vierte Reihe: Politische Schriften, Bd. 3. Berlin (Akademie Verlag) 1986, S. 340–349.

Lenk, Krzysztof/Kahn, Paul: »To Show and Explain. The Information Graphics of Stevin and Comenius.« In: *Visible Language,* 26, 3–4, 1992, S. 272–281.

Leonhard, Karin: Bild und Zahl. Das Diagramm in Kunst und Naturwissenschaft. In Anja Zimmermann (Hg.): *Sichtbarkeit und Medium. Austausch, Verknüpfung und Differenz naturwissenschaftlicher und ästhetischer Bildstrategien.* Hamburg (Hamburg University Press) 2005, 231–254.

Leroi-Gourhan, Andé: *Hand und Wort. Die Evolution von Technik, Sprache und Kunst.* Berlin (Suhrkamp) 1987.

Lima, Manuel: *Book of Trees. Visualizing Branches of Knowledge.* (Princeton Architectural Press) 2014.

Link, Jürgen: *Versuch über den Normalismus. Wie Normalität produziert wird.* Göttingen (Vandenhoeck & Ruprecht) 1998.

Link, Jürgen: »Das normalistische Subjekt und seine Kurven. Zur symbolischen Visualisierung orientierender Daten.« In: David Gugerli/Barbara Orland (Hg.): *Ganz normale Bilder. Historische Beiträge zur visuellen Herstellung von Selbstverständlichkeit.* Zürich (Chronos) 2002, S. 107–128.

Lischeid, Thomas: *Diagrammatik und Mediensymbolik. Multimodale Darstellungsformen am Beispiel der Infografik.* Duisburg (Univ.-Verl. Rhein-Ruhr) 2012.

Lockwood, Arthur: *Diagrams. A Visual Survey of Graphs, Maps, Charts and Diagrams for the Graphic Designer.* Sussex (Littlehampton Book Services Ltd) 1969.

Lutz, Eckhard Conrad (Hg.): *Diagramm und Text. Diagrammatische Strukturen und die Dynamisierung von Wissen und Erfahrung.* Überstorfer Colloquium 2012. Wiesbaden (Reichert) 2014.

Lynch, Michael/Woolgar, Steve: *Representation in Scientific Practice.* Cambridge, Mass (MIT Press) 1990, S. 19–68.

Macdonald-Ross, Michael: »Scientific Diagrams and the Generation of Plausible Hypotheses: An Essay in the History of Ideas.« In: *Instructional Science,* 8, 1979, S. 223–234.

Magnani, Lorenzo: *Philosophy and Geometry. Theoretical and Historical Issues.* Berlin (Springer) 2001.

Mahoney, Michael: »Diagrams and dynamics. Mathematical perspectives on Edgerton's thesis.« In: John William Shirley/F. David Hoeniger (Hg.): *Science and the Arts in the Renaissance.* Washington (Folger Shakespeare Library) 1985, S. 198–220.

Mainberger, Sabine: *Experiment Linie. Künste und ihre Wissenschaften um 1900.* Berlin (Kadmos) 2009.

Majetschak, Stefan: »Sichtvermerke. Über den Unterschied zwischen Kunst- und Gebrauchsbildern.« In: Stefan Majetschak (Hg.): *Bild-Zeichen. Perspektiven einer Wissenschaft vom Bild.* München (Fink) 2005, S. 97–121.

Manovich, Lev: *What is Visualization?* http://manovich.net/index.php/projects/what-is-visualization, erstellt 2010.

Marey, Étienne-Jules: *La Méthode graphique dans les sciences expérimentales.* Paris (G. Masson) 1878.

May, Michael: »Diagrammatisches Denken: Zur Deutung logischer Diagramme als Vorstellungsschemata bei Lakoff und Peirce.« In: *Zeitschrift für Semiotik*, 17.3–4, 1995, S. 285–305.

May, Michael: »Diagrammatic Reasoning and Levels of Schematziation.« In: Troels Degn Johansson/Martin Skov/Berit Brogaard (Hg.): *Iconicity. A Fundamental Problem in Semiotics.* Kopenhagen (Nordic Summer University-Press) 1999, S. 175–194.

Mayer-Deutsch, Angela: *Das Musaeum Kircherianum. Kontemplative Momente, historische Rekonstruktion, Bildrhetorik.* Berlin/Zürich (diaphanes) 2010.

McCray, W. Patrick: *The Visioneers. How a Group of Elite Scientists Pursued Space Colonies, Nanotechnologies, and a Limitless Future.* Princeton/ NJ (Princeton University Press) 2013.

Meier, Christel: »Die Quadratur des Kreises. Die Diagrammatik des 12. Jahrhunderts als symbolische Denk- und Darstellungsform.« In: Alexander Patschovsky (Hg.): *Die Bildwelt der Diagramme Joachims von Fiore. Zur Medialität religiös-politischer Programme im Mittelatler.* Ostfildern (Thorbeke) 2003, S. 23–53.

Merleau-Ponty, Maurice: *Phänomenologie der Wahrnehmung*, Berlin (De Gruyter) 1966.

Mersch, Dieter: »Visuelle Argumente. Zur Rolle der Bilder in den Naturwissenschaften.« In: Sabine Maasen/ Torsten Mayerhauser/Cornelia Renggli (Hg.): *Bilder als Diskurse – Bilddiskurse.* Weilerswist (Velbrück Wissenschaft) 2006, S. 95–116.

Mersch, Dieter: »Naturwissenschaftliches Wissen und bildliche Logik.« In: Martina Heßler (Hg.): *Konstruierte Sichtbarkeiten. Wissenschafts- und Technikbilder seit der Frühen Neuzeit.* München (Fink) 2006, S. 405–420.

Mersch, Dieter: »Das Medium der Zeichnung. Über Denken in Bildern.« In: Lorenz Engell/Jiri Bystricky/ Katerina Krtilova (Hg.): *Medien denken. Von der Bewegung des Begriffs zu bewegten Bildern.* Bielfeld (transcript) 2010, S. 83–109.

Mersch, Dieter: »Schrift/Bild – Zeichnung/Graph – Linie/Markierung. Bildepisteme und Strukturen des ikonischen ›Als‹.« In: Sybille Krämer/Eva Cancik-Kirschbaum/Rainer Totzke (Hg.): *Schriftbildlichkeit. Wahrnehmbarkeit, Materialität und Operativität von Notationen.* Berlin (Akademie-Verlag) 2012, S. 305–327.

Meyer-Krahmer, Benjamin: »My brain is localized in my inkstand – Zur graphischen Praxis von Charles Sanders Peirce.« In: Sybille Krämer/Eva Cancik-Kirschbaum/Rainer Totzke (Hg.): *Schriftbildlichkeit.* Berlin (Akademie-Verlag) 2012, S. 401–414.

Meyer-Krahmer, Benjamin/Halawa, Mark: »Pragmatismus auf dem Papier. Über den Zusammenhang von Peirce' graphischer Praxis und pragmatischem Denken.« In: Franz Engel/Moritz Queisner/Tullio Viola (Hg.): *Das bildnerische Denken: Charles S. Peirce.* Berlin (Akademie-Verlag) 2012, S. 273–302.

Mitchell, William John Thomas: »Spatial Form in Literature: Toward a General Theory.« In: *Critical Inquiry.* 6.3, 1980, S. 539–567.

Mitchell, William J. T.: »Diagrammatology.« In: *Critical Inquiry,* 7.2, 1981, S. 622–635.

Miyazaki, Shintaro: *Algorhythmisiert: Eine Medienarchäologie digitaler Signale und (un)erhörter Zeiteffekte.* Berlin (Kadmos) 2013.

Moktefi, Amirouche/Shin, Sun-Joo (Hg.): *Visual Reasoning with Diagrams.* Basel (Springer) 2013.

Monkhouse, Francis John/Wilkinson, Henry Robort: *Maps and Diagrams.* London (Methuen) 1952.

Moretti, Franco: *Kurven, Karten, Stammbäume. Abstrakte Modelle für die Literaturgeschichte.* Frankfurt a. M. (Suhrkamp) 2009.

Müller, Kathrin: »Formen des Anfangs. Sphärendiagramme aus dem 13. Jahrhundert.« In: Horst Bredekamp/ Gabriele Werner/Birgit Schneider (Hg.): *Diagramme und bildtextile Ordnungen. Bildwelten des Wissens. Kunsthistorisches Jahrbuch für Bildkritik. Band 3,1.* Berlin (Akademie-Verlag) 2005, S. 85–96.

Müller, Kathrin: *Visuelle Weltaneignung. Astronomische und kosmologische Diagramme in Handschriften des Mittelalters*. Göttingen (Vandenhoeck & Ruprecht) 2008.

Nake, Frieder: »Eine semiotische Betrachtung zu Diagrammen.« In: *Semiosis. Internationale Zeitschrift für Semiotik und Ästhetik,* 65–68, 1992, S. 269–280.

Naumann, Barbara/Pankow, Edgar (Hg.): *Bilder-Denken. Bildlichkeit und Argumentation*. München (Fink) 2004.

Netz, Reviel: *The Shaping of Deduction in Greec Mathematics. A Study in Cognitive History*. Cambridge (University Press) 1999.

Neurath, Otto: *Gesammelte bildpädagogische Schriften*. Wien (Hölder-Pichler-Tempsky) 1991.

Neurath, Otto: *From Hierogyphics to Isotype. A Visual Biography*. London (Hyphen Press) 2010.

Nikolow, Sybilla: »Kurven, Diagramme, Zahlen- und Mengenbilder. Die Wiener Methode der Bildstatistik als statistische Bildform.« In: Horst Bredekamp/Gabriele Werner/Birgit Schneider (Hg.): *Diagramme und bildtextile Ordnungen. Bildwelten des Wissens. Kunsthistorisches Jahrbuch für Bildkritik. Band 3, 1*. Berlin (Akademie-Verlag) 2005, S. 20–33.

Nikolow, Sybilla: »Imaginäre Gemeinschaften. Statistische Bilder der Bevölkerung.« In: Martina Hessler (Hg.): *Konstruierte Sichtbarkeiten. Wissenschafts- und Technikbilder seit der Frühen Neuzeit*. München (Fink) 2006, S. 263–278.

Nöth, Winfried/Schmauks, Dagmar (Hg.): *Landkarten als synoptisches Medium. Zeitschrift für Semiotik*, H. 1 u. 2., 1998.

Nöth, Winfried: *Handbuch der Semiotik*. Stuttgart (Metzler) 2000.

Ong, Walter J.: »From Allegory to Diagram in the Renaissance Mind: A Study in the Significance of the Allegorical.« In: *The Journal of Aesthetics and Art Criticism*, Vol. 17.4, 1959, S. 423–440.

Oresme, Nicole: *Nicole Oresme and the Medieval Geometry of Qualities and Motions: Tractatus de configurationibus qualitatum et motuum*. Hg. von Marshall Clagett. Madison (University of Wisconsin Press) 1968.

Pape, Helmut: *Die Unsichtbarkeit der Welt. Eine visuelle Kritik neuzeitlicher Ontologie*. Frankfurt a. M. (Suhrkamp) 1997.

Pape, Helmut: *Der dramatische Reichtum der konkreten Welt. Der Ursprung des Pragmatismus im Denken von Charles S. Peirce und William James*. Weilerswist (Velbrück Wissenschaft) 2002.

Peirce, Charles: *The Essential Peirce. Selected Philosophical Writings*. 2 Bd., hg. von The Peirce Edition Project. Bloomington (Indiana Univ. Press) 1992-1998.

Peirce, Charles Sanders: »Prolegomena zu einer Apologie des Pragmatizismus.« In: ders: *Naturordnung und Zeichenprozess. Schriften über Semiotik und Naturphilosophie*. Hg. von Helmut Pape. Frankfurt a. M. (Suhrkamp) 1998 (2. Aufl.).

Peirce, Charles Sanders: *Phänomen und Logik der Zeichen*. Hg. und übers. von Helmut Pape. Frankfurt a. M. (Suhrkamp) 2005.

Pias, Claus: »Poststrukturalistische Medientheorien.« In: Stefan Weber (Hg): *Theorien der Medien. Von der Kulturkritik bis zum Konstruktivismus*. München (UVK Verlagsgesellschaft) 2010, S. 252–266.

Pichler, Wolfgang/Ubl, Ralph: *Topologie. Falten, Knoten, Netze, Stülpungen in Kunst und Theorie*. Wien (Turia + Kant) 2009.

Platon: *Menon*. Hg. und übers. von Margarita Kranz. Stuttgart (Reclam) 1994.

Playfair, William: *The Commercial and Political Atlas: Representing, by means of stained copper-plate charts, the progress oft he commerce, revenues, expenditure and debts of England during the whole of the eighteenth centure*. London (s. n.) 1786.

Playfair, William: *The commercial and political atlas: representing, by means of stained copper-plate charts, the progress of the commerce, revenues, expenditure, and debts of England, during the whole of the eighteenth century*. London (T. Burton, for J. Wallis) 1801.

Poggenpohl, Sharon Helmer/Winkler, Dietmar R.: »Diagrams as Tools for Worldmaking.« In: *Visible Language,* 26, H. 3/4, 1992, S. 250–473.

Pombo, Olga/Gerner, Alexander (Hg.): *Studies in Diagrammatology and Diagram Praxis*. London (College Publications) 2010

Porter, Theodore M.: *Trust in Numbers. The Pursuit of Objectivity in Science and Public Life*. Princeton/NJ (Princeton University Press) 1996.

Posner, Roland (Hg.): *Diagrammatische Zeichen*. Zeitschrift für Semiotik Bd. 31, H. 3–4, hg. von ders./Stephan Debus. Tübingen (Stauffenburg) 2009.

Preusche, Andrea: *Geometrische Form als semiotisches Phänomen. Prolegomena zu einer kreativen Diagrammbildung mit geometrischen Formen (Konnotographie).* Tübingen (Narr) 1987.

Priestley, Joseph: *A description of a new chart of history, containing a view of the principal revolutions of Empire, that have taken place in the world.* London (J. Johnson) 1770.

Reichert, Dagmar (Hg.): *Räumliches Denken.* Zürich (vdf Hochschulverlag) 1996.

Reichert, André: *Diagrammatik des Denkens. Descartes und Deleuze.* Bielefeld (transcript) 2013.

Reichle, Ingeborg/Siegel, Steffen/Spelten, Achim (Hg.): *Visuelle Modelle.* Paderborn (Fink) 2008.

Rendgen, Sandra/Wiedemann, Julius/Wulfekamp, Ursula: *Information Graphics.* Berlin (Taschen) 2012.

Rheinberger, Hans-Jörg: »Objekt und Repräsentation.« In: Jörg Huber/Bettina Heintz (Hg.): *Mit dem Auge denken. Strategien der Sichtbarmachung in wissenschaftlichen und virtuellen Welten.* Wien/New York (Springer) 2001, S. 55–61.

Richards, Clive James: *Diagrammatics. An Investigation Aimed at Providing a Theoretical Framework for Studying Diagrams and for Establishing a Taxonomy of Their Fundamental Modes of Graphic Organisation.* London (University Dissertation Royal College of Arts) 1984.

Rieger, Stefan: *Schall und Rauch. Eine Mediengeschichte der Kurve*, Frankfurt a. M. (Suhrkamp) 2007.

Robin, Harry: *Die wissenschaftliche Illustration. Von der Höhlenmalerei zur Computergrafik.* Berlin (Birkhäuser) 1992.

Robinson, Arthur: »The Thematic Maps of Charles Joseph Minard.« In: *Imago Mundi*, 21, 1967, S. 95–108.

Rosenberg, Daniel/Grafton, Anthony (Hg.): *Cartographies of Time. A History of the Timeline.* New York (Princeton Architectural Press) 2010.

Rustemeyer, Dirk: *Diagramme. Dissonante Resonanzen: Kunstsemiotik als Kulturtheorie.* Weilerswist (Velbrück Wissenschaft) 2009.

Schäffner, Wolfgang: »Operationale Topographie. Repräsentationsräume in den Niederlanden um 1600.« In: Hans-Jörg Rheinberger/Michael Hagner/Bettina Wahrig Schmidt (Hg.): *Räume des Wissens. Repräsentation, Codierung, Spur.* Berlin (Akademie-Verlag) 1997, S. 63–90.

Schäffner, Wolfgang: »Topologie der Medien. Descartes, Peirce, Shannon.« In: Stefan Andriopoulos/ Gabriele Schabacher/Eckhard Schumacher (Hg.): *Die Adresse des Mediums.* Köln (DuMont) 2001, S. 82–96.

Schäffner, Wolfgang: »Diagramme der Macht. Festungsbau im 16. und 17. Jahrhundert.« In: Cornelia Jöchner (Hg.): *Politische Räume. Stadt und Land in der Frühneuzeit.* Berlin (Akademie-Verlag) 2003, S. 133–143.

Schmidt-Burkhardt, Astrit: *Maciunas' Learning Machines. From Art History to a Chronology of Fluxus.* Berlin (Vice Versa) 2003.

Schmidt-Burkhardt, Astrit: *Stammbäume der Kunst. Zur Genealogie der Avantgarde.* Berlin (Akademie-Verlag) 2005.

Schmidt-Burkhardt, Astrit: »Wissen als Bild. Zur diagrammatischen Kunstgeschichte.« In: Martina Heßler/ Dieter Mersch (Hg.): *Logik des Bildlichen. Zur Kritik der ikonischen Vernunft.* Bielefeld (transcript) 2009, S. 163–187.

Schmidt-Burkhardt, Astrid: »›Plötzlich diese Übersicht‹. Kunst unter dem diagrammatischen Imperativ.« In: Susanne Leeb (Hg.): *Materialität der Diagramme.* Berlin (b_books) 2012, S. 61–98.

Schmidt-Burkhardt, Astrid: *Die Kunst der Diagrammatik. Perspektiven eines neuen bildwissenschaftlichen Paradigmas.* Bielefeld (transcript) 2012.

Schmitz, Thomas H./Groninger, Hannah (Hg.): *Werkzeug-Denkzeug: Manuelle Intelligenz und Transmedialität kreativer Prozesse.* Bielefeld (transcript) 2012.

Schneider, Birgit: »Die Inventur des Luxus. Zwei visuelle Strategien zur Demonstration des königlichen Reichtums.« In: Horst Bredekamp, Pablo Schneider (Hg.) *Visuelle Argumentationen. Die Mysterien der Repräsentation und die Berechenbarkeit der Welt.* Berlin (Fink) 2005, S. 103–120.

Schneider, Birgit: »Diagramm und bildtextile Ordnung.« In: *Bildwelten des Wissens. Kunsthistorisches Jahrbuch für Bildkritik*, Bd. 3,1: Diagramme und bildtextile Ordnungen. Berlin (Akademie Verlag) 2005, S. 9–19.

Schneider, Birgit: »Die Kurve als Evidenzerzeuger des klimatischen Wandels am Beispiel des ›Hockey-Stick-Graphen‹.« In: *Zfk – Zeitschrift für Kulturwissenschaften,* 1, 2009, S. 41–56.

Schneider, Birgit: »Linien als Reisepfade der Erkenntnis. Alexander von Humboldts Isothermenkarte des Klimas.« In: Günzel, Stephan/Nowak, Lars (Hg.): *KartenWissen: Territoriale Räume zwischen Bild und Diagramm.* Wiesbaden (Dr. Ludwig Reichert Verlag) 2012, S. 175–199.

Schneider, Birgit: »Ohne Linien ist der Geist blind. Elemente einer Praxis- und Wissensgeschichte der explorativen Grafik.« In: Karsten Heck/Wolfgang Cortjaens (Hg.): *Stillinien der Kunstgeschichte*. Marburg (Bildarchiv Foto Marburg) 2014, S. 66–79.

Schürmann, Eva: *Sehen als Praxis. Ethisch-Ästhetische Studien zum Verhältnis von Sicht und Einsicht*. Frankfurt a. M. (Suhrkamp) 2008.

Segelken, Barbara: *Bilder des Staates: Kammer, Kasten und Tafel als Visualisierungen staatlicher Zusammenhänge*. Berlin (Akademie-Verlag) 2010.

Serres, Michel: *Der Parasit*. Frankfurt a. M. (Suhrkamp) 1981.

Serres, Michel: *Hermes I. Kommunikation*. Berlin (Merve) 1991.

Serres, Michel: »Gnomon: Die Anfänge der Geometrie in Griechenland.« In: Michel Serres (Hg.): *Elemente einer Geschichte der Wissenschaften*. Frankfurt a. M. (Suhrkamp) 1995, S. 109–175.

Serres, Michel: *Hermes V: Die Nordwest-Passage*. Berlin (Merve) 1994.

Shimojima, Atsuhi: *On the Efficacy of Representation*. Indiana (Indiana University Dissertation) 1996.

Shin, Sun-Joo: *The Logical Status of Diagrams*. Cambridge/Mass. (MIT Press) 1994.

Shin, Sun-Joo: *The Iconic Logic of Peirce's Graphs*. Cambridge/Mass. (MIT Press) 2002.

Shin, Sun-Joo: »How Do Existential Graphs Show What They Show?« In: Franz Engel/Moritz Queisner/Tullio Viola (Hg.): *Das bildnerische Denken: Charles S. Peirce*. Berlin (Akademie-Verlag) 2012, S. 219–234.

Shin, Sun-Yoo/Lemon, Oliver: »Diagrams.« In: *Stanford Encyclopedia of Philosophy*, http://plato.stanford.edu/entries/diagrams, publiziert August 2001, letzte Änderung 17.9.2013.

Siegel, Steffen: »Wissen, das auf Bäumen wächst. Das Baumdiagramm als epistemologisches Dingsymbol im 16. Jahrhundert.« In: *Frühneuzeit-Info*, 15, 2004, S. 42–55.

Siegel, Steffen: *Tabula. Figuren der Ordnung um 1600*. Berlin (Akademie-Verlag) 2009.

Siegert, Bernhard: *Passage des Digitalen: Zeichenpraktiken der neuzeitlichen Wissenschaften. 1500–1900*. Berlin (Brinkmann und Bose) 2003.

Spence, Ian: »No Humble Pie: The Origins and Usage of a statistical Chart.« In: *Journal of Educational and Behavioral Statistics*, Winter 2005, 30, H. 4, S. 353–368.

Stegmaier, Werner: »Schema, Schematismus.« In: Joachim Ritter/Karlfried Gründer (Hg.): *Historisches Wörterbuch der Philosophie*, Bd. 8: R–Sc. Darmstadt (Wissenschaftliche Buchgesellschaft) 1992, S. 1246–1263.

Stetter, Christian: »Bild, Diagramm, Schrift.« In: Gernot Grube/Werner Kogge/Sybille Krämer (Hg.): *Schrift. Kulturtechnik zwischen Auge, Hand und Maschine*. München (Fink) 2005, S. 115–135.

Stjernfelt, Frederik: »Die Vermittlung zwischen Anschauung und Denken bei Kant, Cassirer und Peirce.« In: *Zeitschrift für Semiotik*, 22,3/4, 2000, S. 341–368.

Stjernfelt, Frederik: *Diagrammatology. An investigation on the borderlines of phenomenology, ontology, and semiotics*. Dordrecht (Springer) 2007.

Strätling, Susanne/Witte, Georg (Hg.): *Die Sichtbarkeit der Schrift*. München (Fink) 2006.

Strube, Werner/Metzger, Wolfgang: »Gestalt.« In: *Historisches Wörterbuch der Philosophie*, Bd. 3: G–H, hg. von Joachim Ritter u.a., Basel (Schwabe) 1974, Sp. 540–548.

Tanner, Jakob: »Wirtschaftskurven. Zur Visualisierung des anonymen Marktes.« In: David Gugerli/Barbara Orland (Hg.): *Ganz normale Bilder. Historische Beiträge zur visuellen Herstellung von Selbstverständlichkeit*. Zürich (Chronos) 2002, S. 128–159.

Thürlemann, Felix: *Vom Bild zum Raum. Beiträge zu einer semiotischen Kunstwissenschaft*. Köln (DuMont) 1990.

Tilling, Laura: »Early Experimental Graphs.« In: *British Journal for the History of Science*, 8,3, 1975, S. 193–213.

Tufte, Edward R.: *Envisioning Information*. Cheshire/CT (Graphics Press) 1995.

Tufte, Edward R.: *Visual Explanations. Images and Quantities, Evidence and Narrative*. Cheshire/CT (Graphics Press) 1997.

Tufte, Edward R.: *The Visual Display of Quantitative Information*. Cheshire/CT (Graphics Press) 2006.

Velminski, Wladimir (Hg.): *Leonard Euler. Die Geburt der Graphentheorie*. Berlin (Kadmos) 2009.

Vogelsang, Tobias: *Von Linien und Kurven: Johann Heinrich Lambert und der Graph der magnetischen Abweichung*. Berlin (Kadmos) 2012.

Vogelsang, Tobias: *Datenvisualisierung und Ästhetik. Johann Heinrich Lamberts Graph und William Hogarths »Analysis of Beauty«*. Berlin (Kadmos) 2015.

Voss, Julia: *Darwins Bilder. Ansichten der Evolutionstheorie*. Frankfurt a. M. (Fischer) 2007.

Weigel, Sigrid: »Zum ›topographical turn‹. Kartographie, Topographie und Raumkonzepte in den Kulturwissenschaften.« In: *KulturPoetik. Zeitschrift für kulturgeschichtliche Literaturwissenschaft*, 2, H. 2, 2002, S. 155–165.

Wentz, Daniela: »Bilder/Räume denken. Zum diagrammatischen Bild.« In: Dorit Müller/Sebastian Scholz (Hg.): *Raum Wissen Medien. Zur raumtheoretischen Reformulierung des Medienbegriffs*. Bielefeld (transcript) 2012, S. 253–270.

Wentz, Daniela: *Bilderfolgen. Diagrammatologie der Fernseherie*. Paderborn (Fink) 2016.

Wiesing, Lambert: »Denken mit Bildern. Das visuelle Gedankenexperiment.« In: Barbara Naumann/Edgar Pankow (Hg.): *Bilder-Denken. Bildlichkeit und Argumentation*. München (Fink) 2004, S. 235–243.

Wilharm, Heiner: »›Ein Bild sagt mehr als tausend Worte‹. Über Begriff und Verwendung diagrammatischer Darstellungen in Philosophie und Wissenschaft.« In: Petra Gehring/Thomas Keutner/Jörg F. Maas/Wolfgang Maria Ueding (Hg.): *Diagrammatik und Philosophie*. Amsterdam (Rodopi) 1992, S. 121–159.

Wilharm, Heiner: *Die Ordnung der Inszenierung*. Bielefeld (transcript) 2015.

Wittmann, Barbara/Hoffmann, Christoph (Hg.): Reihe: *Wissen im Entwurf*. Berlin/Zürich (diaphanes) 2009–2011.

Wöpking, Jan: »Space, Structure, and Similarity. On Representationalist Theories of Diagrams.« In: Olga Pombo/Alexander Gerner (Hg.): *Studies in Diagrammatology and Diagram Praxis*. London (College Publications) 2010, S. 39–56.

Wöpking, Jan: »Raum und Begriff. Zur Wiederentdeckung der epistemischen Bedeutung von Diagrammen in der Geometrie.« In: Joachim Renn/Christoph Ernst/Peter Isenböck (Hg.): *Konstruktion und Geltung. Beiträge zu einer postkonstruktivistischen Sozial- und Medientheorie*. Wiesbaden (VS Verlag für Sozialwissenschaften) 2012, S. 205–232.

Wöpking, Jan: *Raum und Wissen: Elemente einer Theorie epistemischen Diagrammgebrauchs*. Berlin (De Gruyter) 2016.

Zdebik, Jakub: *Deleuze and the Diagram. Aesthetic Threads on Visual Organization*. London (Continuum) 2012.

Bildquellen

Tafel 1 Nolan, Christopher, Inception: The Shooting Script. San Raffael, CA (Insight Editions) 2010, S. 16–17 | **Tafel 2** Created by the Opte project. © Creative Commons. | **Tafel 3 a**: William Watson: Experiments and Observations tending to illustrate the Nature and Properties of Electricity. London 1748; **b**: Lothar König: Rundfunktechnik selbst erlebt, Bauanleitungen und Experimente zum amplitudenmodulierten Hörfunk, Leipzig (Urania-Verlag), 1988, 108 | **Tafel 4** © TfL from the London Transport Museum Collection | **Tafel 5** Österreichisches Gesellschafts- und Wirtschafts-Museum: Gesellschaft und Wirtschaft. Bildstatistisches Elementarwerk. Das Gesellschafts- und Wirtschaftsmuseum in Wien zeigt in 100 farbigen Bildtafeln Produktionsformen, Gesellschaftsordnungen, Kulturstufen, Lebenshaltungen. Leipzig (Bibliographisches Institut) 1930, Bildtafel 23 | **Tafel 6** © Rudolf Steiner Nachlassverwaltung, Dornach, Schweiz | **Tafel 7** © Linden-Museum Stuttgart | **Tafel 8** Houghton Library, Harvard University, Cambridge, MA, MS 163, 1895, S. 21 | **Tafel 9** Étienne-Jules Marey: La Méthode graphique dans les sciences expérimentales. Paris (G. Masson) 1878 | **Tafel 10** Staatsbibliothek zu Berlin – Preußischer Kulturbesitz | **Tafel 11** Nightingale, Florence: A Contribution to the Sanitary History of the British Army during the Late War with Russia. London (John W. Parker) 1859 | **Tafel 12** Harry Robin: Die wissenschaftliche Illustration. Von der Höhlenmalerei zur Computergrafik. Berlin u.a. (Birkhäuser) 1992 | **Tafel 13** Adolphe Quételet: Sur L'Homme Et Le Développement De Ses Facultés Ou Essai De Physique Sociale. Paris (Bachelier) 1835, Bd. 2. © Staatsbibliothek zu Berlin – Preußischer Kulturbesitz | **Tafel 14** © Staatsbibliothek zu Berlin – Preußischer Kulturbesitz | **Tafel 15** University College London, Special Collections | **Tafel 16** Lorenzo Magnani: Philosophy and Geometry. Theoretical and Historical Issues. New York (Kluwer Academic Publishers) 2001, S. 18 | **Tafel 17** William Playfair: The Commercial and Political Atlas: Representing, by Means of Stained Copper-Plate Charts, the Progress of the Commerce, Revenues, Expenditure and Debts of England during the Whole of the Eighteenth Century. London (s. n.) 1786 | **Tafel 18** Lambert, Johann Heinrich: Beiträge zum Gebrauche der Mathematik und deren Anwendung, Bd. 1. Berlin (Verlage des Buchladens der Königl. Realschule) 1792, Tafel V | **Tafel 19** © Staatsbibliothek Berlin – Preußischer Kulturbesitz | **Tafel 20** © Staatsbibliothek zu Berlin – Preußischer Kulturbesitz | **Tafel 21** Laurence Sterne: The life and opinions of Tristram Shandy, Gentleman. London (T. Becket and P. A. Dehondt) 1762 | **Tafel 22** Leonard Euler: Die Geburt der Graphentheorie. Wladimir Velminski (Hg.), Berlin (Kadmos) 2009 | **Tafel 23** © Staatsbibliothek zu Berlin – Preußischer Kulturbesitz | **Tafel 24** Lemcke, Mechthild: Johannes Kepler. Reinbek bei Hamburg (Rowohlt) 1995, S. 67. (Bayerische Akademie der Wissenschaften, Kepler-Kommission, München, Kepler Manuskript Pulkowo Bd. 3, Bl. 1v) | **Tafel 25** © Staatsbibliothek zu Berlin – Preußischer Kulturbesitz | **Tafel 26** Cosimo Bartoli: Del modo di misurare le distantie, le superficie, i corpi, le piante, le provincie, le prospettive & tutte le altre cose terrene, che possono occorrere a gli huomini. Secondo le vere regole d'Euclide & de gli altri più lodati scrittori. Venedig (Francesco de Franceschi Senese) 1564 | **Tafel 27** Dürer, Albrecht: Vier Bücher von menschlicher Proportion, Faksimile und Transkription der Ausgabe von 1528. Berlin (Akademie Verlag) 2011 | **Tafel 28** Richter, Jean-Paul: The Notebooks of Leonardo da Vinci. Compiled and Edited from the Original Manuscripts. Vol 1. New York (Dover) 1970, Tafel X–VII, 1 | **Tafel 29** © Biblioteca capitular Colombina, Sevilla | **Tafel 30** © The British Library Board | **Tafel 31** © Bayerische Staatsbibliothek München | **Tafel 32** Le antichità di Ercolano Esposte, Band 3, Regia Stamperia: Neapel 1762, S.V.

Sachregister

Personenregister